云想衣裳花想容

中国古人的衣饰文化

李　楠◎编著

中国文史出版社

图书在版编目（CIP）数据

　　云想衣裳花想容：中国古人的衣饰文化 / 李楠编著
. -- 北京：中国文史出版社，2023.1
　　ISBN 978-7-5205-3716-2

　　Ⅰ . ①云… Ⅱ . ①李… Ⅲ . ①服饰文化—中国—古代
Ⅳ . ① TS941.742.2

　　中国版本图书馆 CIP 数据核字（2022）第 175014 号

责任编辑：戴小璇

出版发行：中国文史出版社

社　　址：北京市海淀区西八里庄路 69 号院　　邮编：100142

电　　话：010- 81136606　81136602　81136603（发行部）

传　　真：010-81136655

印　　装：廊坊市海涛印刷有限公司

经　　销：全国新华书店

开　　本：1/16

印　　张：21.5　　字数：361 千字

版　　次：2023 年 3 月北京第 1 版

印　　次：2023 年 3 月第 1 次印刷

定　　价：66.00 元

前言

衣饰包括衣服和与之相关的装饰用品。

具体而言，中国古代的衣服包括各种衣裳、冠帽、鞋袜等服装，相关饰品包括与衣服配套的发饰、手饰、耳饰、颈饰与其他配饰等。

中国古代衣饰在世界上自成一系，其结构与款式随着生产与生活方式的发展而逐渐变化。

衣饰是人类文明的标志，是人类文化的重要体现。在中华民族五千年的文明史中，衣饰不断地发展、演变，从中反映出各历史时期政治、经济、民族、文化等丰富社会内涵，以及物质文明与精神文明的综合水平。从某种意义上说，一部民族的衣饰历史，伴随着这个民族的发展史。

衣饰是人类特有的劳动成果，它既是物质文明的结晶，又具精神文明的含义。人类社会经蒙昧、野蛮到文明时代，缓缓地行进了几十万年。我们的祖先在与猿猴相别以后，披着兽皮与树叶，在风雨中徘徊难以计数的岁月，终于艰难地跨进了文明时代的门槛，懂得了遮身暖体，创造出丰富的物质文明。

然而，追求美是人的天性。衣冠于人，如金装在佛，其作用不仅在遮身暖体，更具有美化的功能。几乎是从衣饰起源的那天起，人们就已将生活习俗、审美情趣、色彩爱好，以及种种文化心态、宗教观念，都积淀于衣饰之中，构筑成了衣饰文化的精神文明内涵。

中国古代衣饰如同中国古代文化，是各民族长期互相渗透及影响而生成的。汉唐以来，尤其是近代以后，大量吸纳与融合了世界各民族外来文化的优秀结晶，才得以演化成整体的以汉族为主体的中国衣饰文化。每个朝代都有鲜明特色的衣饰文化，每个民族的衣饰文化也各有差异。

从三皇五帝到明朝这一段时期汉民族所穿的服装，被称为汉服。汉服是汉民族传承千年的传统民族服装，是最能体现汉族特色的服装。在这段时期内，汉民族凭借自己的智慧，创造了绚丽多彩的汉服文化，发展形成了具有汉民族自己特色的服装体系——汉服体系。

博大精深、体系完备、悠久美丽的汉服，是中国不可多得的一大财富，是非常值得每一个炎黄子孙引以为豪的。

中国传统民族衣饰基本上是以华夏族衣饰为参考，在日常生活中又添加了体现自己民族特色，并在特定的社会生活及自然环境中形成，符合各民族的生活习惯和审美意识。其民族特征主要表现于服装的造型、款式、色彩、材料和其他装饰品等方面。

古代服装存世不多，在研究中除依据实物外，古代雕塑、绘画中的人物形象，也往往是重要的参考资料。通过对古代服装的研究，可以辨识历代人物的不同风貌。

人们在日常生活中，最重要的是吃、穿、住、行，这与人的生存与发展息息相关。当我们翻开古老的历史画卷，当我们从历代考古发掘的文物中看到古代人们各式各样、绚丽多姿的衣饰时，不由得让人赞叹古代衣饰的艺术之美。

本书系统地讲述了我国历代衣饰的发展演变过程，展现中国古代衣饰那多样的款式、独特的风采、鲜明的色泽和精湛的纺织印染工艺，为你缓缓揭开中华衣饰文化的深厚底蕴。

下面，就让我们一起去看一看古人在穿衣打扮方面都有哪些独到的眼光，又有着怎样的讲究与门道。

目 录

第一章　一生衣服尽随身：古代衣饰史话 ·················· 001

与子同裳共麻葛：先秦衣饰 ··························· 002

一袭风雅醉千年：秦汉衣饰 ··························· 011

峨冠博带罗衣飘：魏晋南北朝衣饰 ··············· 018

白纱绿裙销断魂：隋唐五代服饰 ··················· 026

簟纹衫色娇黄浅：两宋服饰 ··························· 035

儒风汉韵流海内：辽金西夏衣饰 ··················· 045

绿衣翠顶珠冠缨：元代衣饰 ··························· 054

上承周汉下袭唐：明代衣饰 ··························· 057

谁与凌波解珮珰：清代衣饰 ··························· 062

第二章　一蓑烟雨任平生：古代衣饰百态 ·················· 079

万国衣冠拜冕旒：古代帝王衣饰 ··················· 080

紫绶朱绂青布衫：古代官员衣饰 ··················· 084

缊袍敝衣是白丁：古代平民衣饰 ··················· 093

丧服三年移薄俗：古代传统丧服 ··················· 098

鹧鸪新帖绣罗襦：古代少数民族衣饰 ·········· 102

第三章 日宫紫气生冠冕：古代冠冕文化 ·················· 122

冠冕凄凉几迁改：冕冠与冠制 ················· 123

醉帽吟鞭花不住：古代帽子简史 ················· 126

凤冠霞帔闺阁愁：古代凤冠 ················· 129

休抛手网惊龙睡：古代头巾 ················· 132

最宜头上带宫花：古代幞头 ················· 135

恍若轻霜抹玉栏：古代抹额 ················· 138

第四章 芒鞋踏遍陇头云：古代鞋履文化 ·················· 142

应怜屐齿印苍苔：古代鞋制的演变 ················· 143

禽兽之皮作足衣：远古兽皮鞋 ················· 145

踏断枯木岩前路：古代草鞋 ················· 147

丛头鞋子红编细：古代布鞋 ················· 150

淡黄弓样鞋儿小："三寸金莲"绣花鞋 ················· 152

第五章 细草如泥簇蝶裙：古代女子衣饰 ·················· 155

揉蓝衫子杏黄裙：古代女子服装 ················· 156

长裾广袖合欢襦：古代女子内衣 ················· 162

翠微盍叶垂鬓唇：古代女子发饰 ················· 164

明月与作耳边珰：古代女子耳饰 ················· 168

宝妆璎珞斗腰肢：古代女子颈饰 ················· 171

素手皓腕约金环：古代女子手饰 ················· 173

第六章　留得黄丝织夏衣：古代纺织文化 ……………………… 177

缫丝织帛犹努力：古代纺织史话 ……………………… 178

葛不连蔓菜台台：葛麻纺织 ……………………………… 200

新制布裘软于云：古代棉纺织 ………………………… 207

独善一身万里裘：古代毛纺织 ………………………… 218

水乡罗绮走中原：古代丝绸纺织 ……………………… 220

拣丝练线红蓝染：古代丝绸品种 ……………………… 228

画绘之事杂五色：古代纺织纹样 ……………………… 242

天上取样人间织：古代刺绣工艺 ……………………… 246

第七章　十载京尘染布衣：古代印染文化 ………………… 250

土花曾染湘娥黛：古代印染史话 ……………………… 251

绿净春深好染衣：古代染料与染色 …………………… 265

草绿裙腰山染黛：古代印染技术 ……………………… 269

合匹谁解断粗疏：织物整理技术 ……………………… 281

舍后煮茧门前香：古代纺织著述 ……………………… 285

第八章　不着人间俗衣服：古代衣饰趣话 ………………… 299

被服罗裳理清曲：古代衣饰闲话 ……………………… 300

广裁衫袖长制裙：古代裁缝趣话 ……………………… 304

碧水浣纱清波闲：古代衣饰民俗趣话 ………………… 306

嫩黄初染绿初描：古代染坊的切口 …………………… 310

绣罗衣裳照暮春：古代衣饰典故 …………………… 312

黄袿色映花翎飘：清朝的"顶戴花翎" …………………… 316

挂冠裂冕已辞荣：古代冠冕趣话 …………………… 319

此生可着几两屐：古代鞋履趣话 …………………… 322

凌波微步欲生尘：古代的袜子 …………………… 331

参考文献 …………………………………… 335

第一章

一生衣服尽随身：古代衣饰史话

在我国历史上，从传说的五帝时代起，经夏、商、周时期的奴隶社会，从战国时期进入封建社会，直到清朝末期，共约 5000 年。由于这一历史时期相当长久，经历许多朝代，各个朝代的政治、经济、文化等有所不同，所以人们的衣饰也在逐步地发展变化。

衣饰除具有御寒、护体、遮羞等实用功能外，还有明显的装饰作用和鲜明的等级标志作用，同时，服饰也具有强烈的时代和地域色彩。

衣饰的面貌是社会历史风貌最直观最现实的反映，从这个意义上说，衣饰的历史也是一部生动的文明发展史。

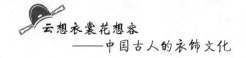

 与子同裳共麻葛：**先秦衣饰**

先秦时期的中国衣饰，是随着当时的生产力发展而发展的。

中国的衣饰历史可追溯至五帝时代，大约在夏商时期衣饰制度初见端倪，到了周代渐趋完善，并被纳入"礼治"范围，依据穿着者的身份、地位而有所不同。

1. 远古衣饰

到目前为止，远古时期的衣服和鞋子的实物尚未发现。不过，考古发掘还是为我们提供了很多第一手材料。

根据考古发现，可以推断当时各地区、各民族的人衣着和鞋靴的款式各不相同。比如，甘肃辛店出土的放牧纹彩陶盆，上面清楚地表现出当时当地人们的衣服为上下装相连的样式；辽宁牛河梁红山文化遗址出土的红陶少女塑像左足上有短靿的靴子。这些形象都反映了与中原地区风格迥异的北方少数民族服饰形象。

至于华夏文化区域内，这一时期也正是中国逐渐进入阶级社会、"天人合一"观念开始萌芽的重要时期。随着阶级社会的确立，"天人合一"观念的形成，中国传统服装，特别是华夏贵族服装逐渐向着愈加严格的制度化方向演进。

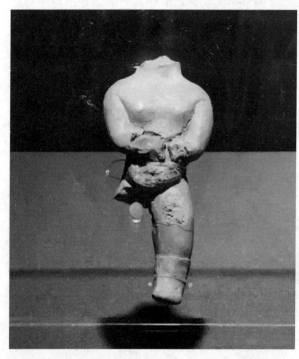

辽宁牛河梁红山文化遗址出土的红陶少女塑像

2. 夏商衣饰

夏、商时期，具有中国传统特色的"冠服"制度开始初步建立起来。从天子以下，至百姓乃至奴隶，冠服各有等差。这一时期的衣着也无存世实物，只能根据考古发现来判断。

考古工作者在相当于夏代的二里头文化的众多遗址中均曾发现过骨笄，说明这一时期华夏人束发已经成为一种必要装饰。

这一时期墓葬的贫富分化极为明显。一般小型墓葬中除骨笄外几乎没有任何装饰品随葬；而贵族的大、中型墓葬通常随葬大量精美配饰，如河南偃师二里

河南偃师二里头出土的嵌绿松石兽面纹牌饰

头出土的嵌绿松石兽面纹牌饰。从这一点可以推想，夏代贵族和平民乃至奴隶的衣饰一定有着较大的差别。

而商代衣饰，从出土的各种玉、石人像判断，可分如下几类：一为奴隶；二为小奴隶主或亲信奴隶；三为贵族。

据安阳殷墟出土的高巾帽右衽交领窄袖衣玉人像，可知商代小奴隶主或亲信奴隶的装束。头戴高巾帽；上身穿交领衣，右衽；腰束绅带；下身着裳，腹前系市（蔽膝）；足穿鞋似为尖头鞋。

3. 西周贵族衣饰

进入西周以后，社会秩序也走向条理化，并有了规章制度，以严密的阶级制度来巩固政权。等级制度

河南安阳殷墟出土的玉人像

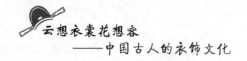
更加森严，其内容详尽而周密，尊卑贵贱，各有分别。

作为个人的阶级标志，冠服制度被纳入礼乐制度范围之中，成为礼制的重要表现形式之一，更是西周政权立政的基础之一。

西周时遗留下来的人像材料很少。从洛阳出土的玉人及铜制人形来看，周代衣饰大致沿袭商代服制而略有变化。常服还是上衣下裳为主流，款式不变，衣、裳、带、市仍是贵族男装的基本组成部分。只是衣服的样式比商代略为宽松，领子通用交领右衽，不使用纽扣，一般腰间系带，有的在腰上还挂有玉制饰物；衣袖日趋发展变大，裙或裤的长度短的及膝，长的及地。

另据文献记载可知，其衣用正色，裳用间色，并特别重视裳前的市。

除一些偏远方国外，西周男子大部分都已将辫盘到头顶，束发已成为全国统一推行的标准，这奠定了汉族男子日后的发式，直到明代。

西周时期，各种冠、帽、巾等均已发展完善，后世冠的基本形制在当时都可以看到。

西周衣饰的主要特点表现在服饰的专用界限和等级标志开始清晰，品种类别也相应地增加。

从用途上区别，宫室中拜天地、敬鬼神时有祭礼服，上朝大典时有朝会服，军事专有从戎服，婚嫁之仪专用婚礼服，吊丧时专有丧服。

商周贵族服饰复原图

礼服制度，也叫冠服制度，是西周对于后世服装影响最大的一个方面。西周铜器铭文里有许多周王在册命典礼上颁赐礼服的记载，如著名的《毛公鼎》铭文里就提到周王赏赐的"朱市、葱黄"等。

由于礼服都是周王发布命令按照所任命的官爵来规定的，因此又称为"命服"。

西周时期的礼服是上衣下裳款式，

只不过头要戴冠，衣裳皆有等级，要有章纹、蔽膝、组玉等相关配件。这样完善的礼服系统一直延续到明代。

当时礼服的主要等级，有冕服和弁服之分，其区别取决于相关配套的冠的款式，比如戴冕就是冕服，戴弁就是弁服。二者的衣服仍旧是上衣下裳，只不过是冠与章纹、蔽膝、配件等级的不同而已。

在当时，天子、诸侯王、公卿、大夫都可以穿冕服，后来随着中央集权的不断加强，只有天子、诸侯王才能穿了。

西周贵族女子的礼服制度也已经完善，王后已经开始穿翟衣，当时王后有六种翟衣类礼服，这是中国古代后妃命妇的最高级别的礼服。

4. 西周平民衣饰

（1）头衣。

西周时期，平民不戴冠，但也要留发。束发以后上罩头巾，称为"帻"——有的记载指出直到汉元帝以后才出现了帻。

20岁以前的儿童不戴冠，头发自然垂下，称为"垂髫"。如果长得过长，就紧靠着发根扎成左右两束，这样的发型就像兽的两只角，因此叫"总角"。

唐代以前，妇女也不戴冠。15岁的女子算作成年，要盘起头发，用笄固定，表示成年，可以嫁人了。

出于对美的追求，古代妇女对于头部装饰尤其重视两个方面：一是头发本身的质量。如果自身头发质量不好，宁愿花高价购买别人的好发来装扮自己。二是笄，贵族妇女用的笄质料本身都很贵重，而且还有很多镶嵌装饰；穷人家的女子就只能用骨、竹甚至荆条做笄。

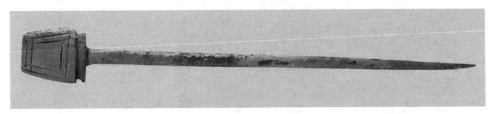

骨笄

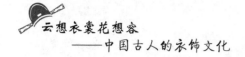

只有罪犯是不束发的,而且多剃去全部或头顶部分头发。这种刑罚叫作"髡"。既不束发,自然也就用不着头衣。

(2)深衣。

贵族的礼服由衣和裳组成,这种形制的衣服称为"深衣"。平民和奴仆日常另有"短衣",称为"襦",类似后来的短褂。

对于平民而言,"深衣"就算是礼服了。对于奴仆而言,连穿"深衣"的资格也没有。不论是"襦"还是"深衣",都有单、夹之分。

外衣里面,贴身穿的上衣叫"亵衣"。如果是冬季,还要加上寒衣。

贵族的寒衣多为裘皮质地,其中狐裘和豹裘较为贵重,只有高级贵族才能穿;一般贵族只能穿鹿、羊等的裘皮。

狐裘当中,又以狐狸腋下的软毛又轻又暖,因此是最为珍贵的。以色而论,又以白裘为上。

穿羊裘,一般说明人的身份较低,或较贫困。但若是羔裘,又属高级裘皮,另当别论。

穿裘皮时,还要同时加上一件罩衣,叫"裼"。因为如果裘衣的皮毛外露,会使穿着的人看起来像是动物一样,是一件很失礼的事。

古代深衣

袍和茧是普通人的御寒之服，与今天的棉袄大体相似，为两层单衣中间夹絮的形制。二者的区别在于所絮入的东西不同：袍较低级，絮入的是乱麻或旧的丝绵；而茧絮入的则是新的丝绵，显然是较高级的御寒衣物。

（3）足衣。

西周时期的足衣称"屦"；如果在屦的底部再加上一层木板，就是"舄"。

5. 西周军服与丧服

《周礼·春官·司服》中详细记载了周天子、诸侯的各种冕服，其中的韦弁服是"兵事之服"，即军服。韦弁服用熟皮制成，浅朱色，制如皮弁。

西周时军队中还没有武官，天子及诸侯就是军队的统帅，他们出征时所穿的韦弁服，就是专用戎服。帅与兵的戎服区别只在于兵的裳要比帅的短些（以便于奔跑）、衣裳简陋些、衣料粗些。

西周时期已经有了初级的战甲，多以犀牛、鲨鱼等皮革制成，上施彩绘。周代制革业已有相当规模，并设有专门负责鞣革制甲的"函人官"。据《周礼·冬官·考工记》记载，当时的制甲业已经取得一定经验，分犀甲、兕甲和合甲三种。其质地的坚硬程度，犀甲可以使用100年，兕甲可以使用200年，而更厚的合甲，则可以使用300年。

除皮甲之外，商周时期还出现了"练甲"，大多以缣帛夹厚绵制作，属布甲范畴。

西周时期已经出现了丧服，但尚未形成制度。

6. 春秋战国的华夏衣饰

（1）日常衣物的变化。

与西周时期相比，春秋战国时期人们的衣饰变化并不大。男女衣着通用上衣和下裳相连的"深衣"式；大麻、苎麻和葛织物是广大劳动人民的大宗衣着用料；统治者和贵族大量使用丝织物，部分地区也用毛、羽和木棉纤维纺织织物。

此外，文献中还出现了雨天外出劳动所穿的"笠"和"蓑"。

由于"冠""贯"同音，因此到了这一时期，对于贵族来说，戴冠就有了"一

[战国]锦缘云纹绣曲裾衣彩绘俑

以贯之""始终如一"的意思。他们把冠看得比生命还重要，即便到死，也不能免冠。

《左传》记述了孔子的学生子路"结缨而死"的故事。说的是公元前480年的冬天，卫国发生内乱，子路与叛军作战，被人砍断了系冠的缨。他说："君子死，冠不免。"于是放下兵器去"结缨"，结果被对方趁机杀死了。

这一时期服装种类上新的变化是出现了"衫"。这种衫不同于后代的长衫，仅指一种较宽大、穿着轻松而又方便的衣服，而且没有袖头，类似后代戏台上的水袖。

另外，女子服装则出现了"续衽"的式样。所谓"续衽"，就是将衣襟接长。它改变了过去服装多在下摆开衩的裁制方法，将左边衣襟的前后片缝合，并将后片衣襟加长；加长后的衣襟形成三角，穿时绕至背后，更长的甚至再度回绕至左胸，再用腰带系扎。

这一时期贵族和平民各等级之间对于色彩的要求还不太严格。据《韩非子》记载，齐桓公喜欢穿紫色的衣服，因此齐国百姓都效仿他穿紫衣。

此时产生了服装颜色搭配的观念。如《论语》中就记载，孔子认为罩衣的颜色一定要与裘皮的颜色相配。黑色的羔羊皮袍要配黑色罩衣，白色的鹿皮袍配白色罩衣，黄色的狐皮袍配黄色罩衣，等等。

这一时期，深衣仍然用带扎束，但由于发明了带钩，导致带的形制有了较大变化。带钩多为青铜铸造，也有用黄金、白银、铁、玉等制成，在山东、陕西、河南等地出土的春秋战国墓葬中屡有发现。

由于用带钩结挂衣带比系扎更便利，逐渐被普遍使用。至战国以后，王公贵族、社会名流都以带钩为装饰，形成一种风气，带钩的制作也日趋精巧。它的作用，除

［战国·魏］鎏金嵌玉镶琉璃银带钩

装在革带的顶端用以束腰外，还可以装在腰侧用以佩刀、佩剑、佩削、佩镜、佩印或佩其他装饰物品。

（2）军服。

春秋战国之交，皮甲胄的发展达到鼎盛。战国皮甲由甲身、甲袖和甲裙组成，多以犀牛、鲨鱼等皮革制成，上施彩绘。

札甲成为较为成熟的甲式。札甲由表面涂漆的皮片编缀而成，身甲甲片为大块长方形，甲片编缀时，横向均左片压右片，纵向均为下排压上排。袖甲甲片较小，从下到上层层反压，以便臂部活动。

另外，此时还出现了铁甲，但数量稀少，皮甲仍是重要的装备。《荀子·议兵》中就有"楚人鲛革，犀皮以为甲"的说法，表明战国末期楚军仍以皮甲为主。

胄是一种在战场上保护头部的用具，最初也是用18片甲片编缀起来的。胄在此前并不见记载，也未见出土实物，但春秋战国时代肯定已经出现了。

古人戴胄时并不摘冠，而是连冠一并扣在胄下；但是见到尊者必须摘下，露出冠来，这种礼节称为"免胄"。就算是在战场上，如果己方是由臣下领兵，而对方是由国君领兵，也要向对方国君"免胄"致敬。

（3）丧服。

春秋时期，形成了比较严格、完善的丧服制度。按照文献的记载，这一时期的丧服分为五等，称为"五服"。五服轻重有差。地位尊崇者服重，地位低微者服轻；与死者关系亲者、近者服重，疏者、远者服轻。五服以内的为有服亲，五服以外

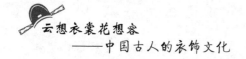

的为袒免亲即无服亲。五服的观念在中国影响极为深远。直到今日，民间仍以是否"出了五服"来界定亲属关系的远近。

关于五服各等级及穿戴的规定，以及五服在历代的具体穿着变化，我们会在后文中进一步介绍。

7. 春秋战国的民族衣饰

春秋时期，中原以外的周边一些少数民族的衣饰情况也有所记载。如《左传》中说吴人"断发文身，裸以为俗"；《论语》中提到北方的戎、狄"被发、左衽"。

到战国时期，公元前307年赵武灵王颁胡服令，推行"胡服骑射"。胡服指当时"胡人"的服饰，与中原地区宽衣博带的服装有较大差异，其特征是短衣，衣长仅齐膝；衣袖偏窄；长裤穿靴或裹腿。这样的服装便于骑射活动。

"胡服骑射"使赵国在军事上很快强大起来。随之，其他国家纷纷效仿。

[战国] 宴乐渔猎攻战纹壶

胡服的款式及穿着方式对汉族军服也产生了巨大的影响。成都出土的采桑宴乐水陆攻战纹壶上，即以简约的形式，勾画出中原武士短衣紧裤披挂利落的具体形象。

中山国是战国中期中原以北地区一个由白狄族建立的少数民族诸侯国。河北平山三汲战国中山王墓出土的玉人俑则展现了该民族的服饰风貌。

这些玉人俑材质有白玉、墨玉、黄玉和青玉，可以分为儿童、青年女性及中年妇女几种形象。男童头顶梳单髻，身穿窄袖方格纹袍，袖

[战国] 中山王墓出土的片雕玉人俑

手而立。女佣头梳牛角双髻，形成卷型发饰；上身着窄袖对襟衫，左衽，矩形交领；下身穿方格长筒裙，圈手而立。

 一袭风雅醉千年：**秦汉衣饰**

秦汉时期由于国家统一，服装风格也趋于一致。

这个时期，中国的封建社会处于初步巩固发展时期。衣冠服饰经历了从秦代不守旧制、不守周礼到东汉奠定服制、尊重礼教的转变过程，充分显示出儒家思想以及冠服制度在政治上的统治作用，对后世封建社会衣饰的形成、发展和成熟产生了重大影响。

1. 秦汉服制

秦灭六国之后，建立起我国历史上第一个统一的多民族的封建国家，大统一的局面使我国封建社会在经济、文化等方面都有了较大的发展，人们的衣饰出现了很大的变化。

[秦] 灰地菱纹袍服

[秦] 戴帽、穿曲裾服的男子彩绘陶俑

（1）衣裳。

秦朝是中国历史上第一个中央集权的封建国家。秦王政灭六国当上皇帝之后，立即着手推行一系列加强中央集权的措施，包括统一度量衡、车同轨、书同文、统一刑律条令等，其中自然也包括衣冠服饰制度。不过，由于秦朝立国过短，服饰制度仅属初创，还不完备，只在服装的颜色上做了统一。

秦始皇深受阴阳五行学说影响，认为秦属水德，色尚黑，从此把黑色定为尊贵之色，礼服的颜色也以黑色为最贵重。秦朝国祚虽短，但阴阳五行思想从此渗透进服色思想中。

秦代日常生活中的衣饰沿袭战国时期，变化不大。男女服装差别也不大，都是大襟窄袖；不同之处是男子的腰间系有革带，带端装有带钩，而妇女腰间只以丝带系扎。

汉朝建立以后，先以水德承接秦朝，后又转以火德王天下，因此汉朝的礼服的颜色黑红相间。同时规定百姓一律不得穿杂彩之衣，只能穿本色麻布，直到西汉末年才允许百姓服青绿之衣。

汉代的政治安定，国力强盛，经济繁荣，促使人民生活富裕，衣饰的风尚渐转华丽。

秦汉时期，男子以袍为贵。袍服属汉族服装古制。秦始皇在位时，规定官至三品以上者，绿袍、深衣，平民穿白袍，都用绢制作。汉朝400年来，一直也是用袍作为礼服。

由于纺织技术改进的关系，使得战国以后的服装，由上衣下裳的形式，演变为连身的长衣。汉代流行的服装就是以这种连身的长衣为主，并根据下摆形状分成曲裾与直裾两种。

曲裾，即为战国以前的深衣，汉代仍然沿用，但多见于西汉早期。后来随着裤的改进，曲裾绕膝已为多余，到东汉，直裾逐渐普及，替代了原有的曲裾深衣。此时，男子穿深衣者已经少见，一般多为直裾之衣。这种衣服的长度大约是遮住小腿，以便于工作。

汉代直裾样式

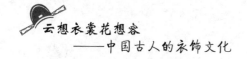

汉代贵族的礼服，在领口、袖口以及裙摆的地方，还镶有非常精致的滚边，同时还有许多搭配的饰品。例如皇后祭祖所穿的礼服，领口、袖口以及裙摆都有华丽的滚边，并佩有大绶、小绶以及玉佩等成组的玉饰品作为装饰。

禅衣为仕宦平日燕居之服，上下连属，样式与常服略同，但无衬里，可以穿在常服里面，或在夏日居家时穿着，也可以罩在外面。

赵武灵王实行"胡服骑射"之后，汉族人民也开始穿着长裤，不过最初多用于军旅，后来逐渐流传到民间。将士骑马打仗穿的全裆长裤，则名为大袴（即裤）。

从文献记载来看，秦汉之际的裤子虽然已可以遮裹整个腿部，但裤裆往往不加缝缀，这是为了便于方便。因为在裤子之外还着有裳裙，所以不必担心会显露羞处。

一直到汉昭帝时，大将军霍光的外孙女上官皇后为了阻挠其他宫女与皇帝亲近，就买通医官以爱护汉昭帝身体为名，命宫中妇女都穿在前后用带系住的"穷裤"，也称"绲裆裤"。自此以后，有裆的裤子就流行开来。

汉代男子所穿穷裤，没有裤腰，裤管很肥大。有的裤裆极浅，穿在身上会露出肚脐。

（2）冠冕。

秦汉帝王的衣饰仍遵循前代规制，至东汉明帝时期，方正式厘定了适应封建政教理想的封建服饰制度，对后世封建服饰文化产生了重大的影响。

首先是对于冕冠的形制有了更为具体的规定，其制为：綖板长一尺二寸，宽七寸，冠表涂黑色，里用红、绿二色。

汉朝制度还进一步规定：皇帝冕冠用十二旒，质为白玉，衣裳十二章；三公诸侯七旒，质为青玉，衣裳九章；卿大夫五旒，质为黑玉，衣裳七章。

皇帝的常服仍为深衣，戴通天冠。通天冠原是楚庄王所戴，秦灭六国后，采楚国冠制，定为乘舆时所戴。

通天冠形制图

汉代沿用为天子常服。此外，百官于月正朝贺时，天子也戴此冠。

汉代朝臣职官的品第区别主要在冠。除旒冕和通天冠外，还有长冠、委貌冠、皮弁等作为祭服冠，另外还有其他种类的朝服常冠，如远游冠、进贤冠、高山冠、法冠等，但只有长冠可作为诸侯王进京朝见天子时的朝服常冠。

汉代武将戴武弁，一名大冠。其制为横向长方形，两端有下垂的护耳，耳下有缨，系于颔下，前额突出，另包巾帻；宫廷侍卫武官还在武冠上加黄金珰、玉蝉等装饰，还戴一条貂尾作装饰品；廷尉、大司马将军在武弁左右加插双鹖尾，故又称鹖冠。

汉代时出现了帻。帻就是套在冠下覆髻的巾，幅面较大，可一直覆盖到眉际。起初帻要与冠同时戴，只有平民才单独戴帻而不戴冠。

据说汉元帝前额上有较重的汗毛，为了不让人看见，所以平时也戴着帻，后来群臣纷纷效仿。也有传说王莽因头秃裹巾，帻才开始被上层士大夫所用，后逐渐普遍。

无论传说真假，总之只戴帻而不加冠从西汉才开始逐渐成为上层人士日常的装扮。在两汉之交，刘玄的军队进入关中地区，还曾因为装备不整，将领们只有帻而未戴冠，被当地百姓笑话。而到了东汉末年，戴巾已经成为文人与武士的高雅装扮。

（3）鞋袜。

长沙马王堆汉墓出土的戴长冠木俑

至秦汉之时，鞋袜的式样已非常丰富，有皮靴、皮鞋、木鞋、草鞋、麻鞋、丝履等多种。

西汉初年，汉文帝提倡节俭，改穿革履，引起上下效仿。富人在皮鞋上包绸

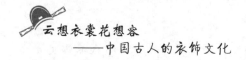

缎的鞋面，在鞋口沿上丝带，制成极为美观精致的革履。

2. 秦汉军服

秦始皇陵兵马俑的发现，为我们全面、系统地了解秦代军服提供了第一手材料。

据文献记载，在战国末期，秦朝军队就已经大量装备坚实精密的金属盔甲，这也是秦国军队战斗力强的一个重要原因。

相比之下，秦统一天下以后的军事装备又有了进一步的发展。

从秦俑坑出土的陶质模拟品看，全部都是皮革和金属札叶结合制成的合甲，品类完备，制作精密。甲衣由前甲（护胸腹）、后甲（护背腰）、披膊（肩甲）、盆领（护颈项）、臂甲（护臂）和手甲（护手）等部分组成，各部分均由正方形或长方形的甲片编缀而成；铠甲里面要衬以战袍，防止擦伤身体，且因兵种、身份、战斗需要的不同而各有不同。

将佐的甲衣则更为讲究。甲的胸、背、肩部分为皮革，腹及后腰的中心部分是金属小札叶；前胸下摆呈倒三角形，长垂膝间；后背下摆平直齐腰。胸前、背后未缀甲片，皆绘几何形彩色花纹，似乎是由一种质地坚硬的织锦制成，也有可能用皮革做成后绘上图案。

秦始皇陵兵马俑——将领俑

骑兵为便于骑射，其甲衣比较短小，长仅及腹，没有披膊。

车御（即驾车人）的臂、手、颈易受攻击，其甲衣在结构上更加复杂，不仅有前甲、后甲，还有臂甲、手甲甚至盆领。

步兵铠甲是普通战士的装束，属于贯头型，衣身较长，穿的时候从上套下，再用带钩扣住固定。由于步兵是作战的主力，也最容易受伤害，故此其甲衣多由前甲、后甲和披膊等三部分合成。

西汉时期，铁制铠甲更加普及，并逐渐成为主要装备。这种铁甲当时称为"玄甲"，每副至少几百片，分领叶、身叶、心叶和腋窝叶等。甲片的形状已不是单一形状，有方形、长方形、扁方形，还有加以修饰的鱼鳞状或龟纹状。

汉代军服在整体上有很多方面与秦代相似，军队中不分尊卑都穿禅衣，下穿裤，颜色以红色为主。

汉代戎服外一般束两条腰带，一条为皮制，一条为绢制。武士主要穿靴履，以履为主，有圆头平底、月牙形头等样式。

汉代是我国武官制度初步形成的时期。春秋以后，军队规模日益扩大，军中兵种和战略战术也不断复杂，于是出现了一些专门的军事家，形成了实际上的专职武官。

区别官兵身份的不仅是服饰，还有军服上的徽识。军服上标出徽识在先秦时代已有制度。

汉代的徽识，主要有章、幡和负羽三种。章的级别较低，主要为士卒所佩带，章上一般要注明佩带者的身份、姓名和所属部队，以便作战牺牲后识别。幡为武官所佩带，为右肩上斜披着帛做成的类似披肩的饰物。负羽则军官和士卒都可使用。

3. 秦汉少数民族服饰

秦汉时期，周边有许多少数民族，其服饰与汉人不同。

北方的匈奴人，衣皮革，被毡裘，裤腿较瘦；帽子呈尖顶或椭圆形，帽带护耳，以貂皮贴边；以革筒（皮制铠甲）或铁甲为护具，穿名为"络鞮"的高筒皮靴；爱用金、银、铜、琉璃、玉石做饰品。

居于东南地区的百越人穿左衽衣服，剪发文身，以丝绸、麻布、纱衣、织锦为布料；额头臂上刻纹，发式为"被发""椎髻"等，主要以玉器为装饰品。

岭南一带的越人穿筒裙。

西南地区的滇人，男性衣左衽，长至膝部，头裹巾，前额有圆形饰物；女性耳坠大环，髻后垂作银锭式，对襟袍服，腕间戴有多箍金镯。

 峨冠博带罗衣飘：魏晋南北朝衣饰

在我国历史上，这一时期基本上处于分裂状态，因此各个朝代的服装有所不同。

魏晋服装服饰虽然保留了汉代的基本形式，但在风格特征上，却有独到突出的地方，这与当时的艺术品和工艺品的创作思路有密切关系，其风格的同一性比较明显。

魏晋南北朝时期的服饰出现了两个变化：一个是汉装的定式被突破了，另一个是胡服被大量地吸收融合进汉人的服饰之中。

1. 冠冕与发式

魏晋南北朝时期的冠冕制度，大体承袭汉代遗制，但具体形制还是有一些变化。首先是巾帻的后部逐渐加高，中呈平形，体积逐渐缩小至顶，成为平巾帻或小冠。这种小冠非常流行。如果在小冠上再加笼巾，就称为笼冠。笼冠多用黑漆细纱制成，故也称漆纱笼冠。

《北齐校书图》（又名《古人执笔图》），此画原为北齐杨子华绘，唐阎立本再稿。画中所记录的是北齐天保七年（556年）文宣帝高洋命樊逊等人校刊五经诸史的故事，从中可以看到男裹巾，女梳双丫髻、小衫长裙，肩上披有帔巾。

《北齐校书图》中的人物衣饰

当时还流行一种高顶帽，有多种变化形式：有的带有卷荷边，有的带有乌纱长耳。

公元 7 世纪前后，后周开始流行一种突骑帽，应当是从北方游牧民族所戴的风帽演变而来。

魏晋南北朝时期的妇女发式，与前代不同。

魏晋时流行"蔽髻"，这是一种假髻，其髻上有金饰，但这种发式有严格的等级制度，非命妇不得使用。

普通妇女除将本身头发挽成各种样式外，也有戴假髻的。不过这种假髻比较随便，髻上的装饰也没有蔽髻那样复杂，时称"缓鬓倾髻"。

另有不少妇女模仿西域少数民族习俗，将发髻挽成单环或双环髻式，高耸发顶。还有梳丫髻或螺髻者。

在南朝时，由于受佛教的影响，妇女多在发顶正中分成髻鬟，做成上竖的环式，谓之"飞天髻"，这种发式先在宫中流行，后在民间普及。

此外，在民间还使用假发做成各种发式，常见的还有灵蛇髻、盘桓髻（以头发反复盘桓然后作髻）、十字髻（头顶作十字形髻，余发下垂过耳）等。有的更将假发装在假头上以增加其高度，有的使之自然危、邪、偏、侧，以表现妩媚的风姿。发髻上再饰以步摇簪、花钿（用金、银、珠、玉等做成的花朵形，用以掩饰头髻的短腿簪子）、钗、镊子，或插以鲜花。少女则梳双髻或以发覆额。

2. 宫廷礼服与朝服

魏晋南北朝时期的宫廷礼服基本沿袭汉代风格,各级冕服的形制、服色大体相同;差别在于衣裳上的章纹数量及织造方法:天子用十二章,三公诸侯用山龙等九章,九卿以下用华虫等七章;天子用刺绣文,公卿用织成文。

各级官员在参加各种活动时,会根据不同的礼节穿戴不同的服色。如委貌冠服、黑衣素裳,就是公卿行卿射礼时的专用礼服。

此外,皇后及高级命妇也

[东晋] 顾恺之《女史箴图卷》中的宫廷女子服饰

均有礼服。如皇后谒庙时所穿祭服,也是皇后的嫁服。妃、嫔、命妇陪同皇后谒庙,要穿佐祭服。皇后行亲蚕礼时还有专门的亲蚕服,相应地,妃、嫔、命妇也有助皇后行亲蚕礼的助蚕服。

除礼服外,此时期的朝服也同汉代差不多,天子与百官的朝服只是以所戴之冠来区别。天子的朝服为通天冠服;皇太子及诸王为远游冠服;百官朝服用朱色,常服用紫色。

3. 常服

此一时期,南方与北方的服饰也有些差别。北方的士庶男子服装,由于受胡服的影响,"短衣缚裤,腰束革带,外加套头,头戴风帽,足着短靴",是比较流行的一种装束;在南方仍多沿袭秦汉遗传。

孙位《高逸图》中戴巾子、穿宽衫的士人形象

魏晋以来，社会上玄学盛行，酝酿出文士的空谈之风。他们崇尚虚无，蔑视礼法，放浪形骸，任情不羁。在衣饰方面，他们穿宽松的衫子，衫领敞开，袒露胸怀。

这一时期的百姓的常服主要有两种形式：

一为汉族服式。

传统的深衣，到魏晋时男子已很少穿了。女子深衣在衣服下摆施加相连接的三角形装饰，在深衣腰部加围裳，从围裳伸出长长的飘带，走动时更加富有动感和韵律感。这种装饰始于东汉，在魏晋时代成为女装的主流。后来，这两种装饰逐渐合二为一，这就是杂裾垂服的造型。

男子的服饰，主要是衫。与汉代的

顾恺之《洛神赋图》中穿杂裾的妇女

直裾长袍相比，衫的袖口宽敞，也不需施袪。而且由于不受衣袪等约束，魏晋时代的衫日趋宽博，渐成风俗，并一直影响到南北朝服饰。整个南北朝期间，上自王公名士，下及黎庶百姓，都以宽衫大袖为尚。

衫的形制仍继承了汉族服装的特点，以对襟交领为多，领、袖都施有缘边。

南北朝的裤有小口裤和大口裤，以大口裤为时髦，但穿着行动很不方便，故用三尺长的锦带将裤管缚住，称为缚裤。

二为汉族服式与少数民族服式的融合。

南北朝时期，一些少数民族首领初建政权之后，认为他们的民族服饰不足以炫耀其身份地位的显贵，甚至以民族特色为耻，便纷纷改穿汉族统治者所习用的华贵服装。尤其是帝王百官，更醉心于高冠博带式的汉族章服制度。

这其中最有代表性的是北魏孝文帝的改制。公元486年，孝文帝本人始服衮冕；公元494年改革其本族的衣冠制度；公元495年接见群臣时他就颁赐百官冠服，用以更换胡服。

虽然孝文帝改革的决心和力度都很大，但由于服装是民族传统文化的象征，有民族的习惯性。鲜卑族原来的服装样式是鲜卑族人民在长期劳动中形成的，比汉族服装紧身短小，且下身穿连裆裤，便于劳动。因此鲜卑族的平民百姓不习惯汉族的衣着，有许多人都不遵诏令，依旧穿着他们的传统民族服装。各级官员们也都是"帽上着笼冠，裤上着朱衣"，连魏文帝的太子也私着胡服，甚至最后从洛阳逃回平城，终被废为庶人。

与孝文帝改革的努力相反，包括鲜卑族服装在内的北方少数民族服装，不仅各族人民没有完全放弃，在汉族劳动人民中间也得到推广，最后连汉族上层人士也穿起了各色各样的胡服。其根本原因，就是北方胡族服装便于生产活动，有较好的劳动实用功能，因而对汉族民间传统服装产生了自然传移的作用。

[北魏]北魏彩绘陶文武士俑，其下身所穿多为裤褶

在同一时期，西域各国商民来到中国经商，在中国归附定居的也不少。南北朝时期这种胡汉杂居，来自北方游牧民族和西域的服饰与汉族传统服饰长期并存、互相影响，构成了南北朝时期服饰文化最重要的特点。

在来自北方游牧民族的各种服式中，最为重要的是裤褶服。裤褶的基本款式为上身穿左衽齐膝大袖衣，下身穿肥管裤。裤褶常用较粗厚的毛布来制作。

《三国志·魏志》记载，魏文帝曹丕为魏王世子时，穿了裤褶出去打猎，还有人劝他不要穿这种异族的贱服。但仅仅过了50多年，到了晋代，裤褶就被规定为戒严之服，不仅皇帝的卫队穿着裤褶，天子和百官都可以穿。上层社会男女也都穿裤褶。

汉族的裤褶用锦绣织成料、毛罽等来制作，穿着时脚蹬长勒靴或短勒靴。

裤褶的用处非常广，能够做朝服、军服、便服，从贵族到庶民均用到它。

南朝的裤褶，衣袖和裤管都更宽大，即广袖褶衣、大口裤，这种形式，又反过来影响了北方的服装款式。

尽管如此，在正式的礼仪场合仍把穿着裤褶视为不雅。《宋书》中记载宋后废帝刘昱就常穿裤褶而不穿衣冠。《南史》也说齐东昏侯把戎服裤褶当常服穿。《梁书·陈伯之传》记载，有一个叫褚缉的人还写了一首诗以讽刺北魏人穿裤褶。诗曰："帽上着笼冠，袴上着朱衣。不知是今是，不知非昔非。"

裲裆也是北方少数民族的服装，最初是由军戎服中的裲裆甲演变而来。这种衣服不用衣袖，只有两片衣襟，其一当胸，其一当背，也就是后来的"背心"或"坎肩"。裲裆可以保身躯温度，而不使衣袖增加厚度，以使手臂行动方便，成为男女通用的服饰。

起初妇女都在里面穿裲裆，后又将裲裆穿在交领衣衫之外。妇女穿的裲裆，往往加彩绣装饰。如《玉台新咏·吴歌》中就有这样的诗句："新衫绣裲裆，连置罗裙里。"

另据《晋书·五行志》记载，魏明帝曾着绣帽，披缥纨半袖衫与臣属相见。半袖衫是一种短袖式的衣衫。由于半袖衫多用缥（浅青色），与汉族传统章服制度中的礼服相违，曾被斥为"服妖"。直到隋朝时，才开始流行开来，隋宫中的内官（太监）多服半袖衫。

裤褶、裲裆和半袖衫都是从北方游牧民族传入中原地区的异族文化，经过群众生活实践的遴选，由于它们具有功能的优越性而为汉族人民所吸收，从而使汉族传统的服饰文化更加丰富。

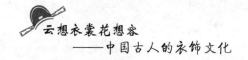

魏晋时期妇女服装除了承袭秦汉深衣的旧俗之外，也吸收了少数民族服饰特色，在传统基础上有所改进。服装的款式也以宽博为主，一般上身穿衫、袄、襦，下身穿裙子，多为对襟、束腰；衣身部分紧身合体，袖口肥大；裙式多样，以折裥裙尾最多。

折裥裙下摆宽松，摆长曳地，从而达到俊俏潇洒的效果。

魏晋时期的女装多在袖口、衣襟、下摆缀有不同色的缘饰，腰间用一块帛带系扎，再加上华美的首饰，反映出一股华丽之风。

4. 配饰

魏晋南北朝时期，常见的配饰除了发饰之外，还有指环、耳坠、鸡心佩、金奔马饰件、金花饰片和金博山等。

比较特别的是带具。在东汉时期，人们腰上所束的革带为了佩挂随身实用小器具的方便，挂了几根附有小带钩的小带子，这种小带子叫作蹀躞。附有蹀躞的腰带称为蹀躞带，但并未普及。

魏晋时期的蹀躞带不仅大量使用，且装饰繁复。南北朝以后，一种新型的蹀躞带代替了钩络带。这种带不用带钩，头端装有金属带扣，带扣一般镂有动物纹和穿带尾用的穿孔，穿孔上装有可以活动的短扣针。从这时起，以往的带钩便逐渐消失了。

5. 军服

魏晋南北朝时期互相讨伐，争战频繁，虽然促使战略战术得到发展，但给社会经济生产造成的破坏却极其巨大，因此在武器装备方面与汉代相比并没有明显的进步。

魏晋时期的戎服主要是战袍和裤褶服。袍长及膝下，宽袖。褶短至两胯，紧身小袖。袍、褶一般都是交直领，但也有盘圆领。裤则为大口裤。东晋与西晋相比较裤脚更大，很像今天的女裙裤。冠饰主要有武冠、鹖冠、却敌冠、樊哙冠、帻、幅布和帢等。

魏晋时期出现了坚硬无比的铁制筒袖铠。这是一种胸背相连、短袖的铠甲，用鱼鳞形甲片编缀而成，外形与西汉的铁铠很相似，穿着时要从头上套穿。

魏晋时期的胄基本沿袭东汉的形制，胄顶高高地竖起，配有缨饰。

南北朝时期，北方很多帝王都是胡人，军队也以胡人为主，他们的服饰文

裲裆铠穿戴示意图

化被带进了中原地区，因此南北朝时期的戎服很具特色，不仅样式多，融合了多民族的服饰，而且因武官制度进一步完善，官兵在服饰上有了更明显的区别。

这一时期，铠甲方面流行布制或革制的裲裆铠。这种铠甲长至膝上，腰部以上是胸背甲，有的用小甲片编缀而成，有的用整块大甲片；甲身分前后两片，肩部及两侧用带系束。这种铠甲一直使用到唐代。

在魏晋南北朝时期出土的陶俑或壁画、画砖里，经常能看到身披裲裆铠的武士，大多数还有坐骑，且他们的坐骑同样装备着精良的铠甲。这些文物中，又以敦煌第285窟的西魏壁画《五百强盗成佛图》最具代表性，从壁画中能清楚地看到身披裲裆铠、骑着披有具装铠的战马的"甲骑具装"重骑兵。

除裲裆铠之外，还有"明光铠"。这是一种十分威武的军服，其特点是在铠甲的胸背两侧装放两块圆形或椭圆形金属糊镜；与其相配，必用宽体缚裤，并束宽革带。这种铠外形完整明确，性格感极强，使用效果也好，久而久之取代了裲裆铠。

此外，还有保护头部的兜鍪、胄、盔等。

《五百强盗成佛图》中的骑兵装束

 白纱绿裙销断魂：**隋唐五代服饰**

隋唐五代时期，南北统一，疆域辽阔，经济发达，生产和纺织技术的进步，加上对外交往的频繁，使服装款式、色彩、图案等都呈现出崭新的局面，中国传统衣饰也达到空前繁盛时期。

隋唐时期，统治阶级虽然在最隆重的礼仪服装上仍保持前代传统，但是穿得最多的朝服和常服却有了新面貌，并为后代开创了服色制度的新传统，因此也是服装制度史上的重要时代。

晚唐和五代以后的衣装不再以繁多而美，反而更加追求朴实简洁。

1.冠帽

隋唐帝王的冕服也遵循汉制，一般只在礼仪大典与祭拜宗祠百神时用。

唐代的通天冠变得十分华丽。《新唐书·舆服志》记载通天冠有 24 梁；《旧唐书·舆服志》记载唐代通天冠有十二蝉首。冠上重要的配饰为珠翠黑介帻，加金博山，即以黑介帻承冠。带为组缨、翠緌（缨垂余的饰），玉、犀簪导（簪即古之笄）。

唐太宗还创制了"翼德进德冠"，朔望视朝，其形如幞头，服饰则配以白练裙与襦裳服，也可配裤褶与平巾。

进德冠比通天冠略次，但造型也很华贵，为重臣所戴。

进贤冠是皇子亲王、一至九品的各职文官所戴，具有普遍性与典型性。据《开元二十年开元礼成定冠服之制》所记，"三品以上三梁，五品以上二梁，九品以上一梁"。

唐太宗衣冠形制

隋唐时代平时的头衣主要为"幞头"。幞头的起源很早，魏晋六朝的"角巾"其实就是幞头的早期形态。

隋代的幞头较简便，就是在软裹巾里面加一个固定的饰物后再覆盖于发髻上，就能包裹出各种形状。

初唐的幞头巾子较低，顶部呈平形；以后巾子渐渐加高，中部略为凹进，分成两瓣。

开元年间，流行"官样"巾子。这种巾子最早出现在宫中，又称"内样"，也叫"开元内样"。

中唐后，巾子更高，左右分瓣，几乎变成两个圆球，并有明显前倾，称"英王踣样"巾子。

自此以后，上至帝王、贵臣，下至庶人、妇女都戴幞头，巾子式样基本一致。唐末，幞头已经超出了巾帕的范围，成了固定的帽子。

隋唐的头衣除幞头外，还有纱帽，被用作视朝听讼和宴见宾客的服饰，在儒生、隐士之间也广泛流行，其样式可以由个人所好而定，以新奇为尚。至于南北朝时期的小冠和漆纱笼冠，这个时期也仍在使用，有些还被纳入冠服制度当中。

唐代有一段时期十分流行胡帽。这种帽子形制多变，具体名目有底边翻卷、顶部尖细的毡卷檐帽，皮毛筒形帽，浑脱帽等。

[唐]阎立本《步辇图》人物衣饰

2. 礼服

隋朝于公元589年重新统一中国后，隋文帝厉行节俭，衣着俭朴，也不怎么注重服装的等级尊卑。经过20多年的休养生息，经济有了很大的恢复。

到了隋炀帝即位，开始崇尚奢华铺张。为了宣扬皇帝的威严，恢复了秦汉章服制度，并对衣饰做出严格的等级规定，使服装成为权力的一种标志。

南北朝时期将冕服十二章纹样中的日、月、星辰三章放到旗帜上，改成九章；隋炀帝又将这三章纹饰放回到皇帝的冕服上，并把日、月分列两肩，星辰列于后背，从此"肩挑日月，背负星辰"成为后世历代帝王冕服的基本形式。

在重要典礼场合，一品至五品官职戴笼冠或介帻，并有簪导与缨为饰；身穿对襟绛色大袖衫，内衬白纱中单；下着白长裙，外套赤围裙，佩朱色蔽膝，腰束钩革带；佩绶、剑，足穿袜舄。六品以下，去掉剑和佩绶，其他相同。

隋唐的贵族女性，在重要场合一般也要穿着礼服。晚唐时期女性着礼服，发上还簪有金翠，头上画有花钿，所以又称"钿钗礼衣"。

张礼臣墓出土随葬屏风画中的舞伎额描雉形花钿

3. 百姓衣饰

隋唐时期百姓的日常衣料广泛使用麻布，女子的裙料一般采用丝绸。

隋唐时期一般男子服装以一种白色圆领的长衫为主，除祭祀典礼外，平时都穿这种服装。襕衫因紧身而狭，需缺胯开衩或穿大口裤以便行动，直到宋代，它仍为士人做上服。缺胯袍衫就是在袍、衫的腋下开衩，为士人、庶民、奴仆等劳动者之服，也是戎服之一。此外，庶民百姓、奴仆多穿用麻、毛织成的"粗褐"。

士人，一般文人雅士或绅士、老者，仍以大袖宽身的禅衣、长裙为常服。初、中、后唐及五代时文人的服饰，多头戴软脚幞头，身穿盘领窄袖或窄长袖的袍衫，加襕，袍衫长及足或膝，下穿宽口裤，足穿软靴。

从中唐、晚唐开始，文人服式随着朝代的崇尚，提倡秦汉的宽衣大袍。后唐与五代时文人的新式衣装多为较宽长大袖的袍衫，除继续沿用软裹巾外，还用硬裹软脚或硬裹硬脚的幞头，戴高筒纱帽；穿交领宽身大袖衣，下开衩，腰间系带；下身为大口裤，浅底履。

莫高窟商人团花袍服壁画

胡服流行于开元、天宝年间，其制为翻领、对襟、窄袖、衣长及膝、腰间系革带。这种革带原是北方民族的装束，于魏晋时传入中原。中唐以后，胡服更为盛行，不但男子时兴，女子也时兴。

这种服装便于骑马作战，也便于日常生活中的劳作。如男子戴的豹皮帽、妇女穿伊朗风格的窄袖紧身服，并配以百褶裙和长披风，甚至连妇女的发型和化妆也流行"非汉族"的样式。

隋唐时期的女装，以红、紫、黄、绿四种颜色最受欢迎。

隋代女子穿窄合身的圆领或交领短衣，高腰拖地的长裙，腰上还系着两条飘带。

唐代妇女服装可以说是历代服饰中的佼佼者，也是中国古代最辉煌的一页。

其中有一种女装，袒露胸上部，这在整个中国封建社会历史里是前所未有的。

唐代女装，衣料质地考究，造型雍容华贵而大胆，装扮配饰富丽堂皇而考究。其形制虽然仍是汉隋遗风的延续，但是多受北方少数民族鲜卑人的影响，同时也受到西域涌进来的文化艺术的影响。

以历史名画"簪花仕女图"的服饰为例，图中妇女袒胸、露臂、披纱、斜领、大袖、长裙的着装状态，就是最典型的开放服式。衣外披有紫色的纱衫，衫上背纹隐约可见，内衣无袖，"罗薄透凝脂"，幽柔清澈。丝绸衬裙露于衫外，拖曳在地面上。这种服饰从北朝以来，甚至唐代开元、天宝时期，都不曾出现过，因此风格独特。

[唐] 周昉《簪花仕女图》中的女子衣饰

唐代的女装主要是衫、裙和帔。

襦裙是唐代妇女的主要服式。在隋代及初唐时期，妇女的短襦都用小袖，下着紧身长裙，裙腰高系，一般都在腰部以上，有的甚至系在腋下，并以丝带系扎，给人一种俏丽修长的感觉。

妇女的裙子有不少名目，在中上层妇女中，曾流行百鸟毛裙，由于这种裙子都用禽鸟羽毛制成，使大批珍禽瑞鸟遭受损害，后被朝廷下令禁止。

在广大妇女中间，则流行一种叫"石榴裙"的裙子。这种裙子用鲜艳夺目的红色染成，故名。

唐代裙子款式之新、颜色之多、质料之精、图案之精美，都达到前所未有的水平。

此外，唐代女性喜用帔，又称"画帛"，就是披在肩上的长围巾。通常用轻薄的纱罗制成，上面印画图纹。长度一般为2米以上，用时将它披搭在肩上，并盘绕于两臂之间。走起路来，不时飘舞，非常美观。

唐三彩女坐俑

初唐的妇女还喜欢穿小袖衣、条纹裤、绣鞋等西域服式。盛唐以后，胡服的影响逐渐减弱，女服的样式日趋宽大保守。到了中晚唐时期，更加恢复为中国传统服饰特点，比如一般妇女服装，袖宽往往4尺以上。

晚唐、五代服饰不再追求浓重和艳丽，转而追求一种淡雅。这主要体现在五代女子服饰色彩以及发式装饰的变化上。

这时期女子的服饰与妇女圆润丰硕的造型截然不同，她们的服装整体显得修长细巧，上身为贴身、窄袖的交领短衫或直领短衫；下身穿宽松的长裙，裙裾拖在身后有几尺长；长裙的上端一直系到胸部，胸前还束有绣花的抹胸。衣裙大多用丝带束紧，长出来的丝带像两条飘带一样垂于身前。这一时期的妇女仍然流行披绣花帔帛，只是帔帛长且窄得多，显得富于变化而飘逸灵动。

五代服饰与唐代服饰不同的是，帔帛较唐代狭窄，但长度有明显增加。另外，女性襦裙腰线的位置降低，襦裙系束的位置比唐代降低，是其服装的显著变化。

五代自后梁开平元年（907年）至南唐交泰元年（958年）约50年，虽处于五代十国分裂时期，但服饰方面官服仍大体沿袭唐制。

永泰公主墓壁画中的服饰

一般服饰，如幞头巾子，头脚都用硬脚，形式也出现不少变化，如团扇形、蕉叶形、平展伸直形、翘上形、反折形等，并用珠珞为饰或金线棱盘。

五代的裹巾如后唐李存勖当皇帝，有圣逍遥、安乐巾、珠龙便巾、清凉巾、宝山巾、交龙巾、太守巾、六合巾、舍人巾等种种名称。南汉刘氏做平顶帽，名"安丰顶"。

南唐韩熙载在江南造轻纱帽，称"韩君轻格"。他所戴的巾子，比宋代的东坡巾还要高。

在《韩熙载夜宴图》中，女子襦裙已经落到腰间，帔帛越发窄长，人物形象上也多带秀润妩媚之气。

[南唐]顾闳中《韩熙载夜宴图》中的人物衣饰

西蜀王建喜戴大帽，出行时恐人认出，故令百姓也戴大帽。王衍戴形如锥状的尖巾，晚年又推出小帽，叫作"危脑帽"。其嫔妃衣道服、戴莲花冠、作高髻。

后蜀孟昶末年，妇人竞治高髻，名"朝天髻"。

南唐昭惠后周氏梳高髻，饰首翘鬓朵之妆，着纤裳（细腰裙）。

4. 军服

唐代的铠甲，据《唐六典》记载，有明光、光要、细鳞、山文、鸟锤、白布、皂绢、布背、步兵、皮甲、木甲、锁子、马甲等13种。其中明光、光要、锁子、山文、鸟锤、细鳞甲是铁甲，后三种是以铠甲甲片的式样来命名的；皮甲、木甲、白布、皂绢、布背，则是以制造材料命名。在铠甲中，仍以明光甲使用最普遍。

明光铠复原图

初唐，由于阶级矛盾比较缓和，国家比较稳固，社会经济能较快地恢复和发展起来，相对来说战事减少，用于实战的铠甲和戎服基本保持着隋代的样式和形制。

随着时代的进展，至武德中期，在进行了一系列服饰制度改革的基础上，军服逐渐变得更加具有唐代的鲜明特色。此时的军戎仍以皮甲和铁甲为主，除了传统的皮甲仍发挥着作用以外，在铁甲中又细分为裲裆铠、明光铠、细鳞铠和锁子铠等，制作十分精细。

贞观以后，进行了一系列服饰制度的改革，渐渐形成了具有唐代风格的军戎服饰。高宗、则天两朝，国力鼎盛，天下承平，上层集团奢侈之风日趋严重，戎服和铠甲的大部分脱离了实用的功能，演变成为美观奢华、以装饰为主的礼仪服饰。特别是出现了为武将们仪仗检阅或平时服用的绢布甲，这种以纺织原料制作的轻巧精美的黑色甲衣（又称"皂衣"），外观十分美观，但无实际的防御意义。

"安史之乱"后，重又恢复到金戈铁马时代的那种利于作战的实用状态，特别是铠甲，晚唐时已形成基本固定的形制。

在唐宣宗时期，有一位官吏发明了以纸做甲，"纸甲用无性柔之纸，加以垂软，叠厚三寸，方寸四钉，如遇水雨浸湿，铳箭难透"。纸甲极为奇特，是应急之物，由于质轻容易携带，故便于推广。

五代时期基本沿袭唐末制度，明光铠基本退出历史舞台，铠甲重又全用甲片编制，形制上变成两件套装。披膊与护肩联成一件；胸背甲与护腿连成另一件，以两根肩带前后系接，套于披膊护肩之上。另外五代继续使用皮甲，用大块皮革制成，并佩兜鍪及护项。

唐代武官的专门戎服为缺胯衫，绣有各种纹饰。士兵的戎服则有两种，一种是盘领窄袍，另一种就是缺胯袍。士兵的缺胯袍没有绣纹饰，头戴折上巾，唐代称幞头，晚唐时幞头已变成无须系裹、随时可戴的帽子。

唐代武士还时兴在幞头外包一块红色或白色的罗帕。

唐代也出现过一些新的戎服，短后衣就是其中之一。唐后期出现了一种"抱肚"的戎服附件，抱肚成半圆形围于腰间，其

穿胄甲的唐代武将俑

作用是为了防止腰间佩挂的武器与铁甲因碰击、摩擦而相互损坏。

唐代武将喜穿长勒短勒乌皮靴，靴头尖而起翘。但着朝服、常服时，也穿鞋头有云头装饰的履或麻鞋。

 簟纹衫色娇黄浅：两宋服饰

宋代服装的服色服式多承袭唐代，与传统融合得更好、更自然。

宋朝历史以平民化为主要趋势，服装也质朴平实，反映出这种时代倾向。

宋代服饰总体来说可以根据穿着者身份大致分为官服与民服两大类。

宋代妇女服饰种类比较复杂，可以根据用途分为三种：一是皇后、贵妃至各级命妇所用的公服；二是平民百姓所用的吉凶服称礼服，三是日常所用的常服。

1. 官服

宋代品官制度基本上沿袭前代，建朝初期宫中的官服也与晚唐相仿；新制颁发后，才定其官员服饰分为祭服、朝服、公服（宋人又称为常服）、时服（按季节颁赐文武朝臣的服饰）以及丧服。其中又以朝服和公服两大类为主。

宋代皇帝的冕服和官员的祭服以及官方规定的丧服基本是参照汉代以来历代相沿的形制，没有什么大的变化。

宋代朝服用于朝会及祭祀等重要场合，皆朱衣朱裳，外系罗料大带，并有绯色罗料蔽

宋太祖赵匡胤戴直脚幞头像

膝，下着白绫袜黑皮履，身挂锦绶、玉佩、玉钏。这种朝服样式是统一的，官职的高低是以有无襕衣（中单）、锦绶上的图案搭配还有相应的冠冕来区别的。

穿朝服时，必戴进贤冠（一种涂漆的梁冠帽）、貂蝉冠（又名笼巾，是以藤丝编成形，上面涂漆的冠帽）或獬豸冠（属进贤冠一类）。

公服又名"从省服"，是官员的常服，基本承袭唐代的款式，以曲领（即圆领）大袖为主要形式，大致近于晚唐的大袖长袍；另有窄袖式样。

这种服饰的面料以罗为主，以用色区别等级。三品以上用紫色；五品以上用朱色；七品以上用绿色；九品以上用青色。到神宗元丰年间稍有更改：四品以上用紫色；六品以上用绯色；九品以上用绿色。

按当时的规定，有资格穿用紫色和绯色（朱色）衣者，都要配挂金银装饰的

鱼袋，以区别职位的高低。

与公服相搭配的，头上戴幞头，下裾加一道横襕，腰间束以革带，脚上穿革履或丝麻织造的鞋子。

与前代不同的是，宋代与公服相配的幞头是直脚幞头，只有便服才戴软脚幞头。这种直脚幞头即后代所谓的平翅乌纱帽（即乌纱帽的翅是平直的），一般都用硬翅，展其两角，故名。这种帽君臣通服，成为定制。

关于此帽的来历，还有一段传说。据说宋太祖赵匡胤刚刚"黄袍加身"登上帝位时，公服的制度尚未完善。有一次在朝会之上，他见下面的臣僚不时窃窃私语，十分不悦。正好礼部官员奏请新朝服式图样，宋太祖灵机一动，便授意礼部把原来五代时期幞头上翘的两脚改为平直，并加长至过肩。

新的公服颁发以后，官员们再上朝时，长长的帽翅令彼此之间交头接耳十分不便。于是，一个个姿态端庄严肃，更好地烘托出皇帝的权威。

革带也是公服上区别官职的重要标志之一，它比服装颜色分得更细：三品以上用玉带；四品用金带；五、六品用金涂银带；七至九品用黑银及犀角带。

此外还有时服，这是建隆三年（962年）以后，因袭五代旧制，按季节赐发给官员的衣料。享有此项待遇的臣僚范围十分广泛，上至亲贵将相、下至侍卫步军都能获颁赐。赐发的品种有袍、袄、衫、袍肚、裤等。所赐之服分七等不同花色，大部分是织有鸟兽的纹锦。

宋代官员除在朝的官服以

手持朝笏的宋朝官员

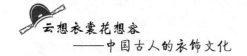
外，平日的常服也是很有特色的。常服在这里指"燕居服"（即居室中服用的衣物），因此也叫"私服"。宋官与平民百姓的燕居服形式上没有太大区别，只是在用色上有较为明显的规定和限制，有官职者着锦袍，无官职者着白布袍。

2. 民服男装

在北宋初年因服饰没有定制，又受外来影响，曾出现过着"毡笠""钩墪"（即袜袴）的契丹服，一时间被视为奇装异服。

宋代官家衣饰普遍十分奢侈，民家着装也很讲究。宋太祖乾德三年（965年）规定：妇女的服色要随丈夫变化；庶民百姓不得采用绫缣五色华衣，只许穿白色衣服；后来又允许流外官、举人、庶人可穿黑色衣服。对于这些规定，民间往往置若罔闻，平民服色五彩斑斓，绫缣锦绣任意服用，根本不受约束。

到仁宗、英宗、神宗直至政和七年（1117年）时期，官府提倡改良服饰，而且更趋奢华。一些京城的贵族闺阁们，还别出心裁地设计出多种装扮方法，追求出新与别致。不但衣料选择考究，而且梳妆也很特别，有的梳大髻方额，有的扎发垂肩，有的云光巧额鬂撑金凤。就连贫寒人家也要用剪纸装饰头发，身上抹香，足履绣花等。

宋代男子一般的服饰主要有衣、裳、袍、衫、襦袄、裥衫、直裰、道衣（袍）、鹤氅、背子、貉袖、蓑衣、腹围等。以下择要介绍。

衣和裳沿袭古制。宋代除了

［宋］佚名《宋人十八学士图轴》（局部）

官服中的冕服（祭服）和朝服用上衣下裳外，一般很少穿用。但一些有身份的人家平时私居也有上衣下裳的穿法。这种人家的主人一般穿刘领镶黑边饰的长上衣，配黄裳，燕居时不束带，待客时束大带。

袍，有宽袖广身和窄袖窄身两种类型，有官职的穿锦袍，无官职的穿白布袍。宋代的袍长到脚，一般百姓多穿交领或圆领的长袍，做事的时候就把衣服往上塞在腰带上。

作为男子的日常衣着，衫在宋代品种、式样最多。

根据原料质地分为布衫、罗衫、毛衫和葛衫。富贵人家穿的衫质料很考究，多用绸缎、纱、罗。

根据用途有内用的汗衫和披在外面的凉衫。

根据颜色有紫衫、白衫、青衫、皂（黑）衫、杏黄衫、茶褐衫等。

此外还有一种襕衫，就是在一般的衫下摆处加一条横襕，一般用白细布制作，圆领大袖。这种衫在宋代一般文士、书生常穿。因这种衫的样子接近官服，所以官员中也有很多人穿。

还有一种叫帽衫，是因头戴乌纱帽，身穿黑色罗制圆领衫而得名。

［宋］张择端《清明上河图》（局部）中的人物衣饰

襦、袄,为平民日常穿用的必备之服,有夹棉之分,质料有布、绸、罗、锦、丝和皮,用色有青、红、枣红、墨绿、鹅黄等几种。这两者的差别并不很大,后来就同称谓了。

短褐,是粗布或麻布做成的粗糙的衣服。因为它身狭窄,袖子小,所以又叫筒袖襦。同类的还有褐衣,不像短褐那样又短又窄,一般而言,凡不属于绫罗锦一类的衣料都可以叫褐衣。也有用细麻或毛织成的,文人隐士好穿,也是道家用的衣服之一。

直裰也叫直身,是比较宽大的外披长衣,由于下摆无衩,背部却有一直通到下面的中缝而得名。这是一种对襟长衫,袖子大大的,袖口、领口、衫角都镶有黑边,穿着时头上一般配一顶方桶形的帽子,叫作"东坡巾"。当时退休的官员、士大夫多穿这种便服。僧人也有穿直裰的。

道衣本是道家的法服,但在宋代并不专是道士穿的服饰,一般的文人都可以穿。它的式样是斜领交裙,四周用黑布做缘边,用茶褐色做成袍子的式样,所以又叫道袍。穿道袍时,有时要用丝绦系住腰。

［南宋］马麟《静听松风图》

鹤氅,本是一种用鹤羽或其他鸟毛合捻成绒织成的裘衣,十分贵重,在两晋南朝的时候就有了。式样是穿袖、大身,宽长曳地。后来虽改用其他织料制作,但还是把这种宽大的衣着叫鹤氅。直裰和道衣都是斜领交裙,而鹤氅则是直领下垂至地的形式。

宋代还有一种叫貉袖的衣服,这种衣服的特点是便于骑马，袖在肘间而长短到腰间，是一种比较短小紧身的服式。

宋代男子还喜欢用鹅黄色的腹围，称"腰上黄"。

贵族裤子的质地也十分讲究，多以纱、罗、绢、绸、绮、绫，并有平素纹、大提花、小提花等图案装饰，裤色以驼黄、棕、褐为主色。平民劳作时着裤质地比较粗劣。

3. 民服女装

总的看来，宋代妇女的装束主要继承唐装遗制，女服仍以衫、襦、袄、背子、裙、袍、裈、深衣为主。服式采用衣袖相连的裁剪方式，绝大部分是直领对襟式，无带无扣，颈部外缘缝制着护领。有的限于面料的幅宽，因而在衣片的背部或袖口部分采用接缝和贴边装饰。除了北宋时曾一度流行的大袖衫襦、肥阔的裙裤外，窄、瘦、长、奇是这一时期妇女服装的主要特征。

根据出土实物判断，宋代女装都在领边、袖边、大襟边、腰部和下摆部位分别镶边或绣有装饰图案，采用印金、刺绣和彩绘工艺，饰以牡丹、山茶、梅花和百合等花卉。宋代女装在装饰上的主要特点是清新、朴实、自然、雅致。

宋代贵妇的便装时兴瘦、细、长的款式，衣着的配色也打破了唐代以红、紫、绿、青为主的惯例，多采用各种间色，如粉紫、黑紫、葱白、银灰、沉香色等，色调淡雅、文静；衣饰花纹也由比较规则的唐代图案改成了写生的折枝在纹，显得更加生

［宋］苏汉臣《靓妆仕女图》

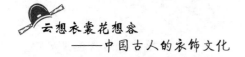
动、活泼、自然。

一般平民女子，尤其是劳动妇女或婢仆等，仍然穿窄袖衫、襦，只是比晚唐、五代时更瘦、更长，颜色以白色为主，其他还有浅绛、浅青等。裙裤也比较瘦短，颜色以青、白色为最普遍。

当时许多服饰别出心裁，花样百出，以至于后来官府不得不下令规定：妇女的服色都服从丈夫的服色，平常人家的妇女不准穿绫缣织的五色华衣。但当时人并没遵守这个规定，时装兴盛的风气有增无减。

当时还有偏好"奇装异服"的，这其中就包括与宋长期敌对的契丹服装。后来甚至需要皇帝亲自下一道诏令，规定凡有穿契丹族衣服的人都定为杀头之罪，这股风潮才渐渐平息。衫是宋代女装最普通的衣式。宋代妇女的衫大多是圆领、交领、直领、对襟，腰身清秀苗条，下摆多，有较长的开裾，衣料一般是用罗、纱、绫、缣等轻软的料子，多半以刺绣为装饰。

女装中的襦与袄也是相似的衣式。

襦的造型短小，一般仅到腰部，对襟，侧缝下摆处开裾，袖端细长，衣身也比较窄。襦还分单襦、复襦，单襦与衫相近，复襦与袄相近。通常贵族妇女的服

[宋] 佚名《妃子浴儿图》中的女装交领襦裙

色以紫红、黄色为主，用绣罗并加上刺绣。平常的妇女多以青、白、褐色为多，上了年纪的妇女也喜欢穿紫红色的襦。

袄大多是有里子或夹衬棉的一种冬衣，对襟，侧缝下摆开裾，又叫"旋袄"，可以代替袍。

窄袖衣是宋代女子中普遍流行的一种便服。式样是对襟、交领、窄袖、衣长至膝。特点是非常瘦窄，甚至贴身。由于这种服装式样新颖又省料，所以很快就流行了起来，不但贵族女子喜欢穿，一般的女子也仿效。

当时还流行着一种翻领款式取长至膝的窄袖衣，制作时在领襟上加两条窄窄的绣边装饰。翻领一般是三角形的，有时还要戴帔帛，腰里系绶，双双做成各种连环结。

宋代妇女以裙装穿着为主，但也有长裤。宋代妇女的裤一般都是不露在外面的，外面系着裙子，裙子大多把裤子都掩在裙内。虽也有单穿裤子不在外面穿裙子的，不过这是低等妇女的装束。

宋代裤子的形式特别，上有绣花，而且还保持着无裆的裤。除了贴身长裤外，还外加多层套裤。

受到封建礼教的影响，宋代汉族妇女开始有了缠足的习俗，因此裙长多不及地，以便露足。

当时妇女的贴身内衣有抹胸和裹肚。二者形状差不多，只是抹胸短小而裹肚较长，抹胸有时还可以穿在外面。

1975 年在福建省的浮仓山出土了一座墓葬，众多的陪葬品几乎涵盖了宋代女装的全貌。这是一座十分有研究价值的宋墓，墓主是一位因难产而死的少妇——黄昇，是南宋时期的

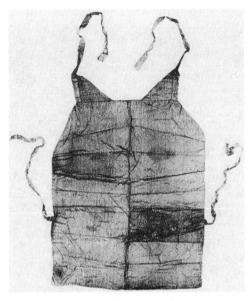

［宋］黄昇墓葬出土的内衣

贵族妇女。墓葬中的陪葬品的数量和质量都是上乘物品，出土的衣装配件十分齐全。长衣、短衣、单衣、夹衣、棉衣其式样均具有宋代风格，每件还有不同变化。

4. 军服

宋代的军服是在唐代军服的基础上经过改变形成的。

宋朝的军队有禁军和厢军两大部分，禁军是皇家正规军，九品以上的将校军官，平时与各级文官一样，有朝服、公服和时服；战时则依据兵种和军阶不同，分别穿着各种铠甲。

宋代的铠甲有皮制和铁制的两种。开始的铠甲只有表皮没有衬里，穿用时与皮肤接触容易磨损，后用绸做衬里。

宋铠甲比隋唐时又增加了许多名称，比如钢铁锁子甲、连锁铠甲、明光细网甲、金装甲、长短齐头甲、黑漆濒水山泉甲、明举甲、步人甲等数种。

据《宋史·兵志》记载，宋代一套铠甲的总重量达 45 斤至 50 斤，甲叶有 25 片，制造时费工作日 120 个，花用经费三贯半。

根据宋绍兴四年（1134 年）的规定，步人甲由 1825 枚甲叶组成，总重量近 60 斤，同时可通过增加甲叶数量来提高防护力，但是重量会进一步上升。为此，皇帝还亲自赐命，规定了步兵各兵种的铠甲重量。尽管如此，单以重量而言，宋代步兵铠甲还是中国历代士兵中铠甲中最重的。

此外，根据《梦溪笔谈》记载，北宋年间，西北青堂羌族还善于制造一种瘊子铁

［北宋］武宗元《朝元仙仗图》

甲，铁色青黑，甲面平亮，可以照见毛发；在五十步之外，以弩箭射击，铁甲面不会有一点损伤。南渡之后，南宋小朝廷一直处于孱弱状态，根本无心顾及军备生产，铠甲制造技术开始进入停滞状态。当然，造成铠甲停滞的另一原因是火药的发明。南宋时火药的杀伤力已有很大的提高，铠甲在战争中的防御作用越来越小，尽管以后还使用了数百年，但已不像以前那样那么重视了。

厢军是地方州县军，军服和铠甲的装备都比较差。他们的军服衣身长短不一，紧身窄袖。所着的甲胄是仿战将的样式，不用皮或铁做甲片，而用粗布做面，细布做里，然后在甲面上用青、绿颜色画出甲片形状。

 儒风汉韵流海内：辽金西夏衣饰

宋、辽、金、西夏并立的时代，是中国历史发生急剧变化的时代，历史学家们往往将其视为第二个"南北朝时期"。

盛唐的衰落，少数民族政权的相继崛起，宋政权的软弱等等，所有这些却造就了一个共同的结果：少数民族和汉民族之间的文化传承与交融。而这种文化上的传承和交融，也自然会体现在衣饰上面。

1. 辽朝衣饰

辽的衣饰受盛唐风格的影响极为显著。

从内蒙古巴林右旗辽墓出土的木版画《侍女图》来看，侍女乌发浓重，束高髻，髻顶有白色环状饰，下系红色带，带边饰黄色联珠纹。髻前两鬓插半圆形梳，左梳红色，右梳淡绿色。上身外着乳白色短襦，直领，淡绿色边，襦下为绛紫色地淡绿色团状牡丹花纹夹衣，胸前领后露出红色衣里，衣下部两侧开褉，分前后两片，底缘半圆形。内穿长裙，足穿绛紫色敞口鞋。胸前露墨绿色护胸，外缘淡黄色。于夹衣外胸前结红边橘黄色长带，带头并列下垂。

**内蒙古巴林右旗
辽墓木版画《侍女图》**

这种妆饰与衣着特征颇具唐代侍女遗风。

此外，在内蒙古赤峰宝山辽墓2号墓《颂经图》壁画中，盛装女子均容貌丰润，发型讲究，着宽大衣袍，犹如唐代仕女画翻版。全图围绕颂经贵妇展开。贵妇云鬓抱面，所梳发髻的正面上下对插两把发梳，佩金钗。弯眉细目，面如满月。红色抹胸，外罩红地球路纹宽袖袍，蓝色长裙，端坐于高背椅上。贵妇前侧并立4人，前2人为男吏，头戴黑色展脚幞头，分着红色、深褐色衣袍，表情谦和。后2人为侍女，一人着红袍，一人着浅色袍，均面向女主人拱手恭立。贵妇身后侍立2女，一人持扇，一人捧净盆。

上述侍女除持扇者梳双髻外，其余发型均与女主人相同，着服亦为宽袖袍配长裙。这些都是汉族服饰的风格，但在辽墓壁画中却有所反映。

辽耶律羽墓中的丝绸团窠和团花图案，也从服饰图案上表明了辽与唐的不解之缘。在唐代，团窠成为一种将圆形主题纹样和宾花纹样作两点错排的图案形式的通称，而与此相类似的具有圆形外貌的花卉图案，称团花更为合适。

耶律羽之墓中的团窠卷草对凤织金锦、绢地球路纹大窠卷草双雁乡、黑罗地大窠卷草双雁蹙金乡、罗地凤鹿绣、簇六宝花花绫等，基本上属于团窠或团花图案的范畴。这显然是对唐代团窠和宝花图案的直接继承，受到了唐代晚期丝绸花鸟图案中穿花式纹样的影响。

到了辽、宋并立时期，契丹人和汉族之间的交往更为频繁。在两国关系缓和时期，还在边境地区设立榷场，形成"茶马互市"。宋辽服饰之间的相互融合就是在这样的社会历史背景下展开的。

在汉族服饰和本民族传统的影响下，辽的服饰形成了独特的汉胡杂糅风格。根据接受汉服影响深度的不同，可以把辽的服装分为北班与南班两种类型。

北班服饰为契丹族的"国服"；南班服饰则被称为"汉服"。北班服饰以长袍为主，男女皆然，上下同制。一般都是左衽、圆领、窄袖。袍上有疙瘩式纽襻，袍带于胸前系结，然后下垂至膝。长袍选用的色系一般比较灰暗，有灰绿、灰蓝、赭黄、黑绿等几种，纹样也比较朴素。贵族阶层的长袍，大多比较精致，通体平绣花纹。也有出现龙纹的，这反映了两民族的相互影响。

南班服饰不仅百姓可穿，汉族的官吏也同样可以穿。

宋朝流行的服饰诸如男子戴的幅巾，女子用以包裹发髻的巾帼、百褶裙、旋裙以及宫廷舞乐者的穿戴等自然会很快传入辽朝。根据《契丹国志》等书的记载，就连契丹国主也受到影响，在外出射猎时也头裹诸如汉人戴的幅巾。在契丹画家胡瓌所绘《卓歇图》里就有戴幅巾的契丹人物形象。

包髻是宋代妇女用以包裹发髻的巾帼。在辽墓出土的壁画中，也常常见到妇人包髻的形象。

百褶裙始于六朝，至宋大兴。这种裙在辽金墓中也有所反映，如河北宣化下八里辽金3号墓东壁壁画上的妇人；同为河北宣化的张文藻壁画墓，其后室南壁壁画里的挑灯侍女穿的也是百褶裙。

[五代]胡瓌《卓歇图》

宣化辽墓壁画《散乐图》

宋代流行的裙式中还有以裙两边前后开衩的"旋裙"。这种旋裙在辽金墓中也有所体现，如河北宣化下八里辽金6号墓西壁画有《散乐图》：舞蹈者梳髻，上穿绿色交领短衣，下穿杏黄色旋裙，绿地白圈红点裤，红色蔽膝，黑色鞋。

花脚幞头在宋代是宫廷舞乐者所戴的一种幞头，在河北宣化下八里辽金6号壁画墓中，西壁《散乐图》中的乐队7人：均头戴形状各异的花肢幞头，上插花卉，眉间涂一黑点。10号壁画墓中前室西壁男装女乐亦戴类似的花脚幞头。

在辽代，衣饰还是身份地位和阶级关系的反映。从辽庆陵壁画中我们可以看到，人多穿小袖，有裹巾子的，有髡发露顶的。这与当时人的身份地位相关。契丹本部的身边侍从，有品级的才许使用巾裹，一般仆从及本族豪富也必露头，即使身为富豪，也需向政府进献大量财富才能取得戴巾子资格。

另外，内蒙古库伦旗7号辽墓墓道西壁壁画中，以墓主人和侍从的形象刻画，则深刻反映了主仆之间的阶级关系：墓主人身着淡蓝色圆领窄袖长袍，足蹬红靴，左手挎带、右手端红色方口圆顶帽；墓主人身后一侍从，戴黑色巾帻，内穿蓝色中单，外着淡蓝色交领窄袖长袍，外套蓝色交领半臂，围捍腰，袍襟掖于腰部，缚裹腿，穿麻鞋。左手持蓝伞荷肩，右手握拳至胸前。主仆的地位悬殊，从各自的装束中得到了充分的体现。

辽的衣饰中还体现了宗教信仰。在其宗教信仰上，一方面契丹人保留了较多的原始及民族传统宗教的成分，另一方面则逐渐接受中原地区的宗法性国家宗教的影响，形成一种混合的形态。这种混合信仰也体现在辽的服饰形制上——在辽的服饰中，对于萨满教、佛教及道教都有或多或少的反映。

据《辽史》记载，辽在契丹国时，军队就已使用铠甲，有铁甲也有皮甲，主要采用的是唐末五代和宋的样式，以宋为主。铠甲的上部结构与宋代完全相同，只有腿裙明显比宋代的短，前后两块方形的鹘尾甲覆盖于腿裙之上，则保持了唐末五代的特点。铠甲护腹好像都用皮带吊挂在腹前，然后用腰带固定，这一点与宋代的皮甲相同；而胸前正中的大型圆护，是辽代特有的。

契丹族的武官服装分为公服和常服两种，样式没有明显不同，都是盘领、窄袖长袍，与一般男子服饰相同，可能常服比官服略紧身一些。这两种都可作战服。

2. 金朝衣饰

金人死后实行火葬，在北京、辽宁、内蒙古、黑龙江等地出土金代墓葬均有火焚迹象，故金国墓葬中遗存服饰实物的极少。我们今天对金代衣饰的了解，主要依据历史文献。

金国为女真族国家，最初附属于辽，后来逐渐强大起来，开始对辽不断蚕食，最终联合北宋共同灭辽。

女真族发祥的东北地区缺乏种桑养蚕的条件，因此金人没有丝织的传统。所以"惟多织布，贵贱以布之粗细为别；又以化外不毛之地，非皮不可御寒，所以无贫富皆服之"。

自从女真人进入燕地，开始模仿辽国分南、北官制，注重服饰礼仪制度。灭辽战争中，金人感到北宋软弱可欺，故寻找借口，制造了侵宋战争，并最终迫使宋室南渡，放弃了淮河以北的国土。女真人由此进入黄河流域，又吸收了宋代冠服制度。因此，金朝服饰带有契丹、女真和汉族的多重特点。

皇帝冕服、通天冠、绛纱袍，皇太子远游冠，百官朝服、冠服，包括貂蝉笼巾、七梁冠、六梁冠、四梁冠、三梁冠、监察御史獬豸冠，大体与宋制相同。

公服的服色，五品以上服紫，六品七品服绯，八品九品服绿；款式为盘领横襕袍，窄袖、盘领。衣长至中骭（即小腿胫骨间），便于骑马。在肩袖上饰以金绣。

金世宗时曾按官职尊卑定花朵大小，三品以上花大五寸，六品以上三寸，小官则穿芝麻罗。腰带镶玉的为上等，金次之，犀角象骨又次之。一品束玉带，二品笏头球文金带，三、四品荔枝或御仙花带，五品乌犀带。武官一、二品玉带，三、四品金带，五、六、七品乌犀带。腰带周围满饰带板，小的间置于前，大的置于后身，带板的装饰多雕琢春水秋山等纹样。带上挂牌子、刀子及杂用品三至五件，文官还要佩金银鱼袋。

金之卫士、仪仗戴幞头，形式有双凤幞头、间金花交脚幞头、金花幞头、拳脚幞头、素幞头等。

金人的发式，据《大金国志》载："金俗……栎发（一作辫发）垂肩……垂金环，留颅发系以色丝，富人用金珠饰。妇人辫发盘髻……自灭辽侵宋……妇人或裹逍遥巾、或裹头巾，随其所好。"

金代男子的常服通常由四个部分组成，即头裹皂罗巾、身穿盘领衣、腰系"吐鹘"带（又译"陶罕"带）、脚着乌皮鞋。

[金]左衽窄袖袍、长裙

金代服饰多用环境色，即穿着与周围环境相同颜色的服装。这与女真族的生活习惯有关：因女真族属于游牧民族，以狩猎为生，服装颜色与环境接近，可以起到保护的作用。冬天多喜用白色。春天则在上衣上绣以"鹘捕鹅""杂花卉"及"熊鹿山林"等动物纹样，同样有麻痹猎物、保护自己的作用。

女真女子喜穿遍绣全枝花的黑紫色六裥襜裙。襜裙就是用铁条圈架为衬，使裙摆扩张蓬起的裙子。上衣喜穿黑紫、皂色、绀色直领左衽的团衫，前长拂地，后长拖地尺余，腰束红绿色带。许嫁女子穿褙子（称为绰子），对襟彩领，前长拂地，后拖地五寸，用红、褐等色片金锦制作。头上多辫发盘髻。女真侵入宋地后，有裹逍遥巾的，即以黑纱笼髻，上缀五钿，年老者为多。

皇后冠服与宋相仿，有九龙四凤冠、袆衣、腰带、蔽膝、大小绶、玉佩、青罗舄等。贵族命妇披云肩。五品以上母妻许披霞帔。嫔妃侍从服云纱帽，紫衫，束带，绿靴。

［金］张瑀《文姬归汉图》（局部）

金代早期的铠甲只有半身，下面是护膝；中期前后，铠甲很快完备起来。铠甲都有长而宽大的腿裙，其防护面积已与宋朝的相差无几，形式上也受北宋的影响。

金代戎服袍为盘领、窄袖，衣长至脚面；戎服袍还可以罩袍穿在铠甲外面。

3. 西夏衣饰

建立西夏的党项羌原为游牧民族，建国以后一向以武功立国，但在经济生活与文化上逐渐受汉族封建体系的影响。

到西夏中期的仁宗仁孝时期，由于崇尚儒学，实行科举取士，失去骑射尚武的传统，逐渐沉湎于安逸侈靡之中，自此走向衰败的道路。成吉思汗多次进攻西夏，到其子窝阔台称汗以后最终灭亡了西夏。

为了对成吉思汗因进攻西夏受伤而死一事进行报复，蒙古军队在占领西夏以后对其境内的各种物质、文化设施进行了彻底的毁灭，导致西夏文物典籍几乎全部损失。因此，今天我们想要了解西夏的服饰文化，也只能从一些历史陈迹中见其一斑。

西夏服饰图样

西夏的服饰实物，在考古发掘中尚无完整的发现，但西夏的洞窟壁画、木版画等人物绘画，却保留了不少党项族的着装人物形象。如莫高窟第 109 窟东

莫高窟 109 窟《西夏王妃供养图》壁画

壁西夏王及王妃供养像，西夏王手执香炉，头戴白鹿皮弁，穿皂地圆领窄袖团龙纹袍，腰束白革带，上系蹀躞，脚蹬白毡靴。身后侍从打伞撑扇，都戴白色扇形帽，窄袖圆领齐膝绿地黑小撮花衣，束蹀躞带，白大口袴，白毡靴。王妃手执供养花，鬓发蓬松，头戴桃形金凤冠，四面插花钗，耳戴镶珠宝大耳环，身穿宽松式弧线边大翻领对襟窄袖有袪曳地连衣红裙。这种衣裙与回鹘女装完全相同，可见她采纳了回鹘女装的格式。

西夏王穿汉式服装，因为他

希望与中原皇帝平起平坐。而王妃穿回鹘装，则反映了西夏与回鹘在军事、经济、宗教、文化方面关系密切。

又如敦煌莫高窟第 148 窟男女供养人为西夏高级官员，男戴有檐小毡冠或扇形冠，穿圆领窄袖散答花袍，腰束绅带，绅带外再束蹀躞带而不挂蹀躞七事，脚穿皂靴。女戴桃形金凤冠或金花冠，广插簪钗，耳挂耳坠，穿大翻领窄袖宽松式回鹘裙装；女子发式或宽鬓掩耳，或鬓发垂髻，余发披于后背。

在安西榆林窟第 3 窟内室东壁南端千手千眼观音像法光两侧，画着非常写实的犁耕图、踏碓图、锻铁图、酿酒图，可见到西夏劳动者一般的着衣情况。

西夏武士所穿铠甲为全身披挂，盔、披膊与宋代完全相同，身甲好像裲裆甲，长及膝上，还是以短甲为主，说明铠甲的制造毕竟比中原地区落后一些。

西夏的官服为也可作戎服，如辽代的契丹服一样，两者无明显差别。

安西榆林窟第 3 窟千手千眼观音像及劳作图

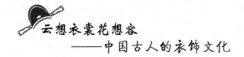

 绿衣翠顶珠冠缨：**元代衣饰**

元代是中国历史上民族融合的时代，在服装衣饰上也充分体现了这一特点。

元代由于民族矛盾比较尖锐，长期处于战乱状态，纺织业、手工业遭到很大破坏，宫中服制长期沿用宋式。

1. 蒙古民族衣饰

元代蒙古男子多把额上的头发弄成一小绺，像个桃子；其他的就编成两条辫子，再绕成两个大环垂在耳朵后面；头上戴瓦楞帽、棕帽及笠子帽。

"瓦楞帽"是用藤篾做的，有方圆两种样式，顶中装饰有珠宝。

汉族平民百姓多用巾裹头，无一定格式。蒙古族的贵族妇女，常戴着一顶高高长长的帽子，这种帽子叫作"罟罟"。

2. 皇族与官员衣饰

蒙古人进入中原以后，除保留本民族的服制以外，也采用汉、唐、金、宋的宫廷服饰，特别是灭宋以后一段时间，宫中服制长期沿用宋式。如天子的通天冠和绛纱袍，百官戴梁冠、青罗衣加蔽膝是朝服和冕服等形制，汉族的公服也为通用服式。常服的外面，罩一件短袖衫子，妇女也有这种习俗（称为襦裙半臂）。

从款式上看，公服与周代近似，衣袖较紧、窄，下裳较短，衣长至膝下，造型像百褶裙。

直到1321年元英宗时期才参照古制，制

元世祖皇后察必像

定了天子和百官的上衣连下裳，上紧下短，并在腰间加襞积，肩背挂大珠的服制，汉人称"一色衣"或"质孙服"。这是承袭汉族又兼有蒙古民族特点的服制。

这种"质孙服"是较短的长袍，比较紧、比较窄，在腰部有很多衣褶，很方便上马下马。"质孙服"不分尊卑，大臣在内宫大宴中可以穿着，乐工和卫士也同样可以穿着。

这种服式上、下级的区别体现在质地粗细的不同上。天子冬服有15个等级（以质分级层次），每级所用的原料和选色完全统一，衣服和帽子一致，整体效果十分出色。比如衣服若是金锦蒙茸，其帽也必然是金锦暖帽；若衣服用白色粉皮，其帽必定是白金答子暖帽。

天子夏服也有15个等级，与冬服类同。百官的冬服有9个等级，夏季有14个等级，同样也是以质地和色泽区分。

3. 贵族衣饰

元代贵族袭汉族制度，在服装上广织龙纹。

据《元史·舆服志》记载，皇帝祭祀用衮服、蔽膝、玉簪、革带、绶环等饰有各种龙纹，仅衮一件就有八条龙，领袖衣边的小龙还不计。

龙的图案是汉族人民创造的，它代表着华夏民族的文化。其实在晚唐五代以后，北方少

［明］三清殿《朝元图》壁画

数民族相继建立政权，都无例外地沿用了这一图案。只是到了元代更加突出，除服饰大量用龙之外，在其他生活器具中也广泛使用。

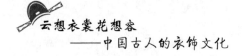

4. 平民男子衣饰

元代平民男子服装，以长袍为主，"比肩""比甲"也是常服。

"比肩"是一种有里有面的较马褂稍长的皮衣，元代蒙人称之为"襻子答忽"。

"比甲"则是便于骑射的衣裳，无领无袖，前短后长，是一种以襻相连的便服。

5. 女子衣饰

元代女服分贵族和平民两种样式。

贵族多为蒙人，以皮衣皮帽为民族装，貂鼠和羊皮制衣较为广泛，式样多为宽大的袍式，袖口窄小、袖身宽肥。由于宽大而且衣长曳地，走起路来很不方便，因此外出乐时，常常要两个婢女在后面帮她们牵拉袍角。

这种袍式在肩部做有一云肩，即所谓"金绣云肩翠玉缨"，十分华美。

作为礼服的袍，面料质地十分考究，采用大红色织金、锦、蒙茸和很长的毡类织物。当时最流行的服用色彩以红、黄、绿、褐、玫红、紫、金等为主。

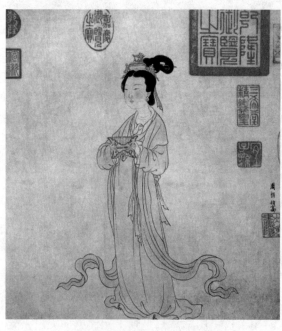

［元］周朗《杜秋娘图》（局部）

此外，由于受邻国高丽的影响，都城的贵族后妃们也有模仿高丽女装的习俗。

元代蒙古族平民妇女，多是穿黑色的袍子，穿汉族的襦裙、半臂也颇为通行。汉装的样子常在宫中的舞蹈伴奏人身上出现，唐代的窄袖衫和帽式也有保存。

元代汉族女子，仍穿襦裙或褙子。由于蒙古族的影响，服装的样式也有所变化，有时也用左衽，女服的色彩也比较灰暗。

6. 军服

蒙古主力军全部是骑兵，组织严密、装备精良，而且还配有火器，尤为突出的是甲胄。元代铠甲的种类有柳叶甲、铁罗圈甲等。其中铁罗圈甲内层用牛皮制成，外层用铜铁丝缀满铁网甲片，甲片相连如鱼鳞，箭不能穿透，制作极为精巧。另外还有皮甲、布面甲等。

戎服只有一种本民族的服饰，即质孙服，样式为紧身窄袖的袍服，有交领和方领、长和短两种，长的至膝下，短的仅及膝。

还有一种辫线袄与质孙服相同，只是下摆宽大，折有密裥，另在腰部缝以辫线制成的宽阔围腰，有的还钉有纽扣，俗称"辫线袄子"，或称"腰线袄子"。这种服装也是元代的蒙古戎服，军队的将校和宫廷的侍卫、武士都可服用。

[元] 刘贯道《元世祖出猎图》

 上承周汉下袭唐：**明代衣饰**

明代衣饰是一个时代的见证，反映了明代社会的意识形态、当时人们的生活水平和社会发展，以及当时的整个社会面貌。

明初，虽然统治者试图通过各种衣饰礼仪制度来维护自己的统治，构建一个理想的社会家园，但显然这种禁锢人们思想的服饰制度不得人心。随着社会经济

的发展和资本主义的萌芽，这种复杂的服饰
制度最终被一步步摧毁。

总的来说，明代衣饰的发展具有明显
的指向性，既指向封建等级制度，又指向整
个社会环境。但不管怎么说，明代衣饰也是
丰富多样、光彩夺目的，在中国古代传统衣
饰中占有相当重要的地位。

1. 官服

明初要求衣冠恢复唐制，其法服的式
样与唐代相近。

上层社会的官服是权力的象征，历来
受到统治阶级的重视。自唐宋以来，龙袍

明太祖朱元璋像

和黄色就为王室所专用。明代皇帝的常服以黄色的绫罗制作，样式为盘领、窄袖，

前后及两肩绣有金盘龙、翟纹及十二章纹。
配合常服的是翼善冠，戴乌纱折上巾，玉
带皮靴。

百官公服自南北朝以来紫色为贵。但
因明朝皇帝姓朱，遂以朱（绯）为正色，
又因《论语》有"恶紫之夺朱也"，紫色官
服从此废除不用。

1393 年，朝廷对官吏常服作了新的规
定，凡文武官员，不论级别，都必须在袍
服的胸前和后背缀一方补子，文官用飞禽，
武官用走兽，以示区别。自此，戴乌纱帽、
身穿盘补服是明代官吏的主要服饰。

用"补子"表示品级也成为明代官服

张居正像

最有特色的一点，并直接影响了清代官服的形制。

补子是一块 40 ～ 50 厘米见方的绸料，织绣上不同纹样，再缝缀到官服上，胸背各一。文官的补子用鸟，武官的补子用走兽，同时配合服色，各分九等。

明代品官章服表

品级	朝冠	服色	补纹		带
			文	武	
一品	七梁	绯袍	仙鹤	狮子	玉
二品	六梁	绯袍	锦鸡	狮子	花犀
三品	五梁	绯袍	孔雀	虎豹	金钑花
四品	四梁	绯袍	云雁	虎豹	素金
五品	三梁	青袍	白鹇	熊罴	银钑花
六品	二梁	青袍	鹭鸶	彪	素银
七品	二梁	青袍	鸂鶒	彪	素银
八品	一梁	绿袍	黄鹂	犀牛	乌角
九品	一梁	绿袍	鹌鹑	海马	乌角

官员平常穿的圆领袍衫，则凭衣服长短和袖子大小区分身份，长大者为尊。这种袍衫同时也是明代男子的主要服式，不仅官宦可用，士庶也可穿着，只是颜色有所区别。

平民百姓所穿的盘领衣必须避开玄、紫、绿、

明代补服图样（文官一品）

柳黄、姜黄及明黄等颜色，平民妻女则只能以紫、绿、桃红等色制作，以免与官服正色相混；劳动大众只许用褐色。

2. 平民衣饰

明代普通百姓的衣服或长、或短、或衫、或裙，基本上承袭了旧传统，且品种十分丰富。男子一律蓄发挽髻，着宽松衣，穿长筒袜、浅面鞋。

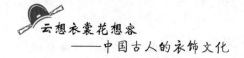

明代妇女的服装主要有衫、袄、霞帔、褙子、比甲及裙子等。与元代相比，衣服的基本样式人多恢复唐宋汉族的习俗，一般都为右衽，其中霞帔、褙子、比甲为对襟，左右两侧开衩。

成年妇女的衣饰，随个人的家境及身份的变化，有各种不同形制。凤冠霞帔是明代妇女的礼服，是后妃在参加祭祀等重大典礼时使用的服饰。整个冠上缀着龙凤，搭配霞帔一起穿着。普通妇女服饰比较朴实，主要有襦裙、背子、袄衫云肩及袍服等。

明代女性习惯在裙子外罩一件背子衫或是云肩。明代背子，有宽袖背子有窄袖背子。宽袖背子，只在衣襟上以花边作装饰，并且领子一直通到下摆。窄袖背子，在袖口及领子都有装饰花边，领子花边仅到胸部。

明代由于妇女盛行裹足，又追求"行不露足"，所以贵族妇女都穿长裙来掩饰金莲小脚。裙上绣着缠折枝花纹，或在裙幅下边一二寸的位置绣上花边，作为压脚。最初裙幅用六幅，也是遵循的古仪礼，所谓"裙拖六幅湘江水"；到了明代末年，裙幅变成了八幅，腰间的细褶也很多，走起路来好像粼粼的水纹一样。

明代比甲大多为年轻妇女所穿，而且多流行在士庶妻女及奴婢之间。到了清代，这种服装更加流行，并不断有所变革，后来的马甲就是在此基础上经过加工改制而成的。

有一点需要指出的是，明代开始，中国传统服装较多使用了纽扣。最初主要用在礼服上，常服很少使用，明末时才有所普及。

明代妇女还有一种内衣，叫"腰子"，是围在妇女胸前，露出肩臂和乳胸上部的一种衣服。它与肚兜不

［明］佚名《千秋绝艳图》（局部）

同，是用宽幅的纱绫，横缠在胸前，有的还有纽扣，加刺绣。

3.军服

明朝建立之初就重视发展军工生产，提高火器和铠甲制造的水平，不断加强国防力量。明代军戎大体与宋、元时期相同。盔、甲、护臂等全副武装，只是质地上大多采用铜铁，技术十分先进，因此比较前一代又进一步，种类繁多。

文献记载，明式军衣上衣是直领对襟式，也有圆领形式；制作比较精致，以衣身长短和甲片形制取名，如鱼鳞甲、圆领甲、长身甲、齐腰甲等。

头盔的名目繁多，大体分为三种类型：便帽式小盔、可插羽翎较高的钵体式和尖顶形。

明代兵士着罩甲，这种形制在明初时只限骑兵服用，是一种对称的"号衣"，头上包扎五色布扎巾。

明代军士服饰中还有一种胖袄，其制"长齐膝,窄袖,内实以棉花",颜色为红，所以又称"红胖袄"。

骑士多穿对襟，以便乘马。作战用兜鍪，多用铜铁制造，很少用皮革。将官所穿铠甲，也以铜铁为之，甲片的形状，多为"山"字纹，制作精密，穿着轻便。兵士则穿锁子甲，在腰部以下，还配有铁网裙和网裤，足穿铁网靴。

明代军人在穿戎服时，既可戴盔甲，又可戴巾、帽、冠。帽为红笠军帽。冠有忠静冠、小冠等。

明代的下级军人

明军戎装形象

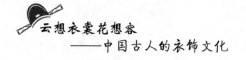
一般只能穿履，而不能穿靴。

4. 丧服

自周代确立了严格的丧服制度以来，中国的丧服制度一直未出现大的变化。

按照古礼，子为父服斩衰三年。父在，为母服齐衰杖期；父卒，为母服齐衰三年。

唐高宗上元元年（674年），武后请父在为母终三年服，但并未实行；直到武则天称帝后的垂拱年间才付诸实施。玄宗开元七年（719年）经群臣集议，恢复旧制。开元二十年（732年）改修五礼，又依上元敕为母齐衰三年。宋、元沿用此制。

明太祖朱元璋称帝以后，觉得父母对子女的恩情相同，而子女为父母服丧的差别如此之大，过于不近人情，故于洪武七年（1374年）决定，子与未嫁女为父母同服斩衰三年。媳为公婆、妻为夫、承重孙（父亲死后，代替父亲为祖父母尽孝的嫡长孙）为祖母也服斩衰三年。此后一直到清末均沿袭此制。

谁与凌波解珮珰：清代衣饰

清朝是以满族统治者为主的政权机构，满族旗人的风俗习惯影响着中原地区。

清代纺织技术精良，几千年来世代相传的传统服制，由于满族贵族的"剃发易服""十从十不从""留头不留发"政策以及大量的屠杀汉民，造成了中国传统衣冠的消亡。

这种屠杀式的变革，是中国传统服制的又一次变态式的发展，是历史上"胡服骑射""开放唐装"之后的第三次明显的突变。

1. 衣饰的发展

清朝是我国衣饰史上改变最大的一个时代，衣饰文化上的满汉交融是这一时代的突出特征。

满族建立的清朝，也是入主中原后，保留原有衣饰传统最多的非汉族王朝。满族八旗衣饰随朝代的变更进入关内，满族的风俗习惯也影响了广大的中原地区。

清代服制的改变，从公服开始逐渐推向常服。

满人入关之初，汉人反满情绪高涨，以各种形式发泄反清情绪，抵御外族的入侵。因此，清初的统治者把是否接受满族服饰看成是否接受其统治的标志，以暴力手段强令推行"剃发易服"，按满族习俗要求全国男子更装；女子的更装是逐步实现的。

顺治元年（1644年）十月朝廷下令，命文官衣冠按明代服制，民装无规定。但到了顺治二年（1645年）六月即规定全国男子剃发，留辫垂于脑后，限十天之内一律遵行，违者杀无赦。有许多男子不愿剃发，甚至不惜改扮女装。由于拒绝剃发而迫死的不计其数，而被逼无奈改扮女装的也为数不少。

顺治四年（1647年）十一月，朝廷确定了官民服饰之制，但只限服色和使用材料，所服之式样仍无明确规定。顺治九年（1652年），钦定《服色肩舆条例》颁行，从此彻底废除了浓厚汉民族色彩的冠冕衣裳，要求男

摄政王多尔衮像

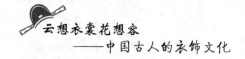

子穿瘦削的马蹄袖箭衣、紧袜、深筒靴，但官民服饰依律泾渭分明。

乾隆帝认为，只有承袭一套蕴含在衣冠制度中的政治理论，而不必是外观形式，方能传国长久。为此，乾隆帝亲自制定了清朝皇室贵胄和各级官员详细的冠服制度，并图示说明，让以后子孙也能"永守勿愆"。

这一时期，居住在城市和人口稠密地区的平民普遍服用旗装，但闭塞地方的平民仍然不服用马褂，也不戴红缨帽。即使一些留有发辫的男人，也将辫盘绕在头顶，再加戴一顶毡帽，外观上很难辨认出来。特别是清初时留辫很短小，就更不好分辨。

当时女子改装阻力更大。明装非但难以废除，反而大大吸引了满人，不少旗人还特意模仿汉装。尽管乾隆时期宫中一再降旨，禁止满人缠足，但异族女装的吸引力，使得不少满人违抗旨令的现象时有发生。

但最终，在政府的高压下，旗装还是以其用料节省、制作简便和穿戴方便，取代了古代传统的衣裙。

2. 官服制度

清代官服制度，反映了清代社会政治制度的特点。清统治者是以骑射武力征服中原，要维持其少数统治多数的格局，巩固政权，就不能忘记根本，反映在服饰的典章制度中也是以"勿忘祖制"为戒。

清太宗皇太极崇德二年（1628年），就曾谕告诸王、贝勒："我国家以骑射为业，今若轻循汉人之俗，不亲弓矢，则武备何由而习乎？射猎者，演武之法；服制者，立国之经。嗣后凡出师、田猎，许服便服，其余悉令遵照国初定制，仍服朝衣。并欲使后世子孙勿轻变弃祖制。"（《清史稿·舆服志》）

作为载入史册的清代官服定制，则是乾隆皇帝所定。直至清末，官服制度再无大的变动。这是一套极为详备、具体的规章，不许僭越违制，只准"依制着装"。上自皇帝、后妃，下至文武官员以及进士、举人等，均得按品级穿戴。

（1）冠帽。

清代帝王、皇族及各级官员外出都要戴帽，这体现了满族的习俗。清代官员戴的帽子有礼帽、便帽之别。

礼帽即朝冠，俗称"大帽子"，根据不同场合，变化繁多。有用于祭祀庆典的朝冠、常朝礼见的吉服冠、燕居时的常服冠、出行时的行冠、雨时的雨冠等。

每种冠制都分冬、夏两种，冬天所戴之冠称暖帽，夏天所戴叫凉帽。暖帽一般是用毛皮、缎子或呢绒、毡子做成的圆形帽，四周卷起约二寸宽的帽檐，依天气冷暖分别镶以毛皮或呢绒。凉帽形如圆锥，无檐，俗称喇叭式。一般用竹、藤丝编织，有的还要挂上绫罗等高档面料，多用白色，也有用湖色、黄色等。

乾隆帝朝冠朝服像

皇帝朝冠也分冬、夏两式。冬天的暖帽用熏貂、黑狐。暖帽为圆形，帽顶穹起，帽檐反折向上；帽上缀红色帽纬，顶有三层，用四条金龙相承，饰有东珠、珍珠等。凉帽为玉草或藤竹丝编制而成，外裹黄色或白色绫罗，形如斗笠；帽前缀金佛，帽后缀舍林，也缀有红色帽纬，饰有东珠，帽顶与暖帽相同。

皇子、亲王、镇国公等的朝冠，形制与皇帝的大体相似，仅帽顶层数及东珠等饰物数目依品级递减而已。

皇帝的吉服冠，冬天用海龙、熏貂、紫貂，依不同时间戴用。帽上亦缀红色帽缨，帽顶是满花金座，上衔一颗大珍珠。夏天的凉帽仍用玉草或藤竹丝编制，红纱绸里，石青片金缘，帽顶同于冬天的吉服冠。

常服冠的不同处是帽为红绒结顶，俗称算盘结，不加梁，其余同于吉服冠。

行冠，冬季用黑狐或黑羊皮、青绒，其余如常服冠。夏天以织藤竹丝为帽，红纱里缘。上缀朱牦。帽顶及梁都是黄色，前面缀有一颗珍珠。

文武官员官帽品级的区别，一是在于冬朝冠上所用毛皮的质料不同：以貂鼠

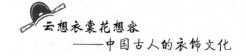

为贵,其次为海獭,再次为狐,以下则无皮不可用;而更主要的是帽子顶端最高部分镂花金座上的顶珠,以及顶珠下的翎枝不同。这就是清代官员显示身份地位的"顶戴花翎"。

顶珠的质料、颜色依官员品级而不同。一品用红宝石,二品用红珊瑚,三品用蓝宝石,四品用青金石,五品用水晶石,六品用砗磲,七品用素金;八品镂花阴纹,金顶无饰;九品镂花阳纹,金顶。

雍正八年(1730年),更定官员冠顶制度,以颜色相同的玻璃代替了宝石。至乾隆以后,这些冠顶的顶珠,基本上都用透明或不透明的玻璃——称作亮顶、涅顶——来代替了。如,称一品为亮红顶,二品为涅红顶,三品为亮蓝顶,四品为涅蓝顶,五品为亮白顶,六品为涅白顶。至于七品的素金顶,也被黄铜所顶替。至于一般的军士、差役以及下级军政人员都戴似斗笠而小的纬帽。

顶珠之下,有一枝两寸长短的翎管,用玉、翠或珐琅、花瓷制成,用以安插翎枝。翎有蓝翎、花翎之别。蓝翎是鹖羽制成,蓝色,羽长而无眼,花翎等级为低。花翎是带有"目晕(即羽毛上的圆斑)"的孔雀翎。"目晕"俗称为"眼",在翎的尾端,有单眼、双眼、三眼之分,以翎眼多者为贵。

顺治十八年(1661年)曾对花翎作出规定,即亲王、郡王、贝勒以及宗室等一律不许戴花翎,贝子以下可以戴。后来又规定:贝子戴三眼花翎;国公、和硕额驸戴双眼花翎;内大臣,一、二、三、四等侍卫、前锋、护军各统领等均戴一眼花翎。

妇女中的等级最高者自然是皇后、皇太后,以下还有亲王、郡王福晋,贝勒及镇国公、辅国公夫人,公主、郡主等皇族贵妇,以及品官夫人等,冠饰也都有所不同。

清代三品暖帽,插双眼花翎

清代贵族妇女的冠饰还包括金约、耳环之类的饰物。

金约是用来束发的，戴在冠下，这也是清代贵族妇女特有的冠饰。金约是一个镂金圆箍，上面装饰云纹，并镶有东珠、珍珠、珊瑚、绿松石等。皇太后和皇后的金约，上缀青金石、绿松石、珍珠、珊珊等为垂挂物。

（2）袍服。

清代皇帝服饰有朝服、吉服、常服、行服等。

皇帝朝服也分为冬、夏二式。冬、夏朝服的区别主要在衣服的边缘，春、夏用缎，秋、冬用珍贵皮毛为缘饰。朝服的颜色以黄色为主，尤以明黄为贵。只有在祭祀天时用蓝色，朝日时用红色，夕月时用白色。

朝服的纹样主要为龙纹及十二章纹样。一般在正前、背后及两臂绣正龙各一条；腰帷绣行龙五条；襞积（折裥处）前后各绣团龙九条；裳绣正龙两条、行龙四条；披肩绣行龙两条；袖端绣正龙各一条。十二章纹样中的日、月、星辰、山、龙、华虫、黼、黻八章在衣上；其余四种藻、火、宗彝、粉米在裳上，并配用五色云纹。

一般所谓皇帝的"龙袍"属于吉服范畴，比朝服略次一等，多为平时穿着。穿龙袍时，必须戴吉服冠、束吉服带及挂朝珠。龙袍以明黄色为主，也可用金黄、杏黄等色。

清朝皇帝的龙袍，据文献记载，也绣有九条五爪龙。从实物来看，前后只有八条龙，与文字记载不符，缺一条龙。有人认为还有一条龙是皇帝本身。其实这条龙客观存在着，只是被绣在衣襟里面，一般不易看到。这样一来，每件龙袍实际即为九龙，而从正面或背面单独看时，所看见的都是五龙，与九五之数正好相吻合。

另外，龙袍的下摆，斜向排

清代龙袍

庆亲王奕劻朝服照

列着许多弯曲的线条，名谓水脚。水脚之上，还有许多波浪翻滚的水浪，水浪之上，又立有山石宝物，俗称"海水江涯"，它除了表示绵延不断的吉祥含义之外，还有"一统山河"和"万世升平"的寓意。

蟒袍，也叫"花衣"。蟒与龙形近，但蟒衣上的蟒比龙少一爪，为四爪龙形。

蟒袍是官员的礼服袍。皇子、亲王等亲贵，以及一品至七品官员俱有蟒袍，以服色及蟒的多少分别等差。如皇子蟒袍为金黄色，亲王等为蓝色或石青色，皆绣九蟒。一品至七品官按品级绣八至五蟒，都不得用金黄色。八品以下无蟒。凡官员参加三大节、出师、告捷等大礼必须穿蟒袍。

清朝补服是清代主要的一种官服，也叫"补服"，其长度比袍短、比褂长，穿着的场所和时间也较多。凡补服都为石青色。

圆形补子为皇族亲贵所用，有以下几种样式：皇子绣五爪正面金龙四团，前后两肩各一团，间以五彩云纹；亲王绣五爪龙四团，前后为正龙，两肩为行龙；郡王绣有行龙四团（前后两肩各一）；贝勒绣四爪正蟒二团（前后各一）；贝子绣五爪行蟒二团（前后各一）。

方形补子为各级官员所用，是区分官职与品级的主要标志。

文官：一品绣鹤；二品绣锦鸡；三品绣孔雀；四品绣雁；五品绣白鹇；六品绣鹭鸶；七品绣鸂鶒；八品绣鹌鹑；九品及未入流的绣练雀。

武官：一品绣麒麟；二品绣狮子；三品绣豹；四品绣虎；五品绣熊；六、七品绣彪；七品、八品绣犀牛；九品绣海马。

四、五品以上官员还项挂朝珠，用各种贵重珠宝、香木制成。朝珠无疑是源于佛教的数珠，它构成清代官服的又一特点。朝珠由 108 颗圆珠串成，上面还附

清代亲王团龙补服图样

有3串小珠，用细条贯串，挂在颈项间垂于胸前。

清代女子服装，有公服、礼服和常服。公服是自皇后至七品命妇规定的服制；礼服在民间指的是吉服或丧服。婚丧嫁娶及寿日的衣服，宫廷中是按命妇的品级规定的；常服形式多，变化服用也自由得多。

宫廷中上至皇太后，下至皇贵妃，其朝服朝褂的具体规定和配套的各种珠宝饰物在《大清会典》图卷中和《大清通礼》卷中都有记载，皇后、皇太后，亲王、郡王福晋，贝勒及镇国公、辅国公夫人，公主、郡主等皇族贵妇，以及品官夫人等命妇的冠服，与男服大体类似。

皇太后、皇后和皇贵妃的朝服由朝冠、朝袍、朝褂、朝裙及朝珠等组成。

朝服以明黄色缎子制成，披领和袖均用石青，肩的上下均加缘。朝服也分冬夏两类，区别在于冬朝服要加貂缘。朝服的基本款式是由披领、护肩与服身组成。朝服上面绣有金龙、行龙、正龙以及八宝平水等图案绣文。皇太后和皇后的领约，以缕金铸之，以珍珠、绿松石、珊珊为饰。披领也绣龙纹。

皇太后、皇后、皇贵妃、贵妃、妃和嫔的冬朝裙，用片金加海龙缘，红织

末代皇后婉容大婚朝服照

乾隆皇后明黄缎绣五彩云金龙朝褂

金寿字缎和石青行龙庄缎；夏朝裙用缎纱，图案与冬裙相同。

朝褂是穿在朝袍之外的服饰，其样式为对襟、无领、无袖，形似背心。皇太后、皇后、皇贵妃的朝褂，用石青色片金缘，以立龙、正龙和万福万寿为绣衣图案。领后垂明黄绦，饰以珠宝；也有以正龙、行龙或立龙和八宝平水为图案绣文。

皇太后和皇后着朝服时胸前挂有三盘朝珠，均为珍珠和珊珊等高档饰物制成；皇贵妃、贵妃和妃的朝珠，是用密珀为饰。这种朝珠共计 108 颗，分四部分，以 3 颗大珠间隔，每个部分 27 颗。皇太后、皇后和皇贵妃配有绿色绦，绦用明黄色，绣文为五谷丰登。

皇后常服样式，与满族贵妇服饰基本相同，圆领、大襟，衣领、衣袖及衣襟边缘，都饰有宽花边，只是图案有所不同。

皇子福晋的吉服褂色用石青有绣文；皇子福晋蟒袍用香色，通绣九蟒五爪；文武官一品至九品的夫人所着补服随夫品级，补子的形制为方，清末品官的命妇有用圆形补底。

各种品级命妇补子的图案，均以绣蟒为装饰。无品级的夫人用天青色大褂，不用补子，红裙，衣袖口边镶绣可随意。而妾只能用粉红色和淡蓝色。清代命妇的凤冠（又名"珠冠"，因冠上以珠为主要装饰），霞帔、蟒袄没有规定。

清代还有一种黄马褂，属于皇帝的最高赏赐，是较受荣宠者的服装，有四种人才可以享用：

一是皇帝出巡时，所有扈从大臣，如御前大臣、内大臣、内廷王大臣、侍卫、仆长等皇帝的心腹之人，并可在帽顶后端插戴孔雀翎。这种黄马褂没有花纹，是

取淡黄色（即明黄色；只有正黄旗
官员为区别原有旗装用金黄色）纱
或绸缎原料制作，又叫"职任褂子"，
卸职之后便不可继续穿用。

二是竞技场上比武的优胜者、
每年"行围"时猎获珍贵禽兽较多
的大臣可以享用，称为"行围褂子"。
服用这种黄马褂时文官用黑色纽
襻，武将用黄色纽襻。奖励仪式结
束后即需脱下。

三是勋臣及作战有功的高级武
将和统兵的文官所获的赏赐，称为
"武功褂子"。这种"黄马褂"最受
朝廷重视，被赏赐者也视此为极大
的荣耀。赏赐黄马褂也有"赏给黄

李鸿章访欧时身着黄马褂画像

马褂"与"赏穿黄马褂"之分。"赏给"是只限于赏赐的一件，"赏穿"则可按时
自做服用，不限于赏赐的一件。

四是朝廷特使、宣慰中外的官员可以被特赐。赐时必骑马绕紫禁城一圈，这
种仪式在咸丰年间尤为盛行。

3. 日常衣饰

清代的日常用衣规定严格，并受法律限制。当然由于它不受品级约束，因
此相比之下服式种类较多，穿戴相对也随意得多。只是对奴仆、优伶、皂隶限
制较多，不得使用丝、绢、纱、绫、缎、绸和罗等档次较高的原料制衣，也不
得使用细皮、细毛和石青色原料制衣，不得随便使用珠、翠、金、银、宝石等
贵重的装饰品，只能使用葛布、梭布、毛褐、茧绸、貉皮和羊皮等较粗质地的
低级原料。

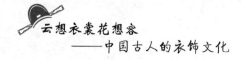

（1）男装。

清代的便帽，最常见的是瓜皮帽。所谓瓜皮帽，由六瓣缝合而成，上尖下宽，呈瓜棱形，圆顶，顶部有一红丝线或黑丝线编的结子。为区别前后，帽檐正中钉有一块明显的标志，叫作"帽正"。帽为软胎，可折叠放于怀中。

贵族富绅的帽正多用珍珠、翡翠、猫儿眼等名贵珠玉宝石做成，一般人就只能用银片、料器之类了。八旗子弟为凸显自己的身份，有的在帽顶的结上挂一缕一尺多长的红丝绳穗子，叫作"红缦"。到咸丰初年，"帽正"已为一般人所不取，为图方便，帽顶又作尖形。

一般市贩、农民所戴的毡帽，也沿袭前代式样。冬天人们多戴风帽，又称"观音兜"，因与观音菩萨所戴相似而得名。

清代一般男服有袍、褂、袄、衫、裤等，主要品种为长袍马褂。

长袍，又称旗袍，原是满族衣着中最具代表性的服装，最初出现在入关之前。清兵入关后，全国军民在必须"剃发易服"的命令下，汉族也迅速改变了原来宽袍大袖的衣式，代之以这种长袍。旗袍于是成为全国统一的服式，成为男女老少一年四季的服装，而后沿用于整个清代。

旗袍可以做成单、夹、皮、棉，以适应不同的气候。除黄色、青色外，深红、浅绿、酱紫、深蓝、深灰等都可作常服。

清代男式旗袍造型完整严谨，呈封闭式盒状体，因此形象肃穆庄重，清高不凡。

与长袍配套穿着的是马褂或坎肩。

马褂，是清代特有的一种较为流行的衣式。马褂罩于长袍之外，原是骑马时常穿的一种外褂，因便于骑马，故称"马褂"；因为穿这种衣服活动方便，行走快捷，所以又叫"得胜褂"；后又因它常穿在长袍的外面，所以叫"补褂"。

马褂的结构多是圆领，对襟、大襟、琵琶襟（缺襟）、人字襟；有长袖、短袖、大袖、窄袖的，都是平袖口。

马褂在嘉庆年间往往用如意镶衣缘作为装饰，后来渐渐普遍了起来。

随着其在社会上的流行，马褂很快发展出单、夹、纱、皮、棉等质地，成为

清代普通家庭合照

男式便衣，士庶都可穿着。之后更逐渐演变为一种礼仪性的服装，是清朝男子四种常服——礼服、常服、雨服和行服之一，行服即指马褂。有清一代，男子不论身份，都可以马褂套在长袍之外，显得文雅大方。

坎肩，或叫马甲、背心，清代也很时兴。坎肩是由汉族的"半臂"演变而来，无领、无袖、对襟，穿脱方便，有的还套在长袍外面起装饰作用。

清代坎肩在用料、做工上十分讲究，式样变化也多。其中"巴图鲁（满语'勇士'）"坎肩比较特殊，其式样如南方的"一字马甲"，在一字形的前襟上装有排扣，两边腋下也有纽扣。当时在京师八旗子弟中甚为流行。后来在它两边的袴褶处加上袖子，称作"鹰膀"。

清代服装的颜色比较丰富，民间除不准使用黄色、香色（介于黄、绿之间的颜色）外，朝廷限制不多。

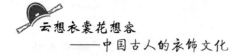

清代男子，特别是贵族衣服上的佩饰比较烦琐，一个金银牌上垂挂着数十件小东西，如耳挖子、镊子、牙签；还有一些古代兵器的小模型，如戟、枪之类，佩挂饰物在清代已经形成风尚。

清代男子着便服时穿鞋，着公服时穿靴。靴多用黑缎制作，尖头。清制规定，只有官员着朝服才许用方头靴。

（2）女服。

清代妇女服饰中最为显著的是纽扣的作用。纽扣原来主要在礼服上使用，清代纽扣成为各种衣服上不可缺少的衣饰。纽扣最初只装饰在领子上，使自古以来的交领、盘领、直领等领一改而成了高领。原来脖子总露在外面，有了纽扣就可以不露了。

摄政王载沣长女韫媖旗装照

清代女装，汉、满族发展情况不一。

清代汉族妇女一般穿窄袖袄、衫、坎肩、裙、裤等。汉族妇女在康熙、雍正时期还保留明代款式，时兴小袖衣和长裙；乾隆以后，衣服渐肥渐短，袖口日宽，再加云肩，花样翻新无可抵挡；到晚清时都市妇女已去裙着裤，衣上镶花边、滚牙子，一衣之贵大都花在这上面。

满族妇女着"旗装"，梳旗髻（俗称两把头），穿"花盆底"旗鞋。至于后世流传的所谓旗袍，长期主要用于宫廷和王室。清代后期，旗袍也为汉族中的贵妇所仿用。

清初满族妇女与男人的装扮相差不多，不同之处只是穿耳梳髻，未嫁女垂辫。满女不缠足不着裙，衣外坎肩与衫齐平，长衫之内有小衣，相当于汉女的兜肚，衣外之衣又称"乌龙"。清代妇女发饰分满汉二式。清朝初期还各自保留原有的形制，后来不断相互影响，都发生了明显的变化。

氅衣为清代的妇女服饰，与衬衣款式大同小异。衬衣为圆领、右衽、捻襟、直身、平袖、无开裰的长衣。氅衣则左右开衩开至腋下，开衩的顶端必饰有云头，且氅衣的纹样也更加华丽，边饰的镶滚更为讲究。大约在咸丰、同治期间，京城贵族妇女衣饰镶滚花边的道数越来越多，有"十八镶"之称。这种装饰风尚，一直到民国期间仍继续流行。

汉族妇女的缠足之风到了清代尤为盛行。汉族妇女以穿弓鞋为多。

满族妇女不缠足。穿旗装时所配的木底丝鞋极有特色。以木为底，鞋底极高，故称"高底鞋"，类似今日的高跟鞋，但"高跟"在鞋中部。一般高一二寸，以后有增至四五寸的，上下较宽，中间细圆，形似花盆，故名"花盆底"。踏地时印痕成马蹄形，故又称"马蹄底"。鞋面多为缎制，用刺绣绣有花样或穿珠作为装饰；鞋跟都用白细布裱蒙，鞋底涂白粉，富贵人家妇女还在鞋跟周围镶嵌宝石。这种鞋底极为坚固，往往鞋已破毁，而底仍可再用。

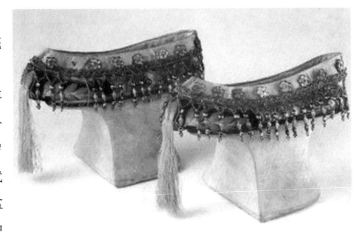

这种鞋新妇及年轻妇女穿着较多，一般小姑娘至十三四岁时开始用高底。清代后期，着长袍穿花盆底鞋，已成为清宫中的礼服。

满族妇女所穿的高底旗鞋

4. 军服

清代的甲胄与前代均有所不同，虽也按上衣下裳分开，总的来说仍依传统形制，但其配置与满族旗装紧密相连。

清代一般的盔帽，无论是用铁或用皮革制品，都在表面髹漆。盔帽前后左右各有一梁，额前正中突出一块遮眉，其上有舞擎及覆碗，碗上有形似酒盅的盔盘，盔盘中间竖有一根插缨枪、雕翎或獭尾用的铁或铜管。后垂石青等色的丝绸护领，护颈及护耳，上绣有纹样，并缀以铜或铁泡钉。

铠甲分甲衣和围裳。军中将领的服式是，上身甲衣以马褂为基本式样，衣身宽肥，袖端是马蹄袖，甲衣肩上设有左右两块用带联系的护肩，腋下有护腋，胸前后背各有一块金属护心镜，镜下前襟底边有一块梯形的护腹"前裆"，左边缝上同样的一块"左裆"。右侧不佩裆，留作佩弓箭囊等用。

军服的下身是"裳"，此"裳"由于不是筒形，而是左右两片，故用围穿形式，称为"围裳"。围裳分为左、右两幅，穿时用带系于腰间。在两幅围裳之间正中处，覆有一块质料相同、绣有虎头的蔽膝。此

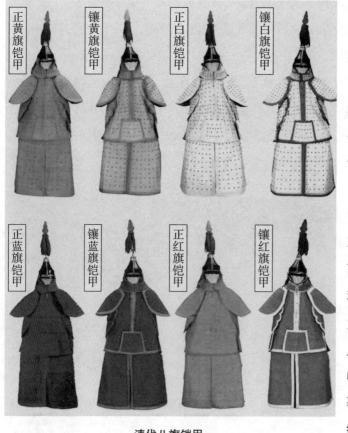

清代八旗铠甲

外镶边还代表了八旗各自的标志。

这种八旗甲胄，用皮革制成。后来这种甲胄仅供大阅兵时穿用，平时则收藏起来。清代除满八旗外，在蒙古设蒙古八旗，在汉族设汉八旗，参加大阅兵的实为二十四旗。

士兵的戎服要简单得多。冠饰有暖帽、凉帽、头巾和毡帽等几种。上身穿对襟无领上袖短袍，下身穿中长宽口裤，上衣外面一般还要罩一件背心。背心上胸背各缝一个圆圈，圈内书写一个标志字样。步兵的标志是"兵""队""勇"字样，水兵的襟前缝"某船"等字样。清兵的足下以绑腿、鞋或短靴相配。

清代后期，当西方列强的大炮轰开清帝国的大门，开始疯狂瓜分中国时，清朝统治集团中出现了学习西方的"洋务派"，倡导按照西方军队的样式编练新军，这些新军的建制和训练、武器和装备、兵种和军服都参照欧洲各国，尽管新军军服仍然掺杂很多旧色戎服，但无疑是中国近代军服的开始。

旧式戎服从历史舞台上完全消失，则是在清朝被推翻以后。

清宫廷画家郎世宁《乾隆戎装像》

5. 丧服

清代丧服可分两种：一种是后辈人为将逝的长者预制的"寿衣"；一种是在

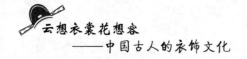

丧礼上人们的着装。官者服用"寿衣"是按品级穿戴，平民则用大褂。出席葬礼者要按照月份分别服生麻布、熟麻布、粗白布、细白布、麻冠、麻履、草履、素履等丧服。

在着丧服期间女人不得戴有色鲜花，不可涂抹脂粉，也不得穿丝绸衣服，不得使用鲜艳色彩，只准采用白、灰、黑、蓝几色。这些是丧礼的一般规定，根据地区习惯还另有不同。

南方比较遵守汉族的古礼，比如女人用粗衣时边缘不缝，腰下系麻裙，头上用一条麻布缝缀一侧，呈风帽形状，戴帽后布的两端一边长一边稍短。

北方则受满族丧俗影响较大，比如将白布纽结包在头上，在不缀边线的粗衣下面用白布包鞋，留有鞋跟，父辈留黑色跟，祖辈留红鞋跟，等等。

第二章

一蓑烟雨任平生：古代衣饰百态

在中国古代，会因每个人的出身、地位的不同而穿用不同的服装，比如宫廷服饰、官员服饰、民间服饰与妇女服饰，形式多样，种类繁复，皆会因时而异、因人而异。

这些衣饰所蕴含的文化特性、显现的文化品质，是中国古代衣饰文化宝库中的珍品，成为历代民间世象百态中最具特色、最为生动、最有影响、最显活力的重要组成部分，并予后世以深远影响。

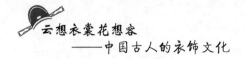

 万国衣冠拜冕旒：**古代帝王衣饰**

中国古代皇帝的衣饰中，无论样式、纹样、色彩，除了有不同的标准之外，还时刻不忘提醒古代帝王要重视道德教化。

1.帝王衣饰制度

皇帝，即天子也。皇帝不是凡胎俗子，而是凌驾于世人之上的"真龙天子"。天子在中国是人间的主宰，他既代表上天的意志，又主宰人间的生灵，所以皇帝的形象一定要与其至高无上的地位相匹配。

既然是"真龙天子"，不仅要有不同于凡人的形象，还得有龙廷、龙座、龙床、龙袍等超越常人的服用器物。

中国从奴隶社会到封建社会几千年，有关皇帝的一套礼仪模式延续不变。就连终止了中国两千多年冠服制度的清朝，虽然坚守本民族的服饰，但皇帝的服饰仍然采取了十二章纹饰的"传统式样"。这说明中华民族对皇帝的认识已经形成了一个固定的形象模式。

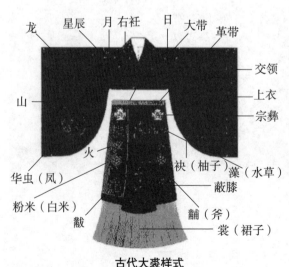

古代大裘样式

谈到古代帝王的衣饰，就不能不说古代的衣饰制度，因为古代帝王的正式衣饰与衣饰制度具有密切的关系：衣饰制度一旦制定，皇帝至尊身份所需要穿戴的具有特殊标记的衣饰也就得以确立；而所有的衣饰制度又都受到帝王衣饰的制约，必须参照这一至尊衣饰的式样，遵循不得僭越犯上的原则制定的。

最初具备形制的帝王服饰现已无实物可考，但有关记载却可见于先秦典籍。记载先秦职官与各种典章制度的儒家经典《周礼·春官·司服》记载：

司服的职责：掌理王者的吉凶衣服，辨别这些礼服的名称种类及其用场。

天子参加吉礼吉事的礼服有：祭祀昊天上帝，穿着大裘戴冕，祭祀五帝也是一样；祭享先王，服着衮服头戴冕；祭享先公、招待宾客、举行大射礼，服着鷩服头戴冕；祭享山川，服着毳服头戴冕；祭祀社稷、五祀，服着希服头戴冕；祭群小祀，服着玄服头戴冕。

凡有兵事，服着韦弁服；视朝，服着皮弁服；田猎，服着冠弁服；有丧事，服着服弁服；有吊事，服着弁经服。

依据古代学者郑玄等人的解释：大裘是天子祭天之服，玄衣缥裳。玄是黑色，缥是兼有赤黄之色，玄衣即黑色面料的上衣，缥裳即赤黄色的下裳。上衣绘有日、月、星、山、龙、华虫等六章，类似今天的手绘服装，是画工用笔墨颜料画在布上的；下裳则用绣，有宗彝、藻、火、粉米、黼、黻等六章，共十二章，这就是十二章纹样的来历。

十二章纹包括日、月、星辰、山、龙、华虫、宗彝、藻、火、粉米、黼、黻。分列左肩为日，右肩为月，前身上有黼、黻，下有宗彝、藻，后身上有星辰、山、龙、华虫，下有火、粉米。

十二章纹发展历经数千年，每一章纹饰都有取义："日月星辰取其照临也；山取其镇也；龙取其变也；华虫取其文也，会绘也；宗彝取其孝也；藻取其洁也；火取其明也；粉米取其养也；黼若斧形，取其断也；黻为两己相背，取其辩也。"

总之，这十二章包含了至善至美的帝德，象征皇帝是大地的主宰，其权力"如天地之大，万物涵复载之中，如日月之明，

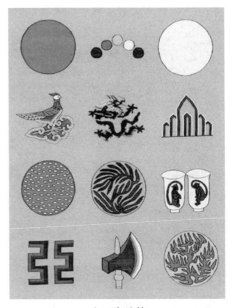

十二章纹饰

光绪皇帝着龙袍像

八方囿照临之内"。

周代以前，帝王服饰绘绣以上所述的十二章花纹。到了周代，因旌旗上有日、月、星的图案，服饰上也就不再重复，变十二章为九章。纹饰次序，以龙为首，龙、山、华虫、火、宗彝是画的；藻、粉米、黼、黻是绣的。

历代龙袍均遵循这一基本样式，几千年来未有大的变化，"龙袍"实际上成了古代中国人一个特定的传统服装模式。

清代的衣饰制度在中国服饰发展史上是最庞杂、繁缛的，但是清代的龙袍制作工艺之精湛、用料之考究、艺术价值之高，都是前朝帝王服饰无法比拟的。清代的龙袍可谓是中华服饰中最精湛、最华丽的工艺美术极品。

2. 万国衣冠拜冕旒

帝王的冕冠形制是在周代确立的。

冕，《说文》的解释是："大夫以上冠也，邃延垂旒纩。"

这里的"延"，又写作"綖"，是处于冕冠顶部的一块长方形的冕板。"邃"本意是深远，这里指冕板的长形，覆盖在头上。"旒"又写作"瑬"，是"延"的前沿挂着的一串串小圆珠玉，称作"冕旒"。冕冠两侧各有一孔，用以穿插玉笄，以便与发髻拴结；又在笄的一端，系上一根丝带，从颔下绕过，再系于笄的另一端，用以固定冕冠。

在两耳处，又各垂下一颗蚕豆般大的珠玉，即称作"纩"，也有叫"充耳"的。充耳并不直接塞入耳中，而悬挂在耳边，走起路来悠悠晃动，意在提醒戴冠者不要轻信谗言——成语"充耳不闻"即由此而来。

冕旒垂挂下来挡住眼睛的视线，也有类似含义，意在提醒戴冠者不必去看那些不该看的东西——成语"视而不见"即由此而来。

这些都十分形象地体现了"非礼勿听，非礼勿视"的礼仪原则。

周代时，天子、诸侯、大夫着冠均可采用"冕旒"，只是在数目上有所区分，天子的冕冠悬有十二条冕旒，其他人要依次减少。但后来随着等级的森严、礼制的规范，便只有帝王才能戴冕有旒，"冕旒"也就成了帝王的专用品，甚至成了帝王的代称。

唐代诗人王维就写有这样的诗句："九天阊阖开宫殿，万国衣冠拜冕旒。"

秦始皇像

3. 其他配饰

帝王服饰除冕旒、玄衣、缥裳外，还有韨、革带、大带、佩绶、舄等附件。

韨即市，也有叫作"蔽膝"的，因为最早形成的是遮蔽前身的衣服，所以后来把蔽膝放在冕服上，以表示不忘古制之见，牵系于革带上面垂盖于膝前。

革带二寸见宽，用以系韨，后面系绶。

大带，用以束腰的四寸宽的大腰带。

佩绶，即所佩的丝带。

舄，即鞋子。古代凡用作礼服的鞋子,都可称其为"履"。诸履之中,又以舄为贵。

皇帝专用衣饰的式样、颜色均有严格的规定，但周代以后各个朝代也有所变化。秦汉时为玄衣缥裳，到汉武帝时改正朔、易服色，服色尚黄。隋朝时帝王、百官均穿黄袍。

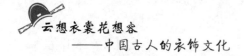

从唐朝开始，赤黄色为帝王专用服饰颜色，皇帝龙袍定为黄色的规定，一直延续到清朝灭亡止，有一千多年的历史。"黄袍加身"，就意味着登上了帝位。

无论帝王衣饰如何变化，但万变不离其宗，均朝着更尊严、更豪华、更特殊、更能显示等级的方向发展。

紫绶朱绂青布衫：古代官员衣饰

在古代衣饰制度中，官服不但是最为庞杂的衣饰之一，而且也最能体现封建社会尊卑有序、等级森严的社会特征。因此，官服也是最能代表中国礼仪文化特色的衣饰。

1. 江州司马青衫湿

在西周时，百官衣饰就已经有了严格的等级差别，不同的官职品位对应不同种类形制的官服。

《周礼·司服》对此有详细规定：

上公的礼服，自衮冕以下和王者的衣服相同；侯伯的服制，自鷩冕以下和上公的礼服相同；侯爵、伯爵的礼服，自鷩冕以下和天子的相同；子爵、男爵的礼服，自毳冕以下和侯爵、伯爵的相同；孤的礼服，自希冕以下与子爵、男爵的相同；卿大夫的服制，自玄冕以下和孤礼服相

古代官员像

同，丧服加大功和小功；士的服制，自皮弁以下，和大夫的礼服相同，其丧服除了斩衰、齐衰、大功、小功以外，另加缌麻。

秦汉以后，百官服制日趋烦琐，至隋唐大致完备。其中官服颜色最可体现官职品位的高低，服色甚至成为官职的代名词。

官服分颜色从唐朝开始：三品以上紫袍，佩金鱼袋；五品以上绯袍，佩银鱼袋；六品以下绿袍，无鱼袋。官吏有职务高而品级低的，仍按照原品服色。如任宰相而不到三品的，其官衔中必带"赐紫金鱼袋"的字样；州的长官刺史，亦不拘品级，都穿绯袍。

以后又进一步确定：文武官员三品以上穿紫色官服，四品穿深绯色，五品穿浅绯色，六品穿深绿色，七品穿浅绿色，八品穿深青色，九品穿浅青色。

这种服色制度，到清代被废除，只在帽顶及补服上区别品级。

朱元璋建立了明朝后，官员的衣饰制度达到了最完备、最繁缛的地步。

明代给每级官员都设计了一种动物图案作标志，把它绣在两块正方形的锦缎上，官员常服的前胸后背各缀一块，这种就是补子，这种官服就叫补服。

据《明会典》记载，洪武二十四年（1391 年）规定，补子图案：公、侯、驸马、伯：麒麟、白泽；文官绣禽，以示文明：一品仙鹤，二品锦鸡，三品孔雀，四品云雁，五品白鹇，六品鹭鸶，七品鸂鶒，八品黄鹂，九品鹌鹑；武官绣兽，以示威猛：一品、二品狮子，三品、四品虎豹，五品熊罴，六品、七品彪，八品犀牛，九品海马；杂职：练鹊；风宪官：獬豸。

除此之外，还有补子图案为蟒、斗牛等题材的，应归属于明代的"赐服"类。

清代官服原则上都是蓝色，只在庆典时可用绛色；外褂在平时都是红青色，素服时改用黑色。

清廷规定，禁穿明代衣冠（即汉人服饰），但明代的补子仍为清代继续沿用，图案内容大体一致，各品级略有区别，通常是，文官：一品鹤，二品锦鸡，三品孔雀，四品雁，五品白鹇，六品鹭鸶，七品鸂鶒，八品鹌鹑，九品练雀；武官：一品麒麟，二品狮，三品豹，四品虎，五品熊，六品彪，七品、八品犀牛，九品海马。另外，御史与谏官均为獬豸。

清代文一品官补子——仙鹤

明清官员所用补子都是以方补的形式出现的，与明代相比，清代的补子相对较小，前后成对，但前片一般是对开的，后片则为一整片，主要原因是清代补服为外褂，形制是对襟的原因。

一般清代官服以顶戴花翎显示其不同的身份和地位。

2. 古代官服佩饰

在人类穿上衣服之前，应该就有了项链之类的装饰。如用兽齿、鱼骨、贝壳、石块串起来的项链等，这就是早期人类的装饰观念。

当然，远古人类佩戴饰物，并不仅仅是为了装饰，更多的还是勇敢的象征、光荣的标志，也或许是避邪的镇物、信心的寄托，甚至是狩猎或捕鱼丰收的庆贺。

随着人类的进化和文明的起源，佩饰渐渐地由习惯向规范方面变化，逐步地分为"德佩"和"事佩"两大类。德佩指佩玉，事佩指佩手巾、小刀、钻火石等生活用品。

（1）佩玉。

古人对佩玉非常重视，玉也因此成了最重要的佩饰。究其原因，在于古人赋予玉一种神秘的道德色彩。

玉器作为非实用性的生产工具和专用礼仪制品，标志着以等级为核心的礼制的开始，象征着持有者的特殊权力和身份。

在古代，佩玉是一种礼仪，更是身份的标志。

西周时统治者即对贵族百官士人的佩玉作了严格的规定。

《礼记·玉藻》云："古之君子必佩玉""君子无故，玉不去身"，专门记述各种佩玉礼制：君子必须佩玉，行动起来可以发出悦耳的叮咚声；凡是衣外系

古代玉牌

带，带上必有佩玉；无故不得摘去佩玉。

古代佩玉的方式，是在外衣腰的两侧各佩一套。每套佩玉都用丝线串联，上端是"珩"（衡），这是一种弧形的玉；珩的两端各悬着一枚"璜"，这是半圆形的玉；中间缀有两片玉，叫"琚"和"瑀"；两璜之间悬着一枚玉，叫"冲牙"。

走起路来，冲牙与两璜相撞击，发出有节奏的叮咚之声，铿锵悦耳；玉声一乱，说明走路人乱了节奏，有失礼仪。

以佩玉显示佩玉者的身份和地位，在《礼记·玉藻》中也有详细规定：帝王佩戴用玄色素色丝串联的白玉，公侯佩戴用红色丝绳串联的山玄玉，大夫佩戴用素色丝串联的水苍玉，世子佩戴杂色丝绳串联的瑜玉，士人佩戴赤黄丝绳孺玟玉。可见，古代是用佩玉的质地和串玉丝绳的颜色来辨识等级。

（2）笏板。

笏是百官朝见皇帝时所执的手板，用于记事。大臣执笏向天子奏事，入朝前后则将笏插在朝服的大带上。

笏的用处因官阶大小而异，其质地、形制早在周代时就有严格规定。

周代时不但百官朝见皇帝要执笏，儿子侍奉父母也要执笏。

《礼记·内则》中规定：公鸡鸣啼、天亮晨起后，儿子要戴冠穿衣，将笏插入腰带中，去拜见父母。父母若有吩咐，即刻记在笏上，以免过时遗忘。

作为一种礼仪，虽然侍奉的对象不同，但实

笏

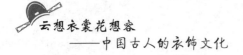

质是相同的。

汉以后，"笏"礼更重，也被称作"手板"。谒见长官时，下属也要求执板，表示尊敬。晋见上官时，不许垂臂执板，必须双手执板至鼻间高度，毕恭毕敬地做鞠躬状，这才合乎上尊下卑的礼仪，否则就有丢官的危险。

（3）佩印。

官吏佩印，始于战国，止于隋唐。

周朝官吏只有符节不见官印，而战国时为六国之相的苏秦曾佩六国相印，天子也常常佩印。

至汉朝时，佩印成为制度，官印实际上已经成为权力的象征和身份的标志。汉代皇帝都身佩天子之玺，作为帝王权力的象征。百官也要佩印，而且官职一旦任免须即刻交印。

按照制度，官印必须随身携带。印章装在皮制的鞶囊里，然后悬挂在腰间的绶带上，因此又称佩印绶。

印绶是汉代官服上区别官阶高低的一个重要标志，所谓"官凭印绶"。汉代官员依官品与俸秩的不同，佩以不同的印绶。如印有金印、银印、铜印等；绶有绿绶、紫绶、青绶、黑绶、黄绶等，以此来昭彰权职、明示等级。

汉制规定：诸侯王是金玺绿绶；相国和丞相先是金印紫绶，以后也改为绿绶；太师、太保、太傅、太尉及左右将军俱是金印紫绶；御史大夫是银印青绶；俸禄二千石以下、六百石以上的官员用铜印黑绶；六百石以下、二百石以上的官员用铜印黄绶。绶带不仅在颜色上因官有别，而且在编织的稀密上也因职而异。

河南安阳曹操墓画像石上戴进贤冠、佩绶的咸阳令

（4）佩鱼。

玉鱼是玉器中比较常见的形象之一，在古代是很重要的玉佩饰。

鱼形饰品早在商代已经是炙手可热的佩戴佳品，一直到唐代都有规定五品以上官员都得佩戴鲤鱼形饰品"鱼符"于腰部，并一直延续到宋明时期。

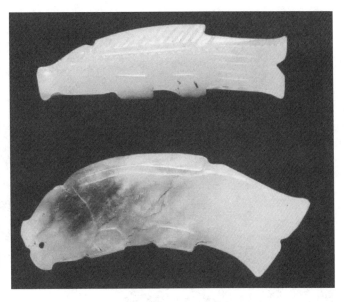

[西周] 鱼形玉佩

鱼除了是人们美膳之食，又因鱼谐音同"余"，故古人爱用鱼表示美好的愿望，用玉鱼做佩饰，以示富裕有余，吉祥有余。

古代玉鱼的制作历史悠久，源远流长，最早可以追溯到新石器时代晚期。玉鱼的存在，早期反映了人们生产生活的自然状况和对动物界的崇拜，晚期则象征了物质的富有和对美好生活的追求。

佩鱼之风兴盛于商代，墓葬中出土大多是棺饰玉。出土的玉鱼或悠悠摆尾，或团身跳跃，形式多样，造型简洁而生动，是琢制者在掌握了各种鱼的形态特征后，加以提炼概括，用简单的线条创造出来的艺术品。

唐宋时，除以官服颜色辨识官阶品位高低外，"佩鱼"也是重要的辨识标志。

唐时，凡五品以上官员盛放鱼符，都发给鱼袋，以便系佩在腰间。

宋时不用鱼符，只留鱼袋。宋时官服也承袭唐制，不同品位以不同服色区别。凡服色为紫色或绯色者，都要加佩鱼袋，鱼袋上用金或银饰为鱼形。

（5）朝珠。

清代官服中的朝珠也很有特色。这是清代品官悬于胸前的饰物，形制同于念珠，其数108粒，以珊瑚、琥珀等物加工而成。

清代朝珠

清制规定，凡文官五品、武官四品以上及京堂、军机处、翰詹、科道、侍卫、礼部、国子监、太常寺、光禄寺、鸿胪寺所属官员，都可佩戴。妇女悬挂朝珠者必须是公主、福晋以下五品官命妇以上。除此之外，只有乾隆时特别恩准翰林官可以戴朝珠。

朝珠既是官服标志，又是贵族官僚的奢侈品，一挂朝珠就值几千上万两银子。

朝珠还有标志官员就职于某些部门的作用，像内廷行走人员就不分等级都可佩戴。

3.古代官服腰带

古时衣服没有纽扣，为了使衣襟不散开，便以带束腰，所以古时"服皆有带"，这可以一直追溯到秦汉以前的殷商周三代。

封建社会的服饰制度形成以后，腰带也成了区别尊卑的一个标志，这在官服中表现得也十分明显。

按装饰材质区分，官员腰带有金带、玉带、犀带、银带、鍮石带、铜铁带之别，即以金、玉等物装饰，而并非通体金玉制成的腰带。

各个朝代对官服腰带的质地、形制均有不同规定。如《新唐书·车服志》载："其后以紫为三品之服，金玉带，銙十三；绯为四品之服，金带，銙十一；浅绯为五品之服，金带、銙十；深绿为六品之服，浅绿为七品之服，皆银带，銙九；深青为八品之服，浅青为九品之服，皆鍮石带，銙八；黄为流外官或庶人之服，铜铁带，銙七。"

其中"銙"指腰带上的饰物，其质料和数目随官员职位的大小高低而不同。"銙"的质料，在宋代因等级差别分别更多，有玉、金、银、犀、铜、铁、角、石、墨玉之类。銙的形状，以方形为主，也有圆形。

古代官服腰带的形制与今天腰带不同，一般分前后两条：一条钻有圆孔，借此穿插扣针，两端又以金银为饰，名叫"铊尾"；另外一条缀有一排并列的饰片，名"銙"。佩戴时，銙的一面佩在腰的后背，而且两端的铊尾必须朝下，以表示对皇帝的顺从臣服。

宋朝百官的束带制度执行得十分严格。孝宗朝时，吏部尚书王仲行被罢职后，被调往外地。王仲行本是三品以上的高官，自然系金带佩鱼。他

元代玉带

在离开京城之前，去朝廷阁部辞行。门卫见他依旧金带佩鱼，认为不合制度，拒之门外。王仲行忍气吞声，解下佩鱼，门卫仍不买账；无奈何，他又将金带换成红带，还是不行；最后只得换成皂带，才得勉强放行。

清代服饰尤重佩饰。男子身上佩服挂件，清初时还只有两三种，后来愈见繁多，以至于一串串地挂在腰间，有香荷包、扇套、眼镜盒、烟袋、火镰甚至割肉吃的刀叉，等等。皇帝也时常赏赐一些佩饰给下属官僚，官僚也借此炫耀。

清代任何一位大臣一旦离开朝廷出差外省时，都必须按规定在腰带上另外拴上两根白色丝带。这两根丝带上各绣有一个字，就是"忠"和"孝"，故称之为忠孝带，意在提醒大臣，人虽在外，心却永远忠实于朝廷和皇上。

在两根忠孝带的尾端，还联结有两只小小的荷包。由于朝廷对这些荷包的式样并无统一规定，所以它成为贵族官僚们夸富耀奇的物件。其颜色斑斓，式样奇巧，是真正的装饰品，并没有什么实用价值。

清代官服上的腰带一般用蓝色丝线组成，十分耀眼夺目。奇巧在于联系腰带的扣子，它也同荷包一样，朝廷没有统一规定，是大臣们显示富贵财势的一个标

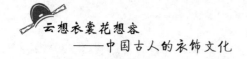

志。金扣、银扣、铜扣往往为低级官员所用，财大气粗的高官则不惜工本，用上好的翡翠甚至外国金器制成，一副扣子价值常在千两银子之上。

4. 古代命妇衣饰

所谓命妇，是指古代受到封建王朝诰封的皇室及百官贵族妇女。按照封建制度的规定，丈夫为官，夫人即为"命妇"。命妇自有一套服饰，必须按规定穿着装扮。

按《周礼·天官疏》载："命妇有内外之分：内命妇即三夫人以下。古代天子，后立六宫、三夫人、九嫔、二十七世妇、八十一御女。三夫人亦分主六宫之事，三夫人以下则如九嫔等。外命妇如三公夫人，孤、卿、大夫之妻即是。"

古代命妇的衣饰在历朝的衣饰制度中都有详尽规定。如周朝时宫内设有"内司服"一职，专门掌理王后的衣服以及辨别内外命妇的服色。凡有祭祀和招待宾客时，负责供应王后和九嫔世妇内外命妇等贵族妇女应当穿着的衣服。

李鸿章夫人画像

纵览历朝的命妇衣饰制度，可以看出两大特点。

一是内命妇衣饰以皇后为尊。依照嫔妃与皇帝本人的亲疏远近关系按等级顺序变化，她们与皇后相比，都必须显示出等而下之的尊卑之分。

二是外命妇衣饰也按品阶等级变化，而且变化远比内命妇衣饰复杂。汉代时佩不同绶带。魏晋南北朝后，包括衣料、首饰、花冠、发型、式样、衣色、绣纹、图案等，均分出等级秩序。

清代命妇服制定得直截了当，简明扼要：命妇服饰各依其夫。另有金约、领约、采帨、朝裙、朝珠等制度，各按其品。内、外命妇根据其夫及子之品受封，不同封号标志不同的品位，而不同的品位又穿着具有严格规定的衣饰。

缊袍敝衣是白丁：古代平民衣饰

谈笑有鸿儒，往来无白丁。

刘禹锡的《陋室铭》里，出现的"白丁"，就是平民百姓的代称。他们不可以着绫罗绸缎，甚至衣服上不能有色彩，因而被冠以"白丁"称谓。这是由封建等级秩序决定的。

总体来说，古代平民的服饰一是比较朴素，二是要适合身份。

一般而言，古代平民的服装就是那种粗麻布衫，衣服的面料和质地都特别的粗糙。

1. 三教九流，各有其服

在中国古代，各行各业各种身份的人必须各穿其衣。平民服饰在大前提上不可僭越贵族服饰，在小前提上又不可僭越各种行业的服饰，也就是三教九流，各有其服。

宋代，不但由朝廷下文明确规定平民服色、装饰、衣料等方面的禁忌，而且详细规定了各行各业的服饰，不得逾越。

宋代笔记小说《东京梦华录》记载北宋京都汴京的民情风俗，十分详尽，其中记载：

又有小儿着白虔布衫，青花手巾，挟白磁缸子卖辣菜……其士、农、工、商、诸行百户衣装，各有本色，不敢越外……香铺里香人，即顶帽披背。质库掌事，即着皂衫角带不顶帽之类。街市行人便认得是何色目……

即使是乞丐，也有特殊衣着。甚至媒婆,也分等级而有不同装束："上等戴盖头,

[北宋] 张择端《清明上河图》中各色人等服色

着紫背子；中等戴冠子，黄色髻背子，或只系裙。手把青凉伞儿，皆两人同行。"

在《宣和遗事》一书中，也有关于北宋时汴梁各阶层人士的衣装打扮的记述。如富贵人家纨绔子弟的衣着为"丫顶背，带头巾，率地长背子，宽口裤，侧面丝鞋，吴绫袜，销金裹肚"；秀才儒生为"把一领皂褙穿着，上面着一领紫道服，系一领红丝吕公绦，头戴唐巾，脚下穿一双乌靴"。寺僧行童为"墨色布衣"；汴梁巡兵装束为"腿系着粗布行缠，身穿着鸦青衲袄。轻弓短箭，手执着闷棍，腰挂着镘刀"。

2. 白丁布衣的材质与样式

"白丁"穿什么？诸葛亮在《出师表》中说道，"臣本布衣，躬耕于南阳"。"布衣"，代指普通庶民，也就是"白丁"。

（1）材质。

古时候的"布衣"，不是今天的棉布，其实是麻布。棉布是唐朝开始发展起来，到元代以后才大量生产销售的。因此，"白丁"们穿的是更低等的麻布衣。

古代衣饰的材质有很多种，比如葛、麻。

葛布分粗细，一般是用作夏装。平民用得比较多的是粗葛，也就是"绤"。

麻在平民中是比较普遍的，秦汉以后主要就是用麻。

缎属于高端的用品，但有时候也会被平民用来镶嵌在衣缘上。

（2）样式。

秦汉时期平民中比较常见的上衣是深衣，后来陆续出现了袍服、襦衣、袄等；而下衣则为长裤、短裤、犊鼻裤等。

（3）领口。

古代衣饰多以交领为主，此外还有圆领、方领、直领等。其中交领最为常见，男女皆可用，不分尊卑。但平民百姓穿的领口是交领中的直领，而交领中的斜领则多用于僧侣、隐士。

（4）衣袖。

农民与小手工业者日常劳作，衣袖用窄袖。但是在夏天天热居家时，也会穿着大袖，以薄、大为主，方便透气散热；冬季居家则是窄袖，利于保暖。

3. 人之贵贱衣帽分

古代穷人多穿褐衣。褐是用粗麻和兽毛混纺织成的布料。这种布料制成的衣服，质地粗糙，厚重但不暖，而且毫无美观可言，与贵族穿的轻暖华丽的狐皮裘衣恰成鲜明对比。

古代史料、诗歌中，"毛褐""短褐""被褐"指的都是当时下等人的衣着，代指农夫、平民。

从现存的古代服饰实物及图画上看，平民服饰与贵族服饰有天壤之别。这从著名的宋代张择端所画《清明上河图》最能说明问题。从图中看，凡是体力劳动者，都有一个共同之处，就是衣短不及膝盖，或者刚刚过膝，头巾也比较随便；甚至有椎髻露顶者，脚下一般穿麻鞋或草鞋。

从历代《耕织图》中也可看出农民的装束特征。南宋《耕织图》中可见下田的农夫穿对襟短衣、背心，裤管高挽至大腿，赤脚挑担；另有一农

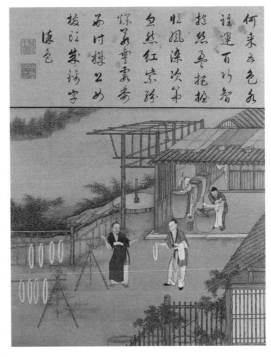

［南宋］佚名《耕织图》

妇也下田劳动,她裤管低挽,露出赤足,衣袖也短至肘弯之上,类似于今天的短袖衣衫,同贵大人长袖长裙截然不同。

清初刻康熙御制《耕织图》中对农夫的刻画更为详细,或扶犁、或耕田、或施粪、或收割、或挑担、或掌秤,其中服饰衣装已同今日农民下田干活时的衣装区别不大,都是十分朴素的短打扮,以便于劳作。图中农妇虽穿长裙,但绝无花纹图案,头巾也显得简陋。

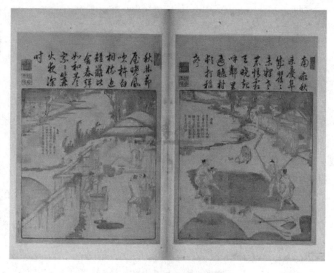

[清]康熙御制《耕织图》

古代劳动人民衣着朴素,并非仅仅为了劳作方便,同时也是受到了统治阶级的法令限制。

宋代因与东北契丹战争失利,为求和妥协,不惜以厚礼巨款进贡。为此,在国内加强了对人民的剥削,使得人民日益贫困,明显影响了平民的服饰。男子衣饰已是越来越短,头巾甚至已经无法保持一定式样了。

尽管如此,统治者仍屡屡下诏对平民庶人的服饰提出种种限制。比如,时而规定平民只能穿粗白麻布衣,穿黑衣还必须得到特殊的允许;时而规定职务低下的小公务员、平民、商人、杂技艺人都一律只能穿黑白二色,不能穿杂彩丝绸,等等。

精美华丽的印花织品在封建社会中几乎都只流行于上层社会,平民一是穿不起,二是不准穿。宋代规定:印花布只许做官服、军服,禁止平民庶人服用。明代平民同元代一样,衣服只许穿暗褐色。

4. 特殊的商人衣饰

生活在历朝历代的商人，几乎都是非常特殊的群体。处于"士农工商"四民末位的商人，他们的衣饰特征总在阶级差别的鲜明界线边游移不定，时贵时贱：时而华丽时而简朴，时而受朝廷禁令限制，时而又无视等级有所僭越。出现这种状况的根本原因还在于统治者"重农

古代商贸图

抑商"的政策的推行——"无商不奸"是古人心目中根深蒂固的一个观念。

汉代统治者对商人就采取抑制的态度，汉高祖刘邦最坚决。他大力推行重农抑商政策，下令商人不准穿锦绣等织品，并要商人缴很重的税，以促使流民归附土地。

此后历代王朝都有禁令，严厉地将商人的穿戴限制在平民庶人的服饰之内。明太祖朱元璋甚至下令："农衣绸、纱、绢、布。商贾上衣绢、布。农家有一人为商贾者，亦不得衣绸、纱。"从法令上看，商人的地位甚至还不如农民。

商人衣饰的特点主要有三条：

一是只能用低质量的衣料和其他原料，如只能穿用棉布、粗绸、生丝制品的绢做的衣服，不能穿绫罗绸缎等高级衣料制品；只能用铜或铁的衣带钩，不能用金银玉石做衣服装饰物。

二是衣服上不能有花纹图案，必须是素的，而不能像皇帝、贵族、官员那样有日月山川及动物的图案。

三是衣服颜色必须是白色、黑色两种，其他颜色不能用。

可是，社会上的事又常常不以统治者的意愿为转移，政策一松，法制禁令就

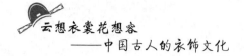

没有了约束力，商人立刻衣饰华丽，宝马金车，挥金如土。所以，历朝多有大臣屡屡上奏皇帝，说商人衣饰奢侈，僭越等级，要求严厉惩处，以正礼法。

到了清末，商人甚至可以花钱捐个官过过官瘾、充充门面，这也就表示了统治阶层对商人的一种无可奈何的妥协与默认。

清末商人

丧服三年移薄俗：古代传统丧服

中国封建社会是由父系家族组成的社会，以父宗为重。其亲属范围包括自高祖以下的男系后裔及其配偶，即自高祖至玄孙的九个世代，通常称为本宗九族。

在此范围内的亲属，包括直系亲属和旁系亲属，为有服亲属，死为服丧；亲者服重，疏者服轻，依次递减。

1. 古代丧服的特点

丧葬礼，是人生最后的一段人生礼节。自原始社会时起，人们或许就逐渐萌生了人死后有魂灵的观念。在此观念的支配下，人们不再像以往那样，草草地处理亲友们的后事，而是在"事死如事生"观念支配下，构建了日渐繁缛的丧葬礼仪。

在繁缛的丧葬礼仪中，丧服是亲友们对死者的去世表示悲伤和悼念的体现。

具体来说，古代丧服具有以下几个特点：

（1）尊崇祖先。

丧服中的最高规格是给予直系祖辈的，即"父亲"的角色。这标志着"父亲"在家庭中的重要地位，晚辈也借此形式表示对祖辈的崇拜与敬仰。

（2）尊卑有别。

丧服的规格是根据死者在家庭中的宗法地位而定的，地位愈高，家庭成员为之服丧的丧服就愈高，而服丧者的宗法地位也影响到丧服的规格。

如，嫡系长子与庶出子女的地位悬殊，同是为亲祖父服丧，嫡孙可服

麻衣孝服

斩衰三年，而庶子的子女只能服齐衰不杖期；庶子之子在祖父死后，甚至无权为亲祖母（祖父之妻）服丧。可见，丧服的等级也是家庭宗法地位的标志，以此也可看出国家丧服制度的渊源。

（3）内外亲疏有别。

这源于家庭法制。直系祖孙辈的丧服规格比旁系都要高一二等。一亲一疏、一内一外恰好体现出两层意思：既以服丧强调封建家庭之间的和睦关系，又以此区别内外主次，以便维系封建家庭权力结构的稳定性。

（4）男尊女卑。

这一观念在丧服中有充分的表现，它时刻在提醒人们：夫妇如君臣，尊卑之礼不可僭越。

早在秦代以前，《仪礼·丧服传》中就明确规定："夫者，妻之天也，妇人不贰斩者，犹日不贰天也。"意思就是说，妻子不为两个人穿斩衰的丧服，就像没有两个天一样。一句话，夫为妻纲。

由此可见，中国古代妇女在人格尊严和社会地位上，都要受男性夫权的压迫。

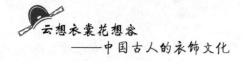
2. 古代丧服礼仪

最早的丧服礼仪在《仪礼》中已经有比较完整的体现，五服按照血缘关系适用于与死者亲疏远近的不同的亲属，每一种都有特定的居丧服饰、居丧时间和行为限制。

两千年来，汉族的孝服虽然有传承和变异，但仍然保持了原有的定制，基本上分为五等，即斩缞、齐缞、大功、小功、缌麻。

高祖 齐缞三月				
高祖 齐缞三月	族曾祖父 缌麻			
祖 齐缞不杖期	从祖祖父 小功	族祖父 缌麻		
父 斩缞三年	世叔父 齐缞不杖期	从祖父 小功	族父 缌麻	
己	昆弟 齐缞不杖期	从父昆弟 大功	从祖昆弟 小功	族昆弟 缌麻
子 齐缞不杖期	昆弟之子 齐缞不杖期	从父昆弟之子 小功	从祖昆弟之子 缌麻	
孙 大功	昆弟之孙 小功	从父昆弟之孙 缌麻		
曾孙 缌麻	昆弟之曾孙 缌麻			
玄孙 缌麻				

丧服等级表

关于五服各等级及穿戴的规定，如下：

第一等：斩缞。丧服以粗麻布制作，分布时既不用剪裁，也不用撕扯，而是用刀一点点斩断，故称"斩缞"；且不缝下边。这些都是为了表示悲痛之情深重，不暇修饰。诸侯为天子、臣为君、子与在室（所谓"在室"指未出嫁）女为父、嫡孙为祖父丧、妻妾为夫丧均服斩缞三年。

第二等：齐缞。丧服以稍粗的麻布制作。衣裳分制，缘边部分缝缉整齐，故名。齐缞又分四个等次：

（1）子及未嫁之女、嫁后复归之女在父卒以后为母／继母丧，母为长子服齐缞三年。

（2）子、未嫁之女、已嫁复归之女父在时为母、夫为妻，服齐缞杖（手中执杖，俗谓哭丧棒）期（一年）。

（3）男子为伯叔父母、兄弟、未嫁之姐妹、长子以外的众子以及兄弟之子，已嫁女子为父母，嫡孙以外的孙子孙女为祖父母，祖父母为嫡孙，出嗣之子为其本生父母，随母改嫁之子为同居继父，儿媳妇为公婆、为夫之兄弟之子，妾为正妻服齐缞一年。

（4）曾孙、在室曾孙女为曾祖父母，玄孙、在室玄孙女为高祖父母，一般宗族成员为宗子服齐缞三月。也有认为曾孙、在室曾孙女为曾祖父母服齐缞五月。

第三等：大功。丧服以粗熟布制作。妻为夫之祖父母丧，父母为众子妇丧，服大功九月。此外，男子为堂兄弟，为未婚的堂姊妹，为已婚的姑、姊妹、侄女及众孙妇、侄妇等之丧；已婚女为伯父、叔父、兄弟、侄、未婚姑、姊妹、侄女也服大功。

第四等：小功。丧服以稍粗的熟布制作。男子为伯叔祖父母、堂伯叔父母丧，妻为夫之伯叔父母丧，服小功五月。此外，同宗为曾祖父母、伯叔祖父母、堂伯叔祖父母，未嫁祖姑、堂姑，已嫁堂姊妹，兄弟之妻，从堂兄弟及未嫁从堂姊妹；外亲为外祖父母、母舅、母姨等均服小功。

第五等：缌麻。丧服以稍细的熟布制作。男子为族伯叔父母丧、族兄弟，为妻之父母，以及为外孙、外甥、婿、妻之父母、表兄、姨兄弟等服缌麻三月。

传统礼仪是根据丧服的质料和穿丧服的时间长短，来体现血缘关系的尊与卑、亲与疏的差异的。

光绪皇帝出殡场景

五服之外，古代还有一种更轻的服丧方式，叫"袒免"。在史籍中记载：朋友之间，如果亲自前去奔丧，在灵堂或殡葬时也要披麻；如果在他乡，那"袒免"就可以了。袒，是袒露左肩；免，指不戴冠，用布带缚髻。

总之，祭祀活动中的祭服以及丧葬礼仪中的丧服，都远远地超越了服饰自身的实用功能，从而成为一种礼仪、一种标志、一种制度的体现、一种精神的载体。它们都深深地包含了中国文化中家庭宗法观念与国家封建权力结构等多方面的深刻含义，成为中国几千年封建社会所产生的文化符号。换言之，作为文化符号的意义即是古代祭服与丧服的重要意义。

鹧鸪新帖绣罗襦：古代少数民族衣饰

中国少数民族服装是中国各少数民族日常生活以及节庆礼仪场合穿用的民族服装。

中国是世界四大文明古国之一，有着悠久的历史，距今约 5000 年前，以中原地区为中心开始出现聚落组织进而形成国家，到了汉代通过文化交融使汉族正式成型，后来历经多次民族交融和朝代更迭。

在中国 5000 年的历史长河中，存在着许许多多的少数民族。这些少数民族的着装，由于地理环境、气候、风俗习惯、经济、文化等原因，经过长期的发展，从而形成不同风格、五彩缤纷、绚丽多姿且具有鲜明民族特征的衣饰文化。

1. 消失的民族

根据史籍记载，中国古代民族至少有 160 多个，其中著名的有匈奴、鲜卑、羌、铁勒、柔然、回纥、突厥、沙陀、党项、契丹、女真等族，绝大多数不在现存的56 个民族之中。

这些古代著名的少数民族，或建立朝代，或统一漠北，都曾叱咤风云。然而，历史变迁过后，有些民族或融合、或泯灭，不再是一个民族实体了。

（1）匈奴。

匈奴，古代蒙古高原游牧民族，兴起于今内蒙古阴山山麓。

"匈奴"一名最早见于战国时期的《逸周书·王会篇》《山海经·海内南经》《战国策·燕策三》。自公元前 2 世纪初的冒顿单于起至公元 1 世纪末北匈奴西迁止，匈奴奴隶制政权在大漠南北存在、持续了整整 300 年。此后，离散的匈奴又在中国历史上活跃了近 200 年。至南北朝末期，匈奴才在中国史籍上渐趋消失。

考古发现的北方匈奴墓葬有很多处，内蒙古境内较重要的有杭锦旗阿鲁柴登、准格尔旗西沟畔、伊金霍洛旗石灰沟；陕西境内有神木县纳林高兔；新疆境内有托克逊县阿拉沟等处。这些匈奴墓葬出土的金器都是装饰品，重要的是首饰、剑鞘饰、马饰或带饰，如项圈、耳坠、串珠、冠饰以及各种动物形饰片或饰牌，没有任何器皿。

根据文献资料可以得知，匈奴服装的基本形式显然应是上衣下裤。上衣为直襟式短衣，下身为合裆裤，脚穿皮革制的靴子。就功能而言，此类服装不仅防风保暖，适应于漠北严寒多风的自然环境，当然也可满足秦汉匈奴畜牧狩猎的游牧生活方式，具有鲜明的地域性、民族性和实用性的特点。

匈奴王"鹰顶金冠饰"

（2）鲜卑。

鲜卑族，是崛起于蒙古高原的阿尔泰民族，兴起于大兴安岭。鲜卑族最大的影响还是魏晋时期，建立了北魏和北周。如今民族已消亡，相传慕容姓氏就是来源于鲜卑族。

鲜卑是继匈奴之后在蒙古高原崛起的古代游牧民族，属东胡族群，蒙古语族，是魏晋南北朝时期对中国影响最大的游牧民族。

秦汉之际，东胡被匈奴冒顿单于打败，分为两部，分别退保乌桓山和鲜卑山，均以山名作族名，形成乌桓和鲜卑，受匈奴统治，所以鲜卑的一些风俗习惯与匈奴相似。

十六国时期，鲜卑各部落建慕容氏诸燕、西秦、南凉、代国等国。386年拓跋部建北魏，439年统一北方。493年北魏孝文帝拓跋宏迁都洛阳，大举汉化。534年北魏分裂为东魏和西魏。557年北周取代西魏。在青海、甘肃一带，还有鲜卑慕容部分化出来的吐谷浑政权，663年被吐蕃吞并。

南下的鲜卑人建国后，从游牧转向城镇生活和定居农业，大力汉化；小部分融入藏族。关外的鲜卑拓跋部有一支后来定名锡伯族。慕容部的一支建国吐谷浑，一部分成为土族的主体。

鲜卑服饰一般短小精悍，具体表现为衣袖紧窄，交领左衽，腰束革带，下着裤装，脚蹬革靴，制作材料一般以毛、皮为主。

北魏武士陶俑

头戴风帽、身披假钟的陶俑为我们展示了北朝时期鲜卑民族的服饰特色。

假钟，是指古代一种无袖不开衩的外衣，以形如钟覆而得名。

风帽，也称鲜卑帽，是驰骋在北方草原上的鲜卑族特有的服饰。鲜卑帽的顶部呈圆形，帽的前沿位于额部，脑后及两侧有垂至肩部的披幅（下垂的部分被称为垂裙）。这种帽子可以保温和抵挡风沙，适宜鲜卑人在北方寒冷地区生活之用。早期，鲜卑人有编发的习俗，而垂下的披幅可以很好地掩盖住辫子。

北周时期，人们将鲜卑帽后部的披幅用带子勒起来，成为后世盛行的幞头雏形。到隋代，幞头样式基本定型，影响了中国千余年，成为古代男子头饰的典型标志。

在汉服的影响下，鲜卑族服饰的阶级性日趋明显。北魏早期鲜卑贵族和其他阶层服饰还十分相像，但到了北魏后期鲜卑族贵族和其他阶层服饰则有了巨大的差异。尤其是贵族男性所穿的衣裳在其他阶层服饰中几乎没有出现过，说明衣裳成为当时贵族专属的服饰。

（3）柔然。

柔然族，估计大家不怎么熟悉，在公元5—6世纪发展最鼎盛，建立过柔然帝国，疆土面积北到贝加尔湖，南抵阴山北麓。柔然族，亦称蠕蠕、芮芮、茹茹、蝚蠕等。

柔然源于东胡族，4世纪中叶附属于拓跋部，主要游牧在鄂尔浑河与土拉河流域。拓跋部南迁后，进居阴山一带。

柔然族5世纪至6世纪中游牧于蒙古高原。他们辫发左衽，居穹庐毡帐，逐水草畜牧，无文字，以刻木记事。最盛时期，势力北到贝加尔湖畔，南抵阴山北麓，东北达大兴安岭，与地豆于（今内蒙古锡林郭勒盟乌珠穆沁旗和通辽市一带）相接，东南与西拉木伦河流域的库莫奚及契丹为邻，西边远达准噶尔盆地和伊犁河流域，并曾进入塔里木盆地，使天山南路诸国服属。

后来，柔然被突厥击败，幸存的柔然人西迁后就突然消失在了文献记载之中，不知所踪。

（4）突厥。

突厥族，历史上活跃于我国北方的游牧民族，在唐朝初期最鼎盛，后来被唐朝所击败。

其实突厥并不是一个单一民族，而是土克曼人、鞑靼人、维吾尔人、雅库特人、哈萨克人等的合称。

突厥是6世纪中叶兴起于阿尔泰山地区的一个游牧部落，是6世纪以后中国北方、西北方操突厥语的民族名称。

突厥于552年消灭柔然汗国，建立突厥汗国。583年，突厥汗国以阿尔泰山为界，分为东、西两大势力。630年，唐朝发兵击败东突厥汗国。657年，唐朝联合

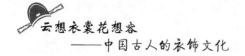
回纥灭西突厥汗国，中央政权完全统一西域。682 年，安置在北方的东突厥部众反叛唐朝，一度建立了后突厥汗国政权。744 年，唐朝与漠北回纥、葛逻禄等联手平定了后突厥汗国。回纥首领骨力裴罗因功被册封为怀仁可汗，在漠北建立回纥汗国。

突厥作为我国古代的一个游牧民族，也随着回纥汗国的消亡于 8 世纪中后期解体，并在西迁中亚西亚过程中与当地部族融合，形成多个新的民族。新的民族与古突厥民族有本质区别。从此，突厥在我国北方退出历史舞台。

突厥跟所有北方马背民族一样，属于三段体四大件服饰体系：帽子、袍子、腰带、靴子。

翻领窄袖长袍是突厥比较有代表性的服饰。突厥和匈奴一样，有古老的窄袖交领短袍服饰。

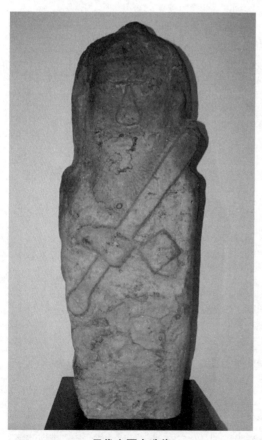

元代突厥人造像

突厥人一般都着衣和裤，外面披上袍子。这些袍子有圆领和翻领的区别，有的在外面罩上风衣，它们都是左衽。通常他们还在腰间系上宽革带，革带上佩匕首式短剑。脚穿尖头革履，谓之靴鼻。

突厥女装与男装大体相似，也佩匕首、着靴、衣袍，只是更为精巧，而且女性还喜欢穿背心、坎肩等带装饰性质的服饰。

突厥人早期生活在严寒的草原地带，为了御寒的需要，突厥人不分男女皆披长发。为了游牧和骑射的方便，他们又常常把长发在脑后编束起来。

突厥后来在同中原交往贸易后，丝绸衣料也开始在上层贵族中流行开来，穿丝绸逐渐成为一种身份的标志。

（5）契丹。

契丹族，中国古代游牧民族，发源于中国东北地区。

契丹族初期以畜牧业为主，到辽代中叶以后主要为半农半牧。

唐末，契丹首领耶律阿保机统一各部，于后梁开平元年（907年）即可汗位，神册元年（916年）称帝，国号契丹。大同元年（947年）辽太宗改国号为辽，统和二年（984年）又改称大契丹，咸雍二年（1066年）复号辽。

天庆五年（1115年），女真族建立金朝。在金军的进攻下，辽朝于保大五年（1125年）灭亡。

辽亡前的保大四年（1124年），辽宗室耶律大石称王，并迁徙西域。延庆九年（1132年），耶律大石称帝，史称"西辽"，又称"哈喇契丹"，成为当时中亚地区的强国。西辽于金兴定二年（1218年）为蒙古所灭。

被蒙古灭国后，契丹大部分融入了其他民族，少部分演变为达斡尔族。

［辽］李赞华《东丹王出行图》

契丹与周边各族各国的交往甚为密切，经济文化各方面都融合了其他民族文化因素，尤其与汉文化的交融最为深入。

契丹人传统服饰的主要特点是窄袖、短衣、着靴、左衽、佩蹀躞带。

契丹人男女皆佩戴耳环，有髡发的习惯。其发式不一，有的只剃去颅顶发，颅四周发下垂并向后披；有的在颅两侧留两绺长发，自然或结辫下垂；有的留双鬓上两绺，自然或结辫下垂，或使其从耳环中穿过再下垂。

契丹人无论男女，传统服饰皆以长袍为主，其式样一般是圆领、窄袖。男子长袍里着裤，腰间束带，脚蹬长靴，一身装扮干净利落，再加上契丹男子髡发，更加显示出草原牧民的粗犷彪悍。

据《辽史》记载，只有皇帝和一定级别的官员可以戴冠、巾，其他人一律

契丹武士像

不允许私自戴帽。所以我们在辽代墓葬出土的壁画上经常可以看到光着头的契丹人。

目前辽国范围内常见的女子着装大致有两种：一种是上着袄或衫，下着裙，这应该是受中原汉族女子着装的影响；另一种则是穿直领或交领窄袖长袍，腰间系带，这应该是契丹族传统服饰。

随着契丹人与汉人的相互交往，汉族的传统服饰逐渐影响到契丹人的穿着。如袍服的长度逐渐加长，至脚踝处，左右衽这一区别契丹人和汉人服饰的鲜明特点也渐渐模糊。

与此相对应的是，生活在辽国范围内的汉人衣着在保留中原民族的特征之外，不可避免地受到了契丹人的影响。如河北宣化辽墓出土的壁画中，不少男子头戴幞头，身穿圆领袍服，只是下身却着长裤，足蹬皮靴，表现出契丹民族服饰的特征。

（6）氐。

氐族是中国古代的农耕民族，居住在中国西北部。

《汉书·地理志》颜师古注："氐，夷种名也，氐之所居，故曰氐道。"氐道在今九寨沟、平武、松潘（四川省阿坝藏族羌族自治州）境内，故氐族最先活动范围在川西北地区，应起源于四川松潘高原。

从先秦至南北朝，氐族广泛集中分布于四川川西北地区、川东北地区和甘肃陇南地区。

西晋末（297年），巴氐族首领李特打响五胡建国的第一枪，其子李雄于公元304年在成都称帝，建立五胡十六国时期第一个少数民族政权成汉。从此掀起五胡角逐中原的浪潮。

此时，陕西略阳氐族最为强大，逐渐崛起，最后建立了统一北方的前秦。

五胡十六国时期，氐族先后建立过仇池、前秦、后凉等政权。南北朝以后，氐族逐渐融合于周边的民族之中。

2. 北方的民族服饰

北方民族服饰主要包括东北、华北和西北地区的民族服饰。其中少数民族有蒙古族、满族、藏族、朝鲜族、达斡尔族、鄂伦春族、鄂温克族、赫哲族、回族、锡伯族、维吾尔族、哈萨克族、柯尔克孜族、塔吉克族、塔塔尔族、乌孜别克族、俄罗斯族、裕固族、东乡族、保安族、土族、撒拉族等20多个。藏族在西北的甘青地区也有广泛分布，维吾尔族在湖南桃源也有一部分。至于回族、满族、蒙古族等更是遍布全中国。

鄂伦春族狍皮对襟坎肩

北方民族的服装以皮袍长裤为主要款式，冬装夏装有明显区别。冬装普遍使用毛皮，多穿靴子而少有刺绣和饰物为主要风格。这与北方牧渔猎业及冬季寒冷气候有关。

北方民族妇女穿裙子的有朝鲜族和新疆各民族，头饰较多的是蒙古族，服饰刺绣较多的是土族。牧业民族和渔猎民族重视用羊皮和名贵的动物毛皮做衣服、帽子或衣饰。

朝鲜族妇女的衣裙式样独特，多将长裙束于胸际，飘逸洒脱；长袖灯笼袖口，短短的斜襟上衣，右衽以飘带系结为扣，显得饰者苗条利索。翘尖船形鞋便于劳作和进屋时脱去。西北维吾尔族的爱德丽丝绸，采用古老的扎结经纱染色法，色彩绚丽，淡雅醒目，图案别致，清爽亮丽，民族特色一目了然。

维吾尔族妇女外套绣花背心、男女都戴刺绣小花帽、男子领口和袖头绣花边的衬衣以及"裕袢"都很有特色。"裕袢"是一种对襟齐膝长袍，是新疆地区一些民族具有代表性的衣物样式。

哈萨克族女帽上面的猫头鹰羽毛帽、塔吉克族和柯尔克孜族妇女用的银头饰和项饰，裕固族女帽子上的红缨络等，都是很有民族特色的装饰。

在我国青海、云南、四川等地方，百姓的帽子以绸缎做面，以珍贵毛皮做里，圆顶筒状，后面下部有叉口有带，可以自由翻卷改变深浅，适应天气变化，很威风美观。藏靴种类亦多，皮底长腰软筒，翘尖，有丝线绣边和花纹，既御寒又轻便。藏族喜欢用珠宝、金银、铜玉、象牙、玛瑙等制作的各种首饰，佩戴在女性的头部、手脚、颈部、胸部和腰部等。

3.南方的民族服饰

南方包括西南、东南和中南地区。少数民族有藏族、门巴族、珞巴族、羌族、彝族、白族、哈尼族、傣族、傈僳族、佤族、拉祜族、纳西族、景颇族、布朗族、阿昌族、普米族、

哈尼族傻尼靛青对襟女上衣

怒族、德昂族、独龙族、基诺族、苗族、布依族、侗族、水族、仡佬族、壮族、瑶族、仫佬族、毛南族、京族、土家族、黎族、畲族、高山族等30多个。

南方的民族服饰更加缤纷多样，单就女性来说，除了生活在高寒地带的民族外，女性服饰习惯上都是短上衣和裙子，普遍重视女服的刺绣装饰和首饰佩饰。其实，藏族除分布在西藏和甘青地区外，还分布于四川、云南的广大地区，因而服饰样式较多。

就普遍特点而言，南方男女服装大都是大襟袍式，左襟大，右襟小。服装的领、袖、襟和底边都镶有各色绸缎或珍贵毛皮。男装右襟腋下以飘带代替纽扣，女袍则钉铜、银等纽扣。

藏袍一般长于身高，穿的时候腰间系绸带，从头顶退下袍领，腰间形成囊袋可放东西可兜孩子。这种肥大宽绰的皮袍主要流行于牧区。农区和城市女式藏袍，多以黑氆氇或各色哔叽呢制作，冬季窄长袖，夏季无袖，露出色彩鲜艳的绸衬衫袖子，腰前围一块毛织的彩色横条围裙，也叫作"帮典"，显得典雅端庄。藏族的帽子男女有别。帽子式样很多，在拉萨和日喀则地区多戴金花帽，是用金丝缎、金银丝带和氆氇毛皮精工制成。

南方少数民族妇女包头帕样式较多。畲族凤凰装很有特色。银首饰苗、侗民族复杂多样，有的一套银首饰就重达一二十斤，而且做工精巧。苗族、侗族、瑶族刺绣都很突出。布依族、苗族、土家族都有精湛的蜡染技艺。

瑶族头饰形式有数十种，而且各种头饰风格迥异，美轮美奂。有尖顶高耸的，有雍容华贵的，有简朴美观的，有铺张如盖的，有包头遮发的，有绣帕盖顶的，有银板高翘的，还有羽毛装饰的，绚丽多姿。奇特的广西融水"花瑶"男子头饰银花，闪亮犹如王冠。瑶族女装衣领多为华丽的宽花边镶成，佩上带有红绒球和红缀穗的串珠及金属胸花，传统美和现代美非常和谐地融为一体，具有超凡的审美情趣。

由于南方少数民族比北方多，生活环境、自然条件和经济形态多样化，因而表现在服饰上就更加丰富多彩。

南方少数民族妇女大多穿裙子，裙子的款式差别很大。有百褶裙、筒裙；有短及膝的，有长至地的；有单色的，有彩色的；有各色分段拼接的，有印花绣边和花带镶边的。苗族、布依族和部分壮族妇女的百褶裙，长者曳地，短者及膝。布依族和凉山彝族妇女的裙子分节。彝族的裙子色彩丰富鲜明。

滇南少数民族穿筒裙较普遍，一种是将宽大的上端折于腰部系腰带，一种是将近两米的独幅裙片围缠于腰，末端披在腰际。西双版纳和瑞丽一带的傣族妇女穿花筒裙，裙长及踝。德宏地区傣族已婚妇女多穿长至膝下的黑筒裙。海南黎族的花筒裙以黑红绿三色为主调，一般都短在膝上。

拉祜族、景颇族、侗族等族妇女还扎护腿，有的用毛织品制作，有的绣有花纹图案。白族、纳西族、羌族、普米族等族妇女多穿大襟长袍。

西南白族妇女上衣色彩素雅，配以各色坎肩和围腰，加上彩绣带穗的头饰，色调清新鲜亮。傣族妇女的上衣紧身、窄袖短小与紧围长筒裙相搭配，显得婀娜多姿。

南方少数民族妇女服饰另一鲜明特点是，除头部和颈部的首饰之外，腰部和脚脖上也有不少佩饰。珞巴族、傣族、佤族、德昂族等族的妇女腰间佩带有漂亮的银饰。高山族和黎族妇女也有脚饰。

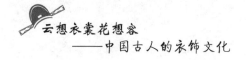

苗族、侗族、壮族、布依族、瑶族、傣族、景颇族、仡佬族、仫佬族、土家族、黎族男子多穿青蓝色、白色等上衣，高山族和佤族的男子喜用红缠头巾包头并且插饰野雉毛。

贵州苗族小伙子在节日里跳芦笙时，头戴野雉毛装饰的帽子为最美。景颇族和白族男子则多包白色头帕，在头帕一端缀饰有红缨绒球。傈僳族、怒族、独龙族、佤族、普米族、藏族、门巴族、珞巴族男子还多带长短不一的佩刀，刀柄与刀鞘都装饰得精美不凡。

4. 少数民族衣饰

每个民族的服饰文化都具有鲜明的地域特色和民族风格，每个服饰文化的形成都与其背后的居住环境、气候条件、生活方式密切相关。

千百年来先民们创造了无数精美绝伦的服饰，这些绚丽多彩的服饰，展现了古人在不同时代、不同场合对美的追求和总结；服饰色彩、图纹、款式等集中了古人的审美理想及追求的结晶，显示了服饰内在的意蕴美。这些民族服饰以绚丽的色彩、精致的装饰和耐人寻味的文化内涵著称于世，体现出了各民族对美好生活的憧憬和向往。

每个地域的少数民族服饰特点都是不同的，都有属于他们各自的特色，大体上有以下几种：位于西部的藏族服饰上以保暖御寒为主，大多是袍子；位于西南部的傣族则以窄袖窄裙为主；位于中南部分的布依族、苗族则以宽松便于劳作的裤子和上衣为主；位于北方的少数民族主要以大袍为主。

下面介绍一些比较具有民族特色的少数民族衣饰。

（1）蒙古长袍与蒙古靴。

蒙古族是一个历史悠久而又富有传奇色彩的游牧民族。首饰、长袍、腰带和靴子是蒙古族服饰的四个主要部分，妇女头上的装饰多以玛瑙、珍珠、金银制成。

蒙古族男女老幼皆穿用长袍，有红、黄、紫、深蓝等色，传统式样为身宽袖长、下摆不开衩、襟和摆采用镶绲装饰，束彩腰带。此外，女子缠红、蓝头巾，穿皮靴，盛装时戴冠、缀银饰；男子缠红、黄头巾或戴蓝、黑、褐色帽，穿高勒皮靴。

蒙古族平时喜欢穿布料衣服，逢年过节或喜庆一般都穿织锦镶边的绸缎衣服。男子的服饰各地差别不大，春秋穿夹袍，夏季着单袍，冬季着棉袍或皮袍。

女子长袍则各有特色。科尔沁、喀喇沁地区的蒙古族受满族影响，女子多穿宽大直筒到脚跟的长袍，两侧

巴尔虎蒙古族缎锦镶边女袍

开衩，领口和袖口多用各色套花贴边。锡林郭勒草原的蒙古人则穿肥大窄袖镶边不开衩的蒙古袍。布里亚特妇女穿束腰裙式起肩的长袍。青海地区的蒙古人穿的长袍与藏族的长袍较为相近。

鄂尔多斯的妇女袍子则分三件：第一件为贴身衣，袖长至腕；第二件为外衣，袖长至肘；第三件无领对襟坎肩，钉有直排闪光纽扣。

蒙古靴样式不一，根据季节的变化有皮靴、布靴、毡靴，根据靴靿的高矮分高靿、中靿、矮靿。

蒙古靴做工精细，靴帮等处都有精美的图案。

皮靴多用牛皮、马皮、羊皮制作，结实耐用，防水抗寒性能好，其式样有靴尖上卷、半卷、平底不卷、尖头、圆头几种。

布靴多以布帛、平绒布面料制作，中靿和矮靿居多，靴帮绣以图案，轻便柔软，舒适美观。

毡靴多以羊毛、驼毛擀制而成，保暖耐磨损，一般多在隆冬时节穿用。

蒙古皮靴一般采用特殊工艺把所需图案，如二龙戏珠、珠宝连城、蝙蝠、云纹、回纹、草纹、万字、蝴蝶、花卉等图案轧、贴在靴靿或靴帮上。布靴的靴帮、靴靿大多刺绣或贴绣精美的花纹图案。

流行在民间的蒙古靴式样有七八种，主要有军样靴（大板尖）、抓地虎、皂

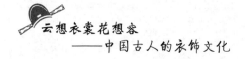

样靴（鸡蛋头）、武步员（朝靴）、大仙靴、三抱靴（小板尖）、八宝靴（童靴）、皮马靴（高勒、半勒）、布绣花靴（半勒）等。

（2）苗族雄衣与银饰。

苗族衣饰以夺目的色彩、繁复的银饰品装饰和耐人寻味的文化内涵著称于世，其挑花、刺绣、织锦、蜡染、首饰制作等工艺美术在国际上享有盛名。

小花苗刺绣蜡染衣裙

苗族衣饰多姿多彩，铭载着本民族历经磨难的历史变迁和对美好生活的憧憬，史学家称之为"穿在身上的史书"。

苗族男子一般为短衣长裤，或穿对襟麻布长衫、披羊毛毡。

苗族女子一般穿大领对襟短衣、长短不同的百褶裙，打裹腿；或为大襟短衣、宽脚裤、围腰，采用多姿多彩的头饰；节日盛装，常采用刺绣、蜡染等工艺装饰服装，以及多种传统银饰如项圈、手钏、银衣等。

苗族衣饰有性别、年龄及盛装与常装之分，且有地区差别。据清代《百苗图》所载，凡八十三种，另有考察资料称百余种。

按民族性质来说，可分为花苗衣饰、汉苗衣饰、白苗衣饰三种，各有不同特点，但衣饰的花纹图案又极为相似。按地域分，可分为湘西型、黔东型、川黔滇型、黔中南型以及海南型等五大类别和若干款式。

雷山苗族女子盛装是由雄衣和右衽上衣发展演变而成。

雄衣，苗语叫"翁背"，其特征是无领、无纽扣，对襟开，以布带、围腰束之。衽上缀有花边、绣袖，其花纹有勇士搏斗，双牛牴角，以及各种鸟禽、猛兽，有的还绣着人、兽、龙、鸟、花草及几何形图案。同在一个画面，借以铭记苗族先民与鸟兽同居、茹毛饮血的历史以及为生存而英勇征战的历程。

雄衣在母系氏族社会里是男人出嫁的装饰衣。后来因为女人不能开荒、御敌，经族老协商改为女人出嫁。男女改换了嫁娶，雄衣也就由男装变为女装。

苗族女子盛装的上装有两层，内层为家机染青布，外层为紫色、蓝色绸缎。衣袖、衣边及背上均用挑、绉等绣法绣成龙、虎、羊和鱼、蝶、虫等动物图案，颜色为红、蓝、绿、黄等色，沿托肩镶长方形花草图案，袖口宽大，为无扣交叉大领衣。穿时，袖、肩缀满各种图案的银花片。

盛装下为青色家机布长绉裙，外罩24条红底绣有花、鸟、虫、鱼、蚌、蛙、龙、凤图案的花飘带，头戴银角，颈系亚领、项圈，再饰以银头花、银梳银泡、银簪、银手镯、银锁、耳环、戒指等。脚穿绣花船形鞋。

苗族盛装的各种图案浓缩了苗族生活环境的景物，表现苗族妇女独特的审美情趣。

特别引人注目的是雷山苗族服饰刺绣，其构图、用色、绣技实为"三绝"。苗族优秀的绣手具有大画家的思维，构图讲究严谨、对称、协调，每幅绣图均有主、副图案；构图内容取材广泛，天空、大地、人、神、植物、动物……无奇不有，眩人耳目。

银首饰是湘西苗族妇女喜爱的传统装饰品，至今仍十分讲究佩戴，大致分为头饰、项圈、手饰、挂饰等。

头饰有两种，一种是银帽（又称接龙帽），上有帽花、龙凤、关刀、梳子、簪子、髻子花等装饰；一种是在头帕前后有银帽沿装饰，上用银丝悬挂树叶、铃铛、果子、银花等多种银饰。

苗族银饰

项圈有轮圈、扁圈、盘圈等，其中，轮圈似青藤缠树，象征爱情，多为青年男女定情之物。

手饰多为银镯或铜镯，手指配有银质戒指。

挂饰，如衣服上佩胸花、针筒、牙签、挖耳、长命锁、仙桃等。

在长期的生活实践中，苗族妇女以编织、刺绣、挑花、盘花等表现手法创造了独具特色的装饰风格。

（3）傣族筒裙与筒巴。

傣族主要分布于云南省南部和西部的河谷平坝地区，西双版纳傣族自治州和德宏傣族、景颇族自治州是傣族主要的居住区。傣族生活的地方，都是热带、亚热带地区，那里气候温热，山林茂密、物产丰富。

傣族服饰充分体现其地理与自然特点，淡雅美观，既讲究实用，又有很强的装饰意味，具有浓郁的民族风格。

傣族服饰中男子的服饰比较朴实大方，上身为无领对襟或大襟小袖短衫，下着净色长裤，多用白色、青色布包头。这种服装在耕作劳动时轻便舒适，在跳舞时又使穿着者显得健美潇洒。

傣族女子的服饰则绚丽多彩，充分展示了她们的活力与性感。傣族女子上身着各色紧身内衣，外套浅色大襟或对襟窄袖衫，下身着花色筒裙，裙上织有各种图纹。傣族女子喜将长发挽髻，在发髻上斜插梳、簪或鲜花作装饰，并喜欢佩带金、银饰品，在小蛮腰上系一根精致银腰带。这样的服饰把她们装扮得娇美玲珑，婀娜多姿，仿佛一只只美丽的孔雀，优雅娴静。

傣族无论男女，出门总喜欢在肩上挎一个用织绵做成的筒帕，也就是挎包。

傣族筒帕是傣族群众日常生活的必需品，傣族人不论是进城赶集，还是上山打柴和下河捕鱼，都要随身携带，用它来装生活用品。据记载，筒帕已有1000多年的生产历史，已由最初的麻、棉纺织发展到现在的丝、毛、棉混合纺织。

筒帕色调鲜艳，风格淳朴，具有浓厚的生活色彩和民族特色。图案有珍禽异兽，树木花卉或几何图形，形象逼真，栩栩如生。每一种图案都含有具体的内容，如：红、绿色是为了纪念祖先；孔雀图案表示吉祥如意；大象图案象征着五谷丰登，生活美好，充分表现了傣族人民对美好生活的向往和追求。

傣族的服饰之所以漂亮，这和傣族的织锦工艺分不开。傣族的织锦，

傣族筒帕

历史悠久，图案丰富多彩，色调鲜艳，风格纯朴，具有浓厚的生活色彩。

（4）壮族黎桶与花鞋。

壮族是中国少数民族中人口最多的一个民族。壮族妇女擅长纺织和刺绣，所织的壮布和壮锦均以图案精美和色彩艳丽著称，风格别致的"蜡染"也为人们所称道。

壮族花鞋

壮族以蓝黑色衣裙、衣裤式短装为主。顾炎武《天下郡国利病书》记载："壮人花衣短裙，男子着短衫，名曰黎桶，腰前后两幅掩不及膝；妇女也着黎桶，下围花幔。"

在清朝末年（1911年）以前，壮人穿的衣服，都是自纺、自织、自缝制的。

当时，壮族男子穿的上衣名曰黎桶，黑布对襟衣，圆领

阔袖，两襟扣子7—9个，扣子用黑布织成，穿时将两襟的扣子扣起来。男子穿的下衣即裤子也是黑布，裤口宽大，一般为1—1.2尺。成年人尤其是老人，头包长4—5尺的黑巾，或用一块黑长方形的布合缝，上端打折，顶开圆孔，戴于头上。平时，一般打赤脚，只有过年过节、喜庆日子或走访亲友，才穿上土布鞋或龙凤鞋。

女子的服装与男子相比显得多彩些。她们上身穿的是大襟蓝干衣，领窝至右腋下的衣襟、两袖，均绣大花边，衣领矮，露颈部。下身穿的是长至脚踝的长折裙，或镶有花边的宽裤子。裙子外面正两腿心处，各绣一条垂直对称的大花边，在臀部处打几个折；臀部下的裙脚卷起一寸左右，两边以几针缝住，形成后裙脚弓形翘起，从前面看是桶裙，背后看是折裙，上下衣裙贴身，线条分外明朗，十分雅观。

壮族花鞋是壮族的刺绣工艺之一，又称"绣鞋"，为妇女所用，流行于广西龙州等地。鞋头有钩，分有后跟和无后跟两种。鞋底较厚，多用砂纸做成。针法有齐针、拖针、混针、盘针、堆绣、压绣等。在色彩上，年轻人喜用亮底起白花，常用石榴红、深红、青黄、绿等艳丽色，纹样有龙凤、双狮滚球、蝶花、雀等；老年人多用黑色、浅红、深红等厚色，纹样有云、龙、天地、狮兽等。

（5）阿昌族包头与挂膀。

阿昌族是云南境内较早的土著居民之一，早期居住在滇西北的金沙江、澜沧江和怒江流域一带，以后向西南迁徙，定居于今天较为集中的户撒、腊撒聚居区，因而在衣饰方面都保留着许多传统的民族特点。

阿昌族衣饰简洁、朴素、美观。

男子多穿蓝色、白色或黑色的对襟上衣、黑色长裤，裤脚短而宽。小伙子喜缠白色包头，婚后则改换黑色包头。有些中老年人还喜欢戴毡帽。青壮年打包头时总要留出约40厘米长的穗头垂于脑后。如外出赶集或参加节日聚会时，喜欢斜背一个"筒帕"（挎包）和一把阿昌刀。

阿昌族妇女的服饰有年龄和婚否之别。未婚少女多着各色大襟或对襟上衣、黑色长裤，外系围腰，头戴黑色包头。已婚妇女一般穿蓝黑色对襟上衣和筒裙，

阿昌族衣饰

小腿裹绑腿；喜用黑布缠出类似尖顶帽状的高包头，包头顶端还垂挂四五个五彩小绣球，颇具特色。

腊撒地区阿昌族的衣着民族特色最浓。姑娘爱穿蓝色、黑色对襟上衣和长裤，打黑色或蓝色包头，有的像高耸的塔形，高达一二尺。有的则用二寸多宽的蓝布一圈圈地缠起来，包头后面还有流苏，长可达肩；前面用鲜花和彩色绒珠、缨络点缀；有的在左鬓角戴一银首饰，上面镶玉石、玛瑙、珊瑚之类。

阿昌族姑娘们还以银圈、银链为胸饰，颈上戴银项圈数个，光彩夺目。

阿昌姑娘喜欢扎一种叫毡裙的腰带，多用自制的线和土布绣制。

"挂膀"是梁河阿昌族别具特色的一种衣饰。"挂膀"是一种坎肩式小罩衣，多用黑绸或黑棉布做成，对襟，钉银牌扣，外挂银链、三须、灰盒、针筒、小鱼、耳勺、叉子、戳头棍等银饰物。两排对称的银泡和宽大的银饰扣相衬，银光闪亮，其布局排列近似于古代出征将士的战袍。

（6）白族"风花雪月"与"三滴水"。

白族主要聚居在云南省大理白族自治州，其余分布于云南各地、贵州省毕节地区及四川凉山州。

白族人民崇尚白色，不论男女服饰，在坝区或山区，都盛行以白色为尊贵，并且能根据不同性别、年龄、身材、相貌配以其他色彩布料加工制作出精美、鲜艳的外装。

白族服饰因聚居地不同而略有差异，但所体现出的总体特征是：用色大胆，

白族姑娘的头饰

浅色为主,深色相衬,对比强烈,明快而又协调;挑绣精美,一般都有镶边花饰,装饰繁而不杂,富有地方民族特色。

大理地区的白族男子喜缠白色或蓝色包头,多穿白色对襟上衣,外套黑领褂,下身穿宽桶裤,系拖须裤带,有的还喜佩带绣有美丽图案的挂包。其他一些地区的白族男子,则比较喜欢头戴瓜皮帽,穿大襟短上衣,外套羊皮领褂或数件皮质和绸质的领褂,谓之"三滴水",显得敦厚英俊,洒脱大方。

大理一带的妇女多穿白上衣、红坎肩或是浅蓝色上衣配丝绒黑坎肩,右衽结纽处挂"三须""五须"的银饰;腰间系有绣花飘带,上面多用黑软线绣上蝴蝶、蜜蜂等图案;下着蓝色宽裤,脚穿绣花的"白节鞋";手上多半戴纽丝银镯、戒指。

白族姑娘的头饰非常有特点,有着"风花雪月"的含义:垂下的穗子代表下关的风,艳丽的花饰是上关的花,帽顶的洁白是苍山雪,弯弯的造型是洱海月。

（7）纳西族"披星戴月"。

纳西族人居住在我国云南省的西北部和四川省的西南部,境内山川壮丽,河流纵横,景色秀美,民风古朴,文化底蕴深厚,被视为是美丽、神秘而又富足的"香格里拉"。

古代的纳西人,男穿短衣、长裤,女穿短衣、长裙。

清代以前,纳西族民间衣服的颜色以黑白为主,青壮年多着白色,而老年人穿黑色,因黑色表示尊贵。土司们则有朝廷赐给的华贵官服和官帽,在见官、迎宾、拜客时穿用,平时很少穿戴。在家时他们多穿黑锦缎做的长袍马褂,戴瓜瓣式小帽。土司妻女穿的裙子,长及足背,以示高贵。

纳西族青年女性的服饰色彩多偏重于明快、艳丽的色调，未婚姑娘爱梳长辫于腰后，或戴头帕、帽子。中老年女性的服饰色彩则多采用青、黑等色的面料，显得庄重素雅。妇女们还喜欢佩戴耳环、戒指、银或玉质手镯及金、银项链等饰物。

纳西族妇女服饰中最具特点的是身后的七星羊皮披肩。披肩上并排钉着七个直径为二寸左右的绣花圆布圈，每圈中有一对垂穗。这一装束被称为"披星戴月"，据说圆布圈上用丝线所绣的是精美的星图，垂穗表示星星的光芒。

纳西族七星羊皮披肩

第三章

日宫紫气生冠冕：古代冠冕文化

　　冠冕，也称首服，顾名思义，是包裹"头部"的"衣服"，除帽子外，还包括头巾、幞头、抹额等。在古代，首服除了巾帽之外，还有"冠"。冠和巾、帽用途不同，古人扎巾戴帽都有其实用的目的；唯有戴冠，仅仅是为了装饰。

　　在古代，冠冕是地位和权力的象征，式样不同，显示身份的高低贵贱也不同。

　　中国最初的冠冕不能算作帽子，帽子是经胡人传入中原后，逐渐发展而来的。起先是平民百姓戴头巾，后来演变为一般只有男子才戴帽子，女子则裹头巾。

冠冕凄凉几迁改：**冕冠与冠制**

"冕"比"冠"出现得更早，是古代帝王专用，皇子继承皇位也称为"加冕"。

1. 冕冠的出现

周代服饰最具特色的是冕服。冕为天子、诸侯、大夫的祭服，在周代进行祭祀之礼，帝王百官必须穿着冕服。冕服是由冕冠、玄衣及纁裳等组成的。

有关冕服的类别，根据《周礼·春官·司服》记载："王之吉服，祀昊天上帝，则服大裘而冕，祀五帝亦如之；享先王则衮冕，享先公、飨射，则鷩冕；祀四望山川，则毳冕；祭社稷五祀，则希冕；祭群小祀，则玄冕。"

冕服制度中的冕冠，是作为帝王、诸侯及卿大夫参加祭祀、典礼时最重要的一种礼冠。

传说冕冠在夏朝时就已出现，当时称之为"收"。直到周朝，才称之为"冕冠"，简称为"冕"。

冕冠的形制，是在冠的顶部覆盖一块长方形木板，名"延"。"延"的上下裱以细布，上用玄色，下用纁色；宽八寸，长一尺六寸；木板前沿略呈圆弧形，而后部呈方正形，隐喻为"天圆地方"；整个冕板后高九寸五分，前高八寸五分，有前倾之势。

在冕冠的前后两端，则垂以数条五彩丝线编成的藻。藻上穿以数颗玉珠，名为"旒"。着衮冕时旒为十二旒，每旒十二玉，以五彩玉贯穿之；着鷩冕时旒为九旒；着毳冕时旒为七旒；着希冕时旒为五旒；着玄冕时旒为三旒。其中十二旒为帝王所专用。

冠身两侧各施小孔，名为"纽"，戴冠后贯以发笄，以便使冠体与发髻绑住，以免坠落。

在玉笄的顶端，则结有冠缨，名为"纮"，使用时绕过颌而上，固定在笄的另一端。

[唐]阎立本《历代帝王图》
之汉光武帝刘秀

另在两耳处各垂一段丝绳，名为"紞"，天子、诸侯丝用五色，臣子则用三色。使用时上系于冠，下垂至耳。

在"紞"的末端各系一颗玉石，名"瑱"，也有叫"充耳"。充的质料，天子用玉，诸侯用石，以提醒戴冠者勿听信谗言。

按照规定，凡戴冕冠者，都要穿着冕服。"冕服"是由玄衣与纁裳十二章纹所组成。玄衣即黑色的上衣；纁裳即绛色的围裳。上衣的纹样是用画绘，下裳的纹样则用刺绣。

章施的纹样数目，因等级的高低而有所差异。最高等为使用十二种纹样，称之为"十二服章"，依次为日、月、星辰、山、龙、华虫、宗彝、藻、火、粉米、黼、黻。每一章纹皆有含义，隐喻在位者的风操品行。如日、月、星辰取其照耀之意；山取其稳重；龙取其应变；华虫取其文采华丽；宗彝取其慎终追远；藻取其洁净；火取其光明；粉米取其养民以天；黼取其果敢决断；黻取其能明辨。章纹有的用于上衣，有的用于下裳。

天子在最隆重的场合使用十二种章纹，王公贵族的祭服，则按公、侯、伯、子、男、卿、大夫的爵位等级，使用不同的章纹。

例如，公服从山而下用九章；侯、伯服从华虫而下用七章；子、男服从藻而下用五章；卿、大夫服从粉米而下用三章。帝王只在最隆重的场合穿十二章；其他场合视礼节轻重而定，或用七章，或用五章，大致与冕冠上的旒数相配。例如，若冠用九旒，衣裳则七章；冠用七旒，衣裳则用五章，以此类推。

2. 显示身份的冠制

在等级制度森严的中国古代，帽子跟女人的关系很小，叮以说女人从来不戴帽子，只有男人和帽子有关系，帽子是一种权力和地位的象征。帽子从一开始就体现着它的象征价值。

相传最早发明帽子的人是华夏始祖黄帝。奴隶社会时期，帽子起初只是在官僚和贵族阶层普遍使用，不用来御寒保暖，而是因其装饰象征着统治权力和尊贵地位。这时的帽子应该叫"冠"和"冕"。

阶级社会出现以后，冠饰和服色一样，成了统治者"昭名分，辨等威"的一种工具。《释名》曰："二十成人，士冠，庶人巾。"可见只有"士"以上的人才可以戴帽子，其他平民百姓都没有这个权利。

只有贵族和官员可以戴冠，不同的冠显示其不同的身份地位和权力，由此逐渐形成一种森严的等级秩序，就是所谓的中国古代冠冕制度。

古代冠饰品种繁多，仅《后汉书·舆服志》一章所记，就有约 20 种。在这些冠饰中，最重要的一种叫"冕冠"。

关于冕冠形制的规定：周代以前的冕冠形制，到了汉代已经失传。西汉初年祭祀时，采用的是汉高祖刘邦创制的长冠。到了东汉明帝时代，政府专门调派了一批儒学者参考查找古籍，重定了冕冠制度。之后，历代相传，只是稍有改变。

从黄帝时代算起，冠冕一直是古代统治阶级内部地位和权力的标志和象征，经历朝历代，虽样式上发生了变化，但是权力和地位的象征标志却更加细化、更加精确。直到民国建立时，冠冕制度才被取消。

[唐] 阎立本《历代帝王图》之吴主孙权

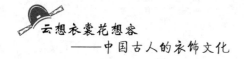
 醉帽吟鞭花不住：**古代帽子简史**

古人戴帽和戴冠的用途不同，戴冠是为了美观，起到装饰作用，而帽子最初的用途主要是抵御严寒。

资料显示，在远古时期，北方人民大多爱戴帽子。直到秦汉时期帽子仍以西域少数民族所戴为多，中原地区除了给孩童御寒保暖外，一般人很少使用。

到了三国时期，由于连年混战，国家资源匮乏，鼎足而立的魏、蜀、吴三国都没有力量来讲究汉代那一套冠冕衣裳之制了。

诸葛亮曾经头戴纶巾指挥过三军。

魏武帝曹操觉得上古时先民所戴的一种鹿皮弁比较轻便实用，于是采用来作为首服。因为鹿皮缺乏，只能用缣帛来代替，并且用缣帛的颜色来分别尊卑贵贱。曹操本人也戴这种首服，还将这种尖顶、无檐、前有缝隙的首服定名为"帢"。

由于曹操的提倡，所以这种首服很快在朝野流传开来，并传诸后世。文武兼备的名人陆机，曾戴着它礼见宾客。凉州刺史张轨，临终时还要嘱咐下人，在他入葬时还要给他戴冠，只要"白帢"一顶即可。

两晋时期，戴帽者更多。这个时期帽子的作用已不限于御寒，春夏之季也可戴之。制帽的材料也有所变化，以前多用质地厚实的缣帛为之，这时则多用轻薄的纱縠。由于纱縠的结构稀疏，透气性好，所以常被用作制帽材料。

诸葛亮像

以纱縠制成的帽子称"纱帽"，这是两晋六朝男子的主要首服。上自天子，下及黎庶，皆喜头戴一顶纱帽。

纱帽的颜色，主要有黑白两种，白色多用于帝王贵族，黑色多用于百姓士庶。

纱帽的款式似无定制，有的用圆顶，称"圆帽"；有的用方顶，称"方帽"；有的做成卷檐式，形似荷叶，称"卷荷帽"；有的制为高顶，形如屋脊，称"高屋帽"。《隋书·礼仪志》记："宋、齐之间，天子宴和，着自高帽，士庶以乌，其制不定。或有卷荷，或有下裙；或有纱高屋，或有乌纱长耳。"说的正是这种情况。

南北朝时，除了纱帽继续使用外，比较常见的还有风帽、破后帽、突骑帽等。

风帽是一种附有下裙的暖帽，原先也以北族之人所戴为多，因为较适合于军旅，所以渐为中原人民采用，但多用于出行。齐永明年间，有人对其进行了改制，将风帽的后裙缚起，垂结于后，俗称"破后帽"。

还有一种缚带风帽，以质地厚实的罽锦或皮毛为之，戴时覆首而下，垂裙于肩背，并在头顶系缚一带，束住发髻，俗称"突骑帽"。这种帽子多用于武士。

隋代承袭六朝遗风，戴纱帽者依然很多。据《隋书·礼仪志》记："开皇初，高祖常着乌纱帽，自朝贵以下，至于冗吏，通着入朝，今复制白纱高屋帽……宴接宾客则服之。"

一直到唐代，仍将纱帽用于礼服。如《新唐书·车服志》记："白纱帽者，视朝、听讼、宴见宾客之服也。"

由于唐朝政府对外来文化采取了兼收并蓄的态度，西域服饰对汉族服饰影响很大。在首服上的具体反映，则表现在胡帽的流行。

胡帽是中原地区汉族人民对西城少数民族所戴之帽的总称。具体

明代竹编宽檐纱帽

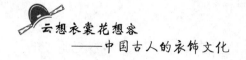
地说，有锦帽、珠帽、搭耳帽、浑脱帽、卷檐虚帽等。

所谓锦帽，顾名思义，是用彩锦制成的帽。这种锦帽通常和被称为"胡服"的锦袍相配套，传入中原后，不仅用于男子，也用于妇女。

珠帽也称蕃帽，本指吐蕃、西蕃地区少数民族所戴的一种便帽。通常以彩锦、羊皮、绒毡等材料为之，因为帽上的纹样多由珠子缀成，故名。唐初，西城舞女在跳一种名叫"胡腾舞"的舞蹈时，就戴这种帽子。

搭耳帽通常用厚实的织物或羊皮制成，帽顶尖耸，两侧缀有护耳，在室内时可将护耳翻上，外出时则将护耳耷下，以利保暖。

浑脱一名本来是指用牛羊皮制成的盛器，后来则将动物皮做成暖帽称为"浑脱"。相传唐太宗时，长孙皇后之兄长孙无忌效仿胡俗，用乌羊皮做了一顶暖帽戴在头上，人们见了觉得非常美观，于是纷纷模仿，出现了"都邑城市，相率为浑脱"的盛况。

宋代社会崇尚礼制，冠服制度等级差繁。

这个时期戴胡帽者已不多见。纱帽依旧时兴，尤其在士大夫阶层，更是受到普遍欢迎。纱帽的款式也千变万化，有的做成短檐，阔仅二寸；有的做成尖檐，形如杏叶；有的用光纱为之，微微泛光；有的加工成尖顶，取名"仙桃"。

乌纱帽

最流行的是一种高顶纱帽，以乌纱为之，顶高檐短，颇像高桶，因称谓"高桶帽"。据说这种帽子为苏东坡所创，苏东坡在被贬之前经常戴此，后来的士大夫为了表示对他的尊敬，纷纷戴起了这种帽子，并改其名为"东坡帽""子瞻样"。

元代统治者在建立政权之前，长期生活在塞北，衣服履袜多以皮制，帽子也以皮质为多。定都之后确立服制，仍保留了这种习俗，只是在皮毛之外，蒙覆了各色织物。

明代男子所戴帽子种类繁多且因人而异，如官吏戴"乌纱帽"，宫廷近侍戴"刚叉帽"；太监戴"三山帽"；中军巡捕戴"棕结草帽"；浮浪少年戴"百柱帽"；贡监生员戴"遮阳大帽"等。

至于普通男子，则戴一种圆帽，以纱、罗、缎、绒等材料制作，也有用马尾或人发编织的，通常裁为六瓣，缝合之后加以帽边；颜色以黑为主，夹里用红。相传这种帽式出自明太祖朱元璋之手，制为六瓣，是寓意为六合一统，天下归一。因此定名为"六合一统帽"。清代男子沿用此帽，形制略有变易，有的制成平顶，有的制成尖顶；有的用软胎，有的用硬胎；帽边也有宽窄之别。在帽子的顶部，常装有一颗结子，有的还在额前钉缀一块方形玉片。由于这种帽式分瓣明显，形如西瓜，所以被称为"西瓜皮帽"，省称"瓜皮帽"。直到民国初期，仍有戴这种帽子者。

凤冠霞帔闺阁愁：古代凤冠

古代戴冠者不限于男性，女子也可戴之。

最初戴冠者多为宫廷中的妇女。如秦始皇时，令三妃九嫔于暑天戴芙蓉冠。此冠用碧色纱罗制成，冠上还插有五色通草编成的饰物。这种冠一般是不登大雅之堂的，更不能戴着它行礼。

据《周礼》等书记载，周代妇女跟随丈夫参加祭祀，虽然也

隋文帝萧皇后凤冠

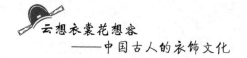
用首服，但这种首服不是冠饰，而是假髻。在假髻之上，再插一些首饰。秦汉时期仍沿袭这一遗俗。

汉代以后，以凤凰饰首的风气在贵族妇女中日益多见。在妇女首饰中，不仅有凤凰形簪、凤凰形钗，而且还有凤凰形冠。

晋代王嘉《拾遗记》中就记有石季伦"使翔凤调玉以付工人，为倒龙之佩，为凤冠之钗"的情况。这是现存史料中关于"凤冠"的较早记载。

正式将凤冠定为礼服，并将其收入"冠服制度"，是从宋代才开始的。《宋史·舆服志》记载：北宋后妃在受册封、朝谒景灵宫等隆重场合，头上都戴着凤冠等妆饰。

南宋时，朝廷又对凤冠作了改制，除原来的凤晕花饰外，还增添了龙的形象，名谓"龙凤花钗冠"。戴这种凤冠的贵妇形象，在传世绘画《历代帝后像》中可以看到。

元代后妃及命妇行礼，通常不戴凤冠，而是戴一种颇有时代特色的顾姑冠。在这个时期的史书中，常常可看到"罟罟""箍箍""姑姑""固姑"等名称，所指的都是这种冠饰。因为从蒙语音译而来，所以有各种不同的写法。

顾姑冠的造型非常奇特：一般采用桦树皮围合缝制，成长筒形，冠高约一尺，顶部为四边形，上面包裹着五颜六色的

宋光宗皇后坐像

绸缎，缀有各种宝石、琥珀、串珠、玉片及孔雀羽毛、野鸡尾毛等装饰物，制作精美，绚丽多姿。

这种冠饰的出现，可能与蒙古族传统的生活习俗有关，因为蒙古为游牧民族，居无常所，平时离不开乘骑，骑马行走在荒芜的塞外，冠体越高，就越容易辨认。后来入主中原，统治了中国，贵族妇女再也不要随夫奔波了，但仍将这种

冠饰用作礼冠。不过冠体太高，也常常给戴冠者带来麻烦，使得她们在乘舆外出或出入门楣时，不得不将顶饰拔下。即便如此，还要时常注意蹲身垂首。元亡之后，这种冠饰也就随之而消亡。

明代从元人手中夺得政权后，对恢复汉族传统礼仪特别重视。明初建国，就规定皇后在册封、谒庙及重大朝会时必须戴凤冠。

明代凤冠形制比宋代复杂。如洪武三年（1370 年）定制；皇后凤冠，圆框之外饰以翡翠。上饰 9 龙 4 凤，另加大小花各 12 枝，冠的两旁缀两

元朝皇后戴冠像

扇云形片饰，称"二博鬓"，用 12 花钿。永乐三年（1405 年）又规定：冠用涂过漆的竹丝为圆框，外帽翡翠用翠龙 9 条，金凤 4 只，中间一龙口衔一颗大珠，其余之龙口衔珠滴，冠上另加有翠云 40 片，大珠花 12 枝，每枝上饰牡丹花两朵，小花也用 12 枝，两旁另附有"三博鬓"。

这些凤冠的形象，在《历代帝后像》中都有比较具体的描绘。

明代妃嫔跟随皇帝参加祭祀或朝会，和皇后一样，也戴凤冠。不过凤冠上的装饰物有所不同，主要的区别是不用金龙，而用 9 只鸟代替，以示等差。

根据明代制度规定，除皇后、嫔妃可以戴凤冠外，其他人一般不准私戴。内外命妇的礼冠，形状虽然和凤冠相似，但冠上不得用凤凰，只能用金翟。

但实际情况并非如此。一些达官贵戚为了炫耀自己的富有，常常为自己的母亲和妻妾置办各种各样的凤冠。嘉靖朝权贵严嵩，家中就有十多顶凤冠，凤冠上的装饰并不比后妃逊色。除此之外，他的子女也加以效尤。在严嵩被革职之后，从他的儿子严世蕃府邸中，就查抄出珍珠五凤冠 6 顶，共重 93 两；珍珠三凤冠 7 顶，

共重 53.1 两。

明亡之后，中国的传统服制尽数被废，但以凤冠装饰妇女首服的做法却得到了保存。清代后妃参加庆典，都戴一种折槛软帽，帽上覆有红色丝纬。在丝纬的四周，即缀有 7 只金凤；另在帽子正中，还叠压着 3 只金凤，每只金凤的顶部，各饰一颗珍珠。清代称这种首服为"朝冠"，事实上这也是一种凤冠。

休抛手网惊龙睡：古代头巾

古代女子年届 15 岁，例应举行"笄礼"，以示成人。男子成年礼比此略晚，大多在 20 岁时举行。到时也要举行个仪式，名谓"冠礼"。

冠礼通常在宗庙举行。具体日期由其父亲占卜决定，同时决定主持加冠仪式的来宾。

行礼之日，宾客族人入庙就座之后，请出冠礼的男子，便开始行礼。

从商周开始，长期以来，这个仪式是不分尊卑都要经历的。我们读《二十四史》帝王本纪，常常看到"加元服"之说，这里的"加元服"就是指帝王的加冠之礼。

行过冠礼之后，男子的首服就不一样了。据《周礼》规定：士以上的尊者可以戴冠；普通庶民裹一块头巾。直到汉代依然如此。如《释名·释首饰》所记："巾，谨也。二十成人，士冠，庶人巾。"

因为头巾只用于庶民，所以就有用头巾来称呼庶民的情况。例如，春秋战国时期，一般士兵都用青布包裹头发，于是，普通士兵直接被称为"苍头"。这些士兵出身低微，后来，统治阶级索性以"苍头"称呼百姓。

除此之外，也有将百姓称为"黔首"的，黔为黑色，"黔首"就是指黑色头巾。

由此可见，头巾是社会地位低下的标志。但这一现象到了东汉末期有所松动。

东汉末，各种战乱接踵而至，将军武士平时胄甲难以离身，稍有闲暇，便想松弛一下。和冠帽相比，头巾在首服中是最轻便不过的了。而武士在戴盔帽之前，本来就衬以布帛，所以到时只要将盔帽一除即可，不必另用首服。

一些统治者出于个人隐私而加以提倡，也是引起头巾"身价"提高的原因。据说汉元帝因为自己的额发长得非常厚，怕被别人看见指指点点，所以即便用头巾覆首。又如王莽，是个秃顶，为了掩盖自己的缺陷，所以即便戴冠，也要在冠下扎一块头巾。俗话说："上之所好，下必甚焉"，时间一久，就蔚为风气。

另外，受老庄学说影响的玄学，在当时上层人物心目中占一定地位，人们对传统仪俗礼法的重视程度大不如前，往往将戴冠看成是累赘，以扎巾为轻便。

由于这些错综复杂的原因，使头巾这种庶民首服一变而成为上流社会的"流行服饰"。

魏晋南北朝时，戴头巾的男子仍然不少，尤其在读书人中更为时兴。头巾不仅用于家居，也用于礼见，甚至还可代替盔帽。

纶巾是一种用较粗的丝带编织而成的头巾，这种头巾质地厚实，较适合保暖。在魏晋南北朝时，不仅用于男子，同时也用于妇女。

纶巾多用于秋冬。在春夏之季，一般多用缣巾、葛巾。缣巾是以细密的丝绢制成的头巾，质地柔软、轻薄，戴在头上有飘逸感。葛巾则是以葛藤为原料加工而成的头巾，质地硬挺，透气性好。

相传东晋名士陶渊明隐居山林，平常就一直裹一顶葛巾。有时还以这种头巾来滤酒，用后仍然裹在头上，反映出当时文人落拓不羁、豪爽奔放的生活习性。后代诗人对此常有吟唱，并称之为"漉酒巾"。如唐颜真卿《咏陶渊明》诗："手持《山海经》，头戴漉酒巾。"牟融《题孙君山亭》诗："闲来欲着登山屐，醉里还披漉酒巾。"

最初的头巾往往是一块方帕，用时随意系裹。后来觉得每天系裹有所不便，于是干脆将其缝缀，形如帽子，只要往头上一套即可，省去了临时系裹的麻烦；而且还可以根据需要，将头巾折叠制成各种形状。

角巾就属于这种形制。所谓角巾，就是有棱角的头巾，叠制时将头巾折出角来。这种巾式出现于东汉。

北周时，人们又将宽窄相同的方形头巾裁出四脚，裹发后两脚系缚在头顶，另外两脚则垂于脑后，名谓"幞头"。幞头是隋唐时男子的主要首服。一直到宋代，

东坡巾

仍然沿用不衰，并发展成一种官帽，上自帝王，下至百官，除了祭祀，礼见翰会均可戴此。

由于幞头成了官服，所以宋元时期的士庶阶层无人问津。这个时期的文人雅士，又崇尚起系裹头巾的旧习。

宋元时期的头巾形制变化很大，名目繁多。有的根据款式定名，如圆顶巾、方顶巾、琴顶巾等；有的以质料定名，如纱巾、绸巾等；有的则以人名命名，如东坡巾、程子巾、山顶巾等。各种身份不同的人物，往往采用不同的头巾。一个人走在街上，人们只要看一看他的头巾，就可知道他大致从事何种职业。如宋人吴自牧《梦粱录》记载："士农工商、诸行百户农巾装着，皆有等差……街市买卖人，各有服色头巾，各可辨认是何名目人。"

这种风习到了明代有增无减。明代男子对头巾的崇尚程度，超过了以往任何时代。在这 200 多年间，先后出现的头巾款式，不下三四十种。

网巾是明代男子用于束发的一种网罩，不分尊卑贵贱，均可用之。通常以黑色丝绳、马尾或棕丝等编成，平时家居可露在外面；有的官员外出，则在网巾上加戴官帽。

在明代头巾历史上，网巾使用的时间最长，从明初一直用到明亡。清兵入关后，因为强迫汉族男子剃发蓄辫，这种首服才被废弃。

但仍有热衷于此者。据清代笔记记载，清兵攻下江南之后，有明代遗民携两个仆从，因不肯改变明式服装，被逮捕入狱，随即被狱吏褫去网巾衣冠。主人愤怒地对仆从说："衣冠者，历代各有定制。至网巾，则我太祖高皇帝创为之也。

今吾曹国破即死，岂不忘祖制乎？汝
曹取笔墨来，为我画网巾额上。"于
是三人相互对画，天天如此，直到
被杀。

方巾是明代读书人所戴的一种头
巾，实际上是一种被缝制成四方形的
便帽，有官员平时在家也喜戴之。其
制以黑色纱罗制成，可以折叠，展开
时四角皆方，故名"方巾"，也有称
四角方巾、四方平定巾的。

入清以后，由于发型的改变，戴
巾者极少。近代男子剪除了辫子，皆
作短发，也不用头巾。头巾这种首服
便逐渐销声匿迹。

戴方巾的明代人物画像

 最宜头上带宫花：古代幞头

幞头是汉魏时流行的方形巾帕中演变出来的一种首服。

幞头本来也是头巾，北周时武帝宇文邕觉得以方帕裹头不太容易系结，所以
特地在方帕上裁出四脚，并将四脚接长，形成阔带。裹发时将巾帕覆盖在头顶，
后面两脚朝前包抄，自上而下，于额上系结；前面两脚则包过前额，绕至脑后，
缚结下垂。

经过这么一番改制，在系裹时就方便得多了，裹在头上也不易散开，所以很
快在军旅及民间流行起来。

到了隋代大业十年（614年），吏部尚书牛弘向朝廷提出，幞头的质地过于

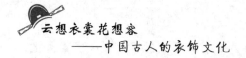

柔软，裹在头上不太美观，建议在幞头的里面增加一个衬垫物，使用时扣覆在髻上，再用巾帕系裹，这样可使裹幞头在外观上显得硬挺一些。

牛弘的这个建议，虽然得到了朝廷的批准，但似乎没有迅速普及。一直到隋唐交替时期，使用的人才渐渐多了起来。

唐高祖武德以后，人们系裹幞头，都在巾帕里面加上一个衬物。这个衬物名叫"巾子"，但和汉魏时单指头巾的"巾子"不是一回事。

制作巾子的材料有多种，有的用桐木削制，有的用竹篾编织。考虑到蒙在外面的巾帕有时质地比较疏朗，所以巾子的表面常被漆成黑色。不同的巾子形状，决定了不同的幞头造型，这一特点在唐代反映得尤为突出。

唐阎立本《步辇图》中戴巾子的官吏

首先流行的是"平头小样"。这种巾子一般呈扁平状，顶部平齐，没有明显的分瓣，在唐高祖、太宗、高宗三朝，人们所用的巾子，基本上都作这种样式。初唐画家阎立本所绘的《步辇图》中，就有用这种巾子的官吏形象。

其次是"武家诸王样"。它的样式比平头小样要高，顶部出现明显的分瓣，中间部分则呈凹势。因为是武则天创制，后赏赐给诸王近臣的，所以被称为"武家诸王样"，或称"武氏内样"。后来流传到民间，成为一种时兴的巾式。

取代"武家诸王样"的是"英王踣样"。这种巾子产生于景龙四年（710年），它比武家诸王样更高，头部微尖，左右分成两瓣，并明显地朝前倾跌——"踣"字即指"倾跌"的意思。

除英王踣样外，在当时还出现过"魏王踣""陆颂踣"等名目，都属相同类型的巾子。开元以后，人们嫌这种前倾的巾子不太吉利，潜伏着"倾覆""倾跌"

的凶兆，所以纷纷加以遗弃。

这种巾子被淘汰以后，社会上又流行起一种"官样"巾子。这种巾子出现在开元十九年（731年）。其样式比"英王踣样"还高，左右分瓣明显，并形成两个圆球，但没有明显的前倾之势。因为最初系唐玄宗亲赐给供奉官及诸司长官所戴，故名，也有称"内样"或"开元内样"的。

在很长时期内，巾子一直被做成硬质，这是由制作巾子的材料所决定的。为了将幞头包裹成各种形状，巾子通常以木料、竹篾等材料为之。当然也有例外，在武则天时，就出现过一种软质巾子，填充的是丝葛一类织物。

在晚唐以前，尽管巾子样式有所不同，但幞头的裹法基本一致，都是将巾帕裁出四脚，蒙覆于首，二脚折上，系结头顶；二脚绕后，缚结下垂。这种幞头俗谓"软裹"。

有人嫌这种裹法不够服帖，在系裹前特地将巾帕放在水中浸湿一下，乘湿包裹在头上，干了后就显得非常精神。据说创造出这种裹法的是唐代兵部尚书严武，这种方法俗谓"水裹"。

晚唐以后，又出现了"硬裹"之制。所谓硬裹，就是用木料做成一个头箍，然后将巾帕包裹在头箍上，使用时只要往头上一套，不需要再临时系裹。

进入五代，幞头又有很多变异。最大的变化是用漆纱代替原来的巾帕，俗称"漆纱幞头"，是在硬裹幞头的基础上形成的。

起初，人们用藤葛等材料制成内胎，再蒙上纱罗，并在纱罗上涂上一层厚漆，使用时连内胎一起戴在头上。后来觉得漆纱干后本身已经很坚固，没有必要衬以内胎，干脆就省去了藤里。

幞头通常被做成方形，顶部分为

幞头

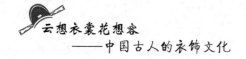

两层，前低后高，低者紧贴于额顶；高者内空，纯用于装饰。这种幞头实际上已成了一顶帽子。

由于幞头改用漆纱制成，且成了帽子，前后四脚也随之发生了很大变化。首先是废弃了原来附在额上的两脚。接着又对脑后的两脚进行了改制，以铁丝、竹篾等硬质材料为骨架，制成左右两个"硬脚"，外蒙漆纱。这种硬脚的出现，为宋代以后幞头的发展奠定了基础。

宋代以后的幞头变化，主要就反映在这硬脚上。由于硬脚内衬有铁丝、竹篾等材料，所以可弯制成各种形状。

在宋元时期，曾出现过各种造型的幞头之脚，比较典型的有直脚幞头、曲脚幞头、交脚幞头、高脚幞头等。

明代官帽也取式于幞头，其制以铁丝编成框架，外蒙乌纱，造型为圆顶式，也分上下二阶，左右各插一个帽翅——帽翅的前身就是硬脚。在明代，这种帽子被称为"圆帽"，民间则称其为"乌纱帽"。因为这种帽子专用官吏，所以后来就引申为"官职"的代称，取得了官位，叫"戴上了乌纱帽"；革职罢官；则叫"丢了乌纱帽"。

 恍若轻霜抹玉栏：古代抹额

头巾在古代不仅用于男子，也用于妇女。在男子崇尚纶巾的年代，妇女也喜欢用纶巾裹发。《邺中记》中就载有石虎皇后出行，"以女伎一千人为卤簿，皆着紫纶巾"的情况。

《梁书》中也记有一个故事，说的是有个姓贺的男子，少年有志，出外游学积年不归，身边所带的盘缠全部用尽，在隆冬时还穿着单薄的夹衣，走在街上瑟瑟发抖。一日在白马寺，碰到一位容服甚佳的妇人，见他被冻成这个样子，连忙招呼他进入寺内，将自己所裹的白色纶巾解下，给他包在头上御挡风寒。

[唐]周昉《调琴品茗图》(局部)

从这个故事中可以看出，在魏晋南北朝时，妇女和男子一样，也用纶巾束发，且可用于御寒。妇人将纶巾赠送给男子包裹在头部，说明当时男女的头巾形制相同，没有什么差别。

到了唐代，妇女喜用花帛缠头。唐人《调琴品茗图》中即绘有头裹花头巾的妇女，这种头巾可以用花罗裁制，也可用缬帛做成，更多的妇女则喜用彩锦为之。尤其是歌舞艺伎，表演时常常头裹锦帕，当时还流行过这么一种风俗：在歌舞表演结束时，观众不给金银财物而赠送一段罗绡锦帛，以表答谢。杜甫《即事》诗中就有"笑时花近眼，舞罢锦缠头"的描写。白居易《琵琶引》诗："五陵少年争缠头，一曲红绡不知数。"说的也是这种情况。

男子盛行裹幞头，妇女也往往加以仿效，尤其是宫廷妇女。如唐高宗之女太平公主，就裹着皂罗幞头，穿着男式的紫衫，在高宗面前歌舞撒娇。

唐代画家张萱所绘的《虢国夫人游春图》中，也有裹幞头的宫女形象。从图像上看，幞头的质料十分疏朗，显然是用一种特殊的材料——蝉翼罗制

[唐]张萱《虢国夫人游春图》(局部)

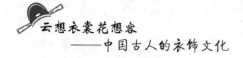

成。这种罗织物轻薄透明，孔眼稀疏，专用于制作头巾。因蒙覆在额上能显示出皮肤的肌理，所以也称"透额罗"。

在唐代，"透额罗"以江南地区所产者最负盛名。唐诗中对此就有描绘，如元稹《赠刘采春》诗："新妆巧样画双娥，慢裹常州透额罗。"

进入宋代以后，因为幞头成了官帽，所以很少再见妇女使用，但扎巾的习俗依旧在妇女中流行不衰。

宋元妇女所用的头巾，除了将整个头部严严实实裹住之外，还有将头巾裁剪成长条围勒在额间的。

这种头巾名叫"抹额"。

抹额本来是军队和仪卫用的一种装束，不同色彩的抹额，可区分不同的部队。宋人孟元老《东京梦华录》及吴自牧《梦粱录》记载两宋仪卫护驾出行，也常常头系抹额。

妇女所用的抹额与此有所不同，她们是将布条直接系扎于额上的，一般不再另用首服。也许是因为在额间扎着这么一道布条可以防止鬓发的松散和垂落，所以士庶妇女采用较多。

到了明清时期，抹额的形制也发生了变化，除了用布条围勒于额外，还出现了多种形式：有的用织锦裁为三角之状，紧扎于额；有的用纱罗制成窄巾，虚掩在眉额之间；有的则用彩色丝带贯以珍珠，悬挂在额部。使用者也不限于士庶妇女，尊卑主仆皆可用之。

一些富贵之家的妇女，也有用兽皮制成暖额的，比较常用的兽皮有水獭、狐狸、貂鼠等，尤以貂狐之皮最为时尚。

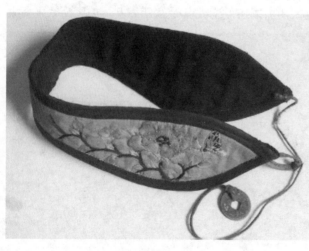

抹额

明人董含《三冈识略》中记载："仕宦家或辫发螺髻，珠宝错落，乌靴秃秃，貂皮抹额，闺阁风流不堪遇目，而彼自以为逢时之制也。"

这种毛茸茸的兽皮暖额围在额上，犹如兔子蹲伏，因此，人们将这种暖额形象地称为"卧兔"。这些暖额的具体形象，在明清时期的人物画中有不少描绘。

制作抹额的材料，除了兽皮、布帛和丝绳之外，还有用金银珠宝为之者。具体制法很多，简单的用珍珠穿组而成，或以纱绢为地，上缀珍珠；考究者则用金银丝编织成网络，在上镶嵌珍珠宝饰。

第四章

芒鞋踏遍陇头云：古代鞋履文化

从文化史的角度来说，鞋履是人类服饰文化的重要组成部分，在古代被泛称为"足衣"。鞋履不仅是人类最需要的寸步不离的日用物，也是人类最亲密的朋友，它帮助人们克服困难，战胜自然；同时对推动服饰改革、发展，也发挥了重要作用，立下了汗马功劳。

从新疆楼兰出土的羊皮女靴、长沙楚墓出土的皮屦、汉代的青丝岐头履、东晋的彩丝织成履、唐代的变体宝相花云头锦鞋、辽代陈国公主的鸾凤祥云鎏金银靴，还有东汉末年新疆尼雅遗址出土的钩花鞋和红地晕缃缂花靴、良渚文化出土的原始木屐等，都是我国鞋履文化史上最著名的成就，在世界上也都是首屈一指的。

应怜屐齿印苍苔：**古代鞋制的演变**

古代的鞋有屦、履、舄、屝、屐、鞮等名称，鞋、履二字都出现得较晚。

履即屦，分别用草、麻、皮制成，战国以前，"皆言屦，不言履"。直到战国之后，屦才通称为履。鞋字出现得更晚些，最早见于南朝梁顾野王的《玉篇》，是鞮的异体字。

周代时，随着国家政体与服饰制度的建立，人们的衣饰不但逐步规范化，而且正式纳入礼仪的范畴。周朝廷就专门设有名为"屦人"的官职，他的职责就是掌理国王和王后各种衣服颜色所应搭配穿的鞋子，制作赤舄、黑舄、素屦、葛屦以及舄屦上的装饰，辨别外内命妇的命屦、功屦、散屦；凡四时的祭祀，各按照尊卑等级穿着礼仪规定穿的鞋子。

舄为双底鞋，以革为底，以木为重底，类似于今天的胶底鞋，可以走湿泥地而不透水。不过，鞋面多用绸缎制成。诸履之中，舄是最为尊贵的，它是专用于同朝服、祭服相配的。

周天子的舄分三种颜色：白、黑、赤。赤舄最为尊贵，因为"赤者盛阳之色，表阳明之义"。皇后的舄也有三种颜色：赤、青、元。其中以元色最为尊贵，因为"元者正阴之色，表幽音之义"。所以，在礼节最隆重的场合，天子穿赤舄，皇后穿元舄。

依此类推，什么时候，什么场合，什么人，应该穿什么鞋，均有一整套严格的规矩。

到了汉朝，规定大臣必须脱下鞋袜赤脚入朝上殿。但汉高祖刘邦给予丞相萧何的一个特殊待遇就是"特命剑履上殿"。也就是说，辅佐刘邦打下天下的萧何被皇帝特许为可以佩剑穿鞋上殿朝见。这样看来，其他大臣上殿是必须解剑脱鞋以示敬意。

汉末魏国的曹操也曾下令，进祠上殿都必须脱鞋。

这在相当长的一段历史时期内成为人们的习惯礼节。尤其是在祭祀先祖、拜

古代高头履

见尊长时必须遵循古礼。一直到了唐代，这一习俗才逐渐改变，除祭祀活动外，大臣朝会上殿可以穿鞋了。

古人对鞋履的重视程度远在今人之上。秦代以前就有装饰鞋履之风尚，在皇室贵族那里甚至达到了十分奢侈的地步。

历代穿丝鞋的都是有钱人，朝廷甚至专门设有"丝鞋局"这样的机构，供应皇室贵族的丝鞋。

魏晋南北朝时，贵族所穿鞋子在质料上十分讲究，有"丝履""锦履"和"皮履"。另外，还有一种贵族妇人所穿的"尘香履"，以薄玉花为装饰，鞋内放有龙脑等香料，故称"尘香"。

唐代文德皇后的一双鞋竟以丹羽织成，前后金叶裁云为饰，并缀有珠玉。

相比之下，平民百姓的鞋就多为麻鞋和草鞋。由于生活贫困，一些穷人甚至赤足，因为已经穷得无鞋可穿。

即使有鞋可穿，也必须遵循朝廷规定。比如魏晋时曾有规定：士卒百工在鞋的颜色上只能限于绿、青、白三色；奴婢侍从只能限于红、青两色。若有违反，便是犯上，是要查罪法办的。

古代的木屐，一般是在家闲居时的便鞋，正式场合是不能穿的，否则就会有散漫无礼之嫌。虽然木屐在东汉以后几度时兴，但东汉以前穿木屐者都是贫寒下士，富贵之人是不穿的。隋唐以后，靴子成了朝服，在礼节上较其他鞋子要贵重得多。因为是朝服，等级规定的就更加严格。宋代文武官朝会时均穿黑皮靴，但根据官服的不同颜色来装饰皮靴的边缝衮条。比如穿绿色官服的用绿边，穿绯色官服的用绯色边，穿紫色官服的用紫色边。

明朝开国皇帝朱元璋虽出身于贫苦农民，但当了皇帝后却格外看重等级差别。他曾下令：文武官父兄子弟及女婿可以穿靴，校尉力士在执勤时可穿靴，但出外则不许穿；庶民、商贾、技艺、步军及余丁等，都不许穿靴，只能穿一种有统的皮履。

明代万历年间，还禁止一般人穿锦绮镶鞋。

禽兽之皮作足衣：远古兽皮鞋

远古时期，一开始人们是没有鞋子穿的，都是赤足。慢慢地，一些聪明的人类就学会了用兽皮裹脚来取暖。

用兽皮裹脚是人类鞋靴的原始形态。人们以天然兽皮为原料，用锋利的石器切割后，然后沿着不规则的兽皮边沿，再挖一些小孔，用狭小皮条或绳索穿过小孔。穿用时将脚踩在兽皮上，拉紧皮条或绳索，收拢皮子裹住脚，不致脱落，起到保护双脚不受冻伤和刺伤的作用。这就是人类最原始的鞋。

在"食其肉而用其皮"的远古时期，剥取的兽皮成为古人类保护双足随手可取的鞋材。韩非子在《韩非子·五蠹篇》考证，古人的原始鞋履即为"妇女不织，禽兽之皮足衣也"。其意思是，在人类还没有发明纺纱织布前，野兽动物的皮革就是人类采用最早的鞋材。

我国古人类皮革制鞋行为大致可以分为三个阶段。

第一阶段：茹毛饮血时期。这是人类处在智力低下期，仅能使用极其简单的石制砍削工具维持生命，皮革在粗糙地砍削下形成边缘不规整的块状物，然后包裹住双足，再用砍制的小皮条将切割成块状的兽皮包扎在脚上，实际上是一种"原皮"鞋。

这便是最早的足衣，距离今天已有百万年以上历史。因皮革用于裹脚，亦有"裹脚皮"之称。它是人类最古老的始祖鞋，也是今天鞋子的原始形态。

第二阶段：北京人时期。这是在人类智力发达后，发明了骨针的历史转折时期。距今 2500 年前的北京山顶洞人智力发达，已经有能力制造精细缝纫工具——

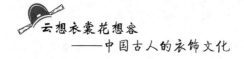
骨针。

这种划时代的创造首先改进了"裹脚""束脚"的鞋型。古代先人在掌握缝制兽皮的专用工具后,把"束脚皮"上束收的褶皱部分用骨针缝制成固定的鞋脸,后跟部分也用针线钉牢。

这种"束脚皮"式的皮鞋逐步演变成一双定型的鞋面褶皱的"皮鞋",其缝线则是把动物韧带劈开的筋条,这样缝制的"皮鞋"更能适应恶劣环境。

为提升鞋面的保暖功能,先人们在鞋面上又缝制一块皮革,从而制成了皮鞋史中最重要的过渡鞋型——"褶脸鞋"。底帮不分的"褶脸鞋"是先把兽皮按脚的形状与大小裁切,然后用骨针按脚形缝合兽皮。比如在新疆塔里木盆地南缘,扎洪鲁克古墓中发掘出的2900年前的褶脸鞋,缝合的鞋面褶皱表明当时的缝制工艺已达到相当水平。

褶脸鞋

第三阶段:新石器时期。这是人类已进化到磨研精巧石制工具的时期,距今5000年左右。在长期的生产实践中,先人们认识到皮鞋的底与面在使用中的功能不同且磨损也不同。他们对底帮不分的原始皮鞋进行改革,选柔软的皮用于鞋面,挑选耐磨的硬革用于鞋底,再用缝缂技术制造出底帮分部的皮鞋。这就是今天皮鞋的雏形。

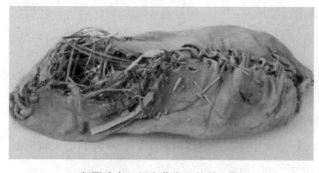

新疆哈密五堡古墓出土的羊皮鞋

2003年,在我国新疆哈密五堡古墓出土了一具3200年前穿着完整皮靴的男性干尸,足上穿着一双底帮合缂的羊皮鞋,而且鞋面是分割的,这种镶拼技术更加接近现代皮鞋工艺。在新疆吐鲁番也发掘出一双同时代的皮靴，这双鞋的靴底、鞋帮和靴筒是用三块不同的皮料缝合，愈加体现出古人的制鞋镶拼技巧与工艺。

通过上面三个原始阶段的发展，我国的皮鞋工艺到了奴隶制社会已初步定型。

中国历代史书中记载了大量的皮鞋史料，特别是在中华民族大融合、文化大交流的历史时期，皮鞋业糅合了各族人民的制鞋经验，得到了快速发展。

踏断枯木岩前路：古代草鞋

考古发现，中国人利用植物的枝叶、根茎为原料编织穿戴用品至今已有7000多年的历史。

1972年中日两国考古学家在苏州东部阳澄湖南岸的草鞋山发掘到大量的人类新石器时期的遗物，证实太湖流域早在6000年前先人们就已栽培种植水稻，而水稻秆芯则为编织草鞋提供了优良的材料。同时在草鞋山还出土了一双精美的玉雕草鞋，证明我国草编鞋至少已有了6000多年的历史。

当人类从简单的兽皮裹脚发展为编织草鞋时，标志着人类智力从低级向高级演化的又一次飞跃，草编鞋便是古代先民运用智慧向大自然挑战的伟大创举。

中国大地上植被中最普遍的资源便是草本植物，先人们在与大自然的搏斗中，充分应用遍地草茎创造出粗犷的草鞋文化，大大推进了文明的进程。

草类植物环境适应性强，而且草鞋制作简便，因此古人穿用草鞋的地区几乎

草鞋

遍及全国各地。从史料记载来看，草编鞋几乎成为我国大部分民族的传统民族鞋饰。

汉族的草鞋大都使用稻草或龙须草。用干稻草编织的俗称"秆草鞋"。民间一般在七齿耙或九齿耙上编制，用麻绳为"经"、草索为"纬"，编成"脚底形"；前头两边及后边编织出六只鞋耳扣，用草绳或布索贯穿鞋耳系在脚面，既牢固又实用。

目前发现实物最早的是湖北江陵凤凰山西汉墓出土的一双麻鞋。

蒲草是一种水生植物，广泛分布于河岸沼泽地带。因为蒲草的叶片具有韧性，所以很适合作为编制材料，比如鞋、凉席

凤凰山汉墓出土的麻鞋

和竹篮、竹筐等。从考古发现来看，早在1000多年前古人就已经用蒲草编织。

在新疆吐鲁番三堡乡的茫茫戈壁沙丘上，有一处晋唐时期的古墓群，即阿斯塔那古墓群，墓中出土了一双迄今为止最早的蒲草鞋。

阿斯塔那古墓出土的蒲草鞋

这件蒲草鞋看样式为女鞋，长约26厘米，宽约6厘米，鞋头微微翘起，就像一只小船；鞋正面为镂空状，还带有整齐的鞋带，不过鞋底脚后跟都已经磨烂了。

考古专家们表示，根据墓葬中的文书记

载，这件蒲草鞋为唐代武周时期的遗物，距今已有1300多年的历史，还能完好地保存至今也实属不易。

据《本草纲目》记载："粳米补中益气，为祛暑湿之剂，其茎燥湿利气治脚气也。"是说用粳稻米之秆芯制作草鞋还有"燥湿利气治脚气"的医疗保健功效。

生活在祖国东北地区的朝鲜族是穿草鞋历史悠久的民族。早在汉代，朝鲜族先人已穿着"布袍草履"。朝鲜族穷人大多赤脚，他们视草鞋为"有钱人"的享受。其草鞋编织多样化，有的犹如船形，有的形如满帮的布鞋。

世居广西罗城的仫佬人，男女老少都会编织草鞋。罗城草鞋种类繁多，有九层皮草鞋、牛筋椰草鞋、龙须草草鞋、竹壳草鞋、烂皮藤草鞋、黄麻草鞋、禾秆芯草鞋等。其中，竹麻草编鞋最有名。仫佬族多居住在路湿苔滑、石壁陡峭的山区，竹壳草鞋易打滑，禾秆芯草鞋松脆，都不适应山区崎岖之路，而竹麻草鞋既有韧性又防滑，所以最为实用。

贵州黄平的苗族人自古有用草鞋来占卜女儿婚姻大事的习俗。姑娘出嫁前几天，她们选出一把又长又白的糯米草，请寨里那些父母健在、儿女满堂的人打双"出嫁草鞋"，出嫁时穿着草鞋去夫家，三天后回门仍穿这双草鞋回娘家。穿草鞋出嫁，一方面是防滑，以免把女儿的魂魄滑掉；另一方面为测命，穿草鞋往返走一趟后，脱下来看鞋底、鞋尖、鞋中和鞋跟哪一段先被磨烂，哪一段坚实无损，就可以卜兆她各个人生阶段的祸福。

瑶族穿用的四耳草鞋精细美观。爱美的瑶族妇女把彩色绳索同时编进草鞋，既增加草鞋耐磨度又能翻新花样。

侗族一般喜穿无后跟的草鞋。侗族妇女在结编草鞋时掺入各色丝线，组成绚丽的彩条装饰，既强化了易损部分，又体现了民族审美情趣。

无后跟草鞋

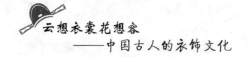
在闽南侨乡，称侨居海外番邦的乡亲为"番客"，过去当地为"番客"接风洗尘必须履行"脱草鞋"的村规乡俗。所谓"脱草鞋"，是让在海外穿草鞋艰苦谋生的"番客"归来后脱去草鞋歇一下脚，后来演变成对归侨接风的一种礼仪。

至今晋江地区还流传着这样一首《草鞋歌》：

我在番邦跳脚筒，不是坐店开米行，

为着家中日子红，草鞋穿破几十双。

"跳脚筒"就是当跳夫、车夫，卖苦力，何止穿破几十双草鞋！归国时，乡亲们为答谢他们对家乡的贡献，让他们象征性地"脱草鞋"洗尘歇息。"脱草鞋"礼俗真实记载了早期海外华侨的奋斗史。

 从头鞋子红编细：古代布鞋

布鞋，就是以纺织品为鞋料制造的鞋饰。

我国的纺织品从历史渊源来分，包括了葛布、麻布、绸布与棉布；相应地，我国的布鞋家族计有葛布鞋、麻布鞋、丝绸鞋与棉布鞋。可见布鞋的起源和发展是随着中华民族的物质文化与社会经济的发展而同步成长的。

我国最早的布鞋可追溯到人类新石器时代，而最早的关于布鞋的文字是在至今2500年前的《诗经·魏风》："纠纠葛屦，可以履霜；掺掺女手，可以缝裳。"

我国最早记载有图形的布鞋是"舄"，始于商周，是一种以葛布为鞋面、以木为底的鞋子。"舄"通常用于祭祀、朝会，男女均可穿着，所用颜色略有差别，大抵与冠服相配，为王（后）及诸侯所穿。南北朝曾改"舄"为双层皮底，至隋恢复其旧，唐、宋、元、明历代因袭。至清，祭祀用靴，"舄"制遂废。

至今出土的布鞋文物是在山西侯马出土的西周武士跪像所穿的布鞋。

古代后期的布鞋，主要都是传统的手工、绣花布鞋等。由于是手工纳底，具有柔软舒适、透气吸湿的特性，深受中国百姓喜爱。

在布鞋家族中的佼佼者当属丝绸布鞋。丝绸布鞋汇集了中华民族最优秀的丝绸文化和最灿烂的刺绣文化，因此文人常以绣花鞋来表达中国情结。

布鞋技术与刺绣艺术完美结合的中国绣花鞋是中华民族独创的鞋饰，历代都把绣花鞋作为本民族民风习俗的载体从而体现百姓的情感世界。

到了明清时期，绣花鞋在工艺、图案和造型等各方面都已达到顶峰，这种根植于民族文化中的生活实用品被世人誉称"中国鞋"。

在男耕女织的社会经济结构中，绣花鞋成了历朝各代考核女子心灵手巧的标志物。

绣花鞋的刺绣修饰手法沿袭了东方"装饰唯美"的审美风尚，注重鞋面的章法和鞋帮的铺陈，配以鞋口、千层底的工艺饰条，在鞋头到鞋跟的部位绣上繁缛华丽的纹样。

绣花鞋绣纹主题来源于生活，主旋律是民间文化和

绣花鞋

民俗风情，基本图案有花鸟鱼虫、器物用品、瓜蔬果实等；吉祥图案有连生贵子、喜鹊登梅、双福捧寿等，寓意着生命的赞歌和美满的人生。

中华布鞋文化除了注重鞋体的款式、纹样、色彩外，布鞋鞋底亦是一块举"足"轻重的艺术修饰部位。

布鞋鞋底的艺术修饰分两个层面，一层是鞋底与足掌紧贴的内底面，另一层是鞋底与地面接触的外底面。

内底面艺术体现在两种装饰工艺上，一是直接在内底面上描纹绣花；二是把装饰功夫下在鞋垫上。

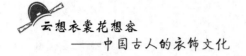

使用鞋垫既扩展了内底面的修饰效果，又起到了内鞋底的保洁作用。由于内鞋底的修饰费工费时又不宜保持卫生，则鞋垫基本上替代了内底面的艺术修饰功能。经代代承袭，民间鞋垫艺术日臻完善，成为中华鞋艺术中的重要组成部分。

淡黄弓样鞋儿小："三寸金莲"绣花鞋

除了按照历朝服饰制度所变化出来的种种关于如何穿各种鞋子的规定外，中国女子因缠足所带来的女鞋畸变也值得带上一笔。

在中国史学界一般公认，三寸金莲始于五代南唐时期（937—975 年）。当时南唐李后主喜爱音乐和美色，他令宫嫔窅娘用帛缠足，使脚缠小弯曲如新月状及弓形，并在六尺寸高的金制莲花台上跳舞，飘然如仙子凌波，开创了中国历史上妇女裹足的先例，被称"金莲"。

以后宫内到民间渐渐仿行，并以缠足为美、为贵、为娇。纤小的弓鞋，就是在这种社会风气的促使下出现了。

后蜀毛熙震《浣溪沙》云："碧玉冠轻袅燕钗，捧心无语步香阶，缓移弓底绣罗鞋。"便描述了当年缠足妇女穿弓鞋的形象。

古代金莲鞋

唐朝以前虽也以女子脚小步缓为美，所谓"足下蹑丝履，纤纤作细步"是女子美的风度，但一般只言其脚小，不言其脚弓。经过五代十国时期，宋代时女子缠足逐渐多了起来。《宋史·五行志》说："理宗朝，宫人束脚纤直，名'快上马'。"

宋代著名文人苏轼还特地作了一首《菩萨蛮》的词，描绘小脚：

涂香莫惜莲承步，长愁罗袜凌波去。

只见舞回风，都无行处踪。

偷穿宫样稳，并立双趺困。

纤妙说应难，须从掌上看。

像苏轼这样名流文士的赞赏，不能不对女子缠足起到推波助澜的作用，一种以脚小脚大评价女子美丑的审美风尚逐步形成。

这一风尚自然也影响到鞋子的式样。据《老学庵笔记》载，宋代就出现了名为"错到底"的妇人鞋。这种底尖的鞋子，正好是为缠足的小脚女人而制作的。

三寸金莲跟我国古代妇女裹足的陋习有关。裹足的陋习始于隋，在宋朝广为流传。当时的人们普遍将小脚当成是美的标准，而妇女们则将裹足当成一种美德，不惜忍受剧痛裹起小脚。

人们把裹过的脚称为"莲"，而不同大小的脚是不同等级的"莲"，大于四寸的为铁莲，四寸的为银莲，而三寸则为金莲。"三寸金莲"是当时人们认为妇女最美的小脚。

鉴于三寸金莲对女性进行了重新的塑造，使其成为女性在社会上地位高低和身份上贵贱等级的重要标志。

这些女子一旦有了三寸金莲这个炫耀美丽的资本就可以高攀官府、嫁于富贵、光宗耀祖了。所以在三寸金莲盛行之时，只有裹了脚才能进入温、良、恭、俭、让的上层女流之辈，不裹脚的女人则显得粗蠢无比而不入流。若是纤足女子与大脚女子不期而遇，前

金莲鞋

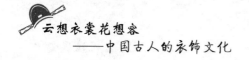

者则趾高气扬，自以为高人一等，而大脚婆娘只有瞧着自己的大脚心里发慌的份了。

当年的民谣唱道："裹小脚，嫁秀才，吃馍馍，就肉菜；裹大脚，嫁瞎子，吃糠馍，就辣子。"正是由于社会上一不评长相，二不评身材，仅评三寸金莲的女子选美标准和民间只见脚不见面、只见鞋不见人的择妻原则，赋予了三寸金莲各种特权和优惠。

在清代，即使满族妇女不缠足，全国妇女的缠足民风也达到了登峰造极的地步。顺治皇帝在下达"有以缠足女子入宫者斩"的禁令后，妇女仍照缠不误。康熙三年（1664年）又下令禁止女子缠足，终因积症难除，只能废除这一禁令。于是旗人女子也开始东施效颦，令缠足之风更盛。

此风俗一直延续到清末民国初，五四运动大力提倡放足，中华人民共和国成立后基本绝迹。

第五章

细草如泥簌蝶裙：古代女子衣饰

从三皇五帝到清朝的几千年间，中华民族凭借自己的智慧，创造了绚丽多彩的服饰文化，其中又以女子服饰最为绚丽多变。

除了华美的服装，女性的佩饰也非常丰富多彩。提及中国的服饰文化，就不能不了解这些多姿多彩的饰物：用作头饰的有簪、钗、步摇；用作耳饰的有玦、珰、耳环等；用作领饰的有串珠、项链、项圈等；用作手饰的有镯、钏、戒指等；用作腰饰的有大带、革带等；用作佩饰的有玉佩、容刀、香球等。

本章我们就一起来了解一下中国女子衣饰演变史吧。

揉蓝衫子杏黄裙：**古代女子服装**

古时候女子的穿着打扮，是随着历史的发展与科技的进步而逐步演变的。

1. 先秦时期

抛开远古的原始时期不论，先秦也就是秦朝以前，包括夏、商、西周到春秋战国那一段时期，人们的穿衣风格，用一个词就可以概括——庄重威严。

夏商时期，人们都是两截穿衣，上面的叫衣，下面的叫裳。上衣交领右衽，小袖窄袖，下摆较长。下身的裳是一种裙子，前后两片布，可以开合，长度到膝盖。衣与裳穿在一起，中间用宽腰带系扎。腰腹前还会悬挂一条过膝长的条形"蔽膝"，足穿翘尖之鞋。

到了西周时期，服装仍然沿用了上衣下裳制，只是上衣的袖子开始慢慢变宽、变长。

[战国] 佚名《龙凤人物图》

春秋战国时期，一种名为"深衣"的新型连体服饰开始流行，其实就是直筒衫子，其袖口、衣襟和底摆等部位都有锦缘装饰，很是美观，整体显得雍容典雅。

2.秦汉魏晋时期

此时已经进入封建主义时期，经过奴隶时期的过渡，服饰的主要作用已经逐渐从抵御寒冷变成了对美的追求。

秦朝女子服饰还十分简约，就是宽袍褉子。进入汉代，女性的服饰可谓是千变万化，形成了华夏民族的传统服饰的始祖——汉服。

当时女性的地位并不高，主要着装有曲裾深衣、襦裙等。

曲裾深衣通身紧窄，长可曳地，下摆一般呈喇叭状，行不露足，显得端庄凝重。衣袖有宽窄两式，袖口大多镶边。衣领部分也比较有特色，通常领口很低，以便露出里衣。这种衣服是当时最常见和盛行的一种女装服饰。

襦裙是上身穿的短衣和下身束的裙子合称，上衣叫作"襦"，长度较短，一般长不过膝；下身则叫"裙"，以素绢四幅连接合并，上窄下宽，腰间还分布有褶裥，裙腰系有绢带。

这个时期的襦裙样式，一般上襦特别短，只到腰间；而裙子很长，下垂至地。后来，襦裙也成了中国妇女服装中最主要的形式之一。

汉代还有一种较有名的裙子，叫作留仙裙。留仙裙就是带褶皱的裙，相传为当年赵飞燕所喜穿，具体款式已不可考。

魏晋女服承袭秦汉服制，一般上身穿襦或衫，下身着裙。

魏晋多风流，这一时期，无论是衣着服饰，还是发型妆容，都给人一种仙女下凡的飘逸美。梁简文帝《小垂手》诗云："且复小垂手，广袖拂红

［东晋］顾恺之《洛神赋图》（摹本局部）

尘。"此时的女服流行衣摆垂袿，有的还在身前系蔽膝，两侧缀数条三角形的长
飘带，显现出天衣飞扬的潇洒和乘风登仙的气韵。

3. 隋唐宋元时期

隋代女子喜爱穿紧窄
贴合的圆领衫或交领短衫，
下着高腰裤拖地板的长连
衣裙。裙子系到胸部以上，
腰上系两条飘带，给人娇
俏可人的感觉。

隋大业年间，宫人流
行穿半臂，即短袖衣套在
长袖衣的外面，这种款式
一直流行到唐朝前中期。

隋代女供养人服饰图

另外，妇女外出时还要头戴幂罗，以遮住面庞。

由隋入唐后，古代服饰发展到全盛时期。雍容华丽的服饰，真正彰显了大唐
的开放性和包容性。

唐代女子服饰色调亮丽，以小袖短襦和高腰掩乳的长裙最为流行。孟浩然《春
情》诗云："坐时衣带萦纤草，行即裙裾扫落梅。"诗中称以女裙之长，可以用裙
摆扫散落在地面的梅花。

中晚唐以后，衣裙越来越宽松，女式大袖衫开始流行起来，高腰裙加大袖衫
是最常见的搭配。

最为风流的裙装叫"石榴裙"。"石榴裙"在南朝时已经出现，上窄底宽，颜
色鲜红，对比强烈，白居易称之为"血色罗裙"；诗人万楚在《五日观妓》中所
记艺伎穿的便是石榴裙："眉黛夺得萱草色，红裙妒杀石榴花。"

杨贵妃爱穿石榴裙，唐玄宗甚至规定，臣僚见到杨贵妃要行跪拜之礼，"拜
倒在石榴裙下"的典故即由此而来。

[唐] 张萱《捣练图》(局部)

相比唐朝的雍容开放，宋代的服饰可以说是洗尽铅华，因受程朱理学思想影响，服装风格呈现出朴素自然、清丽雅致的特点。

款式方面，除了衫、襦、袄裙、长裤之外，宋代还多了一种新款式——褙子。

褙子，也写作"背子"，是一种男女皆穿，尤盛行于女服的服装，在许多宋代绘画中都能见到。褙子多在衣襟、袖口和两腋侧缝处装饰印金缘饰，时称"领抹"，在朴素雅致、含而不露之余，又给人一种风情万种的小家碧玉之美。

除此之外，宋代女裙还有"千褶""百迭"等名目。

千褶裙，为细裥女裙，以五色轻纱为之，周身密打折裥。

百迭裙，裙幅多达六幅、八幅以至十二幅，中施加细裥。宋人吕渭老在词中写道："约腕金条瘦，裙儿细褶如眉皱"，正是对这种裙子的描写。

蒙元一代的服饰，既有蒙汉民族间的文化差异，也有南北地区的造型区别。

袍是元代女子衣服中的主类，袍式多宽大，长可及地，长袖窄口。

元代女子的袍主要有大红织锦、吉贝锦、蒙茸、琐里，这些都是贵重的袍式，妃嫔常穿，色彩以红、黄、茶色、胭脂红、鸡冠紫为主。

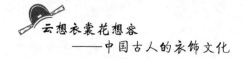

4.明清时期

明代女子服饰，关键有衫、袄、霞帔、褙子、比甲及长裙等。衣服的主要样式基本沿袭唐朝，一般都为右衽，恢复了汉族人的风俗习惯。

明代服饰多了一种新款式——比甲，就是无袖无领的背心，对襟，衣襟镶边，两侧开叉。

明制汉服在女性服饰上又做出了许多改变，也改良出了我们现代人比较熟知和喜欢的一些传统女性服饰，例如马面裙、明制长袄等。

马面裙，又名"马面褶裙"，也是明朝时期女性的传统服饰之一，裙身前后共有四个裙门，两两重合，侧面打裥，中间裙门重合而成了光面。关于裙名"马面"的起源，也是众说纷纭，其中比较可信的说法是说因其形状与城墙上的敌台相似，而在

马面裙

古书《守城录》中，将敌台称为马面，于是才有了马面裙的由来。

马面裙一般上配交领短袄，这是明中后期最主要的服饰穿着，一直流行到清朝。

水田衣也是明朝的一种特色服饰，是用各色零碎布料拼接而成，形似水田。这种衣服最早出现在唐朝，当时是用来缝制袈裟的，明清时期开始在民间流行，清朝时也叫"百家衣"。

至于裙子的颜色，明代初期尚浅淡，虽有纹饰，但并不明显。至崇祯初年，裙子多为素白，即使刺绣纹样，也仅在裙幅下边一二寸部位缀以一条花边，作为压脚。到了明末，裙子的装饰日益讲究，裙幅也增至十幅，腰间的褶裥越来越密，

每褶都有一种颜色，微风吹来，色如月华，故称"月华裙"。

明代后期，男女通用的披风流行，女性的披风可与立领袄子搭配，下穿裙子。春秋之季，披风穿在立领对襟或斜襟衫子外面，是披风搭配最常见的模式。

明朝还有一种装饰叫云肩，跟我们现代的披肩差不多。云肩一开始是用来防止肩领部脏污的，后来逐渐演变成装饰物，最早见于敦煌隋代壁画，唐宋时期只有少数贵族妇女穿着云肩，明朝才正式流行起来。

清代女子服饰，在雍正时期还保存着明朝样式，流行小袖衣和长连衣裙。乾隆皇帝之后，衣服渐肥渐短，衣袖日宽，加上云肩，花样翻新没法底止。到清朝晚期时，都市女性已去裙着裤，衣上镶花边图、滚牙子，穿着以实用和方便为主。

此外，清朝还在马面裙的基础上发展出了一种凤尾裙，由彩色布条拼接而成，围在腰头，形似凤尾，因而得名。这种裙子不能直接穿，都是穿在马面裙外。

清朝满族女子着旗装，就是一种宽松的旗袍，外罩坎肩，内穿裤子，裤腿会扎各色腿带，脚穿花盆底鞋或绣花鞋。

氅衣是清代上层女性的便服。一般穿在常袍、衬衣外面，形制为圆领、直身，身长至掩足，露出旗鞋的高底。

清末女性开始使用假髻，这是一种用铜丝缠绕做成骨架，上面覆上黑色缎子或纱绒制成的假发，形似"扇形"，放在头顶固定后用头花、流苏、钗等饰品装饰，被称作"旗头"，俗称"大拉翅"。

清末满族女子着装

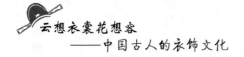

 长裙广袖合欢襦：**古代女子内衣**

内衣也称小衣、亵衣、汗衣、鄙袒、羞袒等，又有心衣、抱腹、帕腹、圆腰、宝袜、诃子、小衫、抹腹、袜肚、袜裙、腰巾、齐裆、肚兜等各种称呼，是人体上身最为贴身的衣服。

从史书记载来看，较早的内衣称为亵衣。"亵"意为"轻薄、不庄重"，可见古人对内衣的心态是回避和隐讳的。

中国内衣的历史源远流长，先秦时期的史籍已有这方面记载。

周代妇女所穿的亵衣，有一个专用名称，叫相服，南北朝时仍保留着这一称呼。男子所穿的亵衣，则被称为泽，因这种内衣紧贴于身，可吸取汗泽，故以名之。

到了汉代，则干脆称其为汗衣；斯文一点，则称其为鄙袒或羞袒，意思是赤膊不太雅观，所以要用布裁成小衣，遮覆胸背。

内衣在中国历史上各个时代有不同的称谓：汉朝内衣称为"抱腹""心衣"，魏晋称为"两裆"，唐代称为"诃子"，宋代称为"抹胸"，元代称为"合欢襦"，明朝称为"主腰"，清朝称为"肚兜"。

汉代也称内衣为帕腹、抱腹、心衣。汉刘熙《释名·释衣服》称："帕腹，横帕其腹也。抱腹，上下有带，抱裹其腹，上无裆者也。心衣，抱腹而施钩肩，钩肩之间施一裆，以奄心也。"可见"心衣"的基础是"抱腹"，"抱腹"上端不用细带子而用"钩肩"及"裆"

古代女子内衣

就成为"心衣"；两者的共同点是背部袒露无后片。

当时还有一种内衣，既有前片，又有后片；既可以挡胸，也可以挡背，这种衣服就叫两裆。两裆本来是妇女的内衣，魏晋时期开始出现，并演变成一种背心，不分男女均可着之。唐代以前的内衣肩部都缀有带子，到了唐代，出现了一种无带的内衣，称为"诃子"。这也是其外衣的形制特点所决定的：唐代的女子喜穿"半露胸式裙装"，她们将裙子高束在胸际，然后在胸下部系一阔带，两肩、上胸及后背袒露，外披透明罗纱，内衣若隐若现。因为内衣面料考究、色彩缤纷，与今天所倡导的"内衣外穿"颇为相似。为配合这样的穿着习惯，内衣是无需系带的。

唐代以后，妇女的内衣还流行过抹胸。这是一种"胸间小衣"，是"肚兜"的前身，始于南北朝，是唐宋时期内衣的称谓。抹胸结构上以紧束前胸为特征，以防风寒，用于约束和固定胸部。

金、元时期的男子亵衣比较特殊，这一时期的内衣称"合欢襟"，由后向前系束是其主要特点。穿时由后及前，在胸前用一排扣子系合，或用绳带等系束。合欢襟的面料用织锦的居多，图案为四方连续。

明代时期的妇女，贴身多着主腰，其制繁简不一：简单者仅以方帛覆于胸间，复杂者则开有衣襟，钉有纽扣，制如背心，有的还装有衣袖，形同半臂。

明清时期的内衣还有兜肚，或称肚兜，通常以柔软的布帛为之，制为菱形，上端裁成平形，形成两角，与左右两角各缀以带。使用时上面两带系结于颈，左右两带系结于背，最下的一角则遮

古代女子内衣

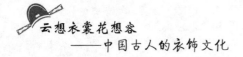

覆于腹。

肚兜不分男女均可着之，但妇女及童子所穿者多采用鲜艳的颜色，并施以彩绣。童子所穿者多绣以虎，以辟不祥。妇女所穿者常绣以百蝶穿花、鸳鸯戏莲、莲生贵子等图案，反映对美好生活的向往。老人所着者则制为双层，纳以棉絮，有的还贮有药物，以治腹疾。

中国古代女子内衣以其"近身衣"的浪漫情怀在服饰艺术中独树一帜，显示出女性对生活价值理念、审美情趣、情感寄托、情爱传感等诉求的心声。

 翠微盍叶垂鬓唇：古代女子发饰

古人讲究"身体发肤，受之父母"，不敢毁伤，因此对于头发的修饰十分重视。古代女子发饰多种多样，有笄、簪、钗、环、步摇、凤冠、华盛、发钿、扁方、梳篦等。

这些美丽的发饰既传承着历史的气息，又反映了中国传统的审美。古代发饰上的图形包括祥禽瑞兽、花卉果木、人物神仙、吉祥符号等，反映了人们对吉祥的追求。

1. 笄

笄，是古代女子用以装饰发耳的一种簪子，用来插住挽起的头发，或插住帽子。河姆渡遗址中曾有出土。

在古代，汉族女子十五岁称为"及笄"，行笄礼表示成年。

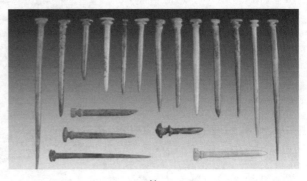

笄

2.簪

簪，是由笄发展而来的，是古人用来绾定发髻或冠的长针，是东方妇女梳各种发簪必不可少的发饰，后来专指妇女绾髻的首饰。

殷商时，簪的用途有二：一为安发，二为固冠。古时，发簪是男女通用。在古人以首为

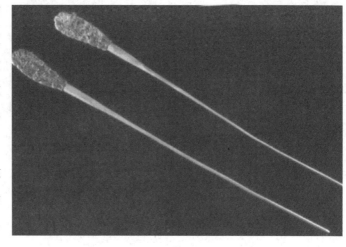

簪

尊的礼俗中，簪子还暗喻了颜面和尊严。因此古时即有规定，罪犯不可佩戴发簪，即便是贵为皇帝之妃，犯了错也要退簪请罪。

簪起源于新石器时代，至商周时期，簪的材料以骨为主，汉代开始出现象牙簪、玉簪，还在簪头上镶嵌绿松石；唐、宋、元时期的簪则大量用金、银、玉等贵重材料制作。

银簪的制作工艺有錾花、镂花及盘花等。盘花是用细银丝编结而成，簪头的雕刻有植物形、动物形、几何形、器物形等，造型多样，其图案多具有吉祥寓意。

另外，簪头造型做成扁平一字形的，称为扁方，原为满族妇女用的大簪，也是簪的一种。

3.钗

钗是指由两股簪子交叉组合成的一种发饰，在钗尾处会装饰有流苏吊坠，可用来绾住头发，也有用它把帽子别在头发上。

按照材质来说，钗大致可分为金钗、玉钗、宝钗、裙钗等。五代马缟《中华古今注·钗子》："钗子，盖古笄之遗象也，至秦穆公以象牙为之，敬王以玳瑁为

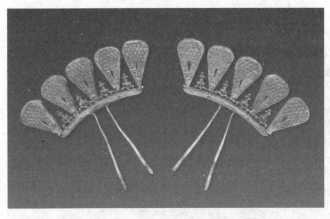

元代银鎏金桥形对钗

之，始皇用金银作凤头，以玳瑁为脚，号曰凤钗。"

隋代时发钗作双股形，有的一股长一股短，以利方便插戴。中晚唐以后，安插发髻的发钗钗首有简单花饰。另有专供装饰用的发钗，钗首花饰近于鬓花。

钗不仅是一种头饰，还是一种寄情的表物。古代恋人或夫妻之间有一种赠别的习俗：女子将头上的钗一分为二，一半赠给对方，一半自留，待到他日重见再合在一起。

王宫贵族的女子可以用珍奇的材料做发饰，而一般小户人家只能戴荆钗（荆条编织的发钗）——"拙荆"便是古代男子对外人称自己的妻子的谦词。

4. 步摇

步摇是一种插在髻上的饰物，上缀可以摇动的花枝或垂珠。走起路来，随着步履的颤动，这些花枝或垂珠会不停地摇曳，故名"步摇"。

步摇是古代妇女插于鬓发之侧以作装饰之物，同时也有固定发髻的作用，是自汉以来，中国妇女中常见的一种发饰。

簪插步摇者多为身份高贵之妇女，因步摇所用材质高贵，制作精美，造型漂亮，故而非一般妇女所能使用。

"步摇"这个名称，到了明清时已很少听见。其实，这

步摇

种首饰并没有被淘汰，只是改变了名称而已。我们从史志诗文中常见有"珠钗"等名称，就是步摇的异称。这种首饰在清初刻本《秉月楼》一书的插图中还有描绘，完整实物也有传世。

5. 华胜

华胜又被称为花胜，是以金、玉等材料雕琢而成的一种饰物，通常是制成花草的形状缀于额前或者插在鬓上。

华胜的中部为一圆体，圆体的上下两端附有对向的梯形饰牌，使用时系缚在簪钗之首，横插于两鬓。最初专用于妇女，后不分男女皆可用之。

梁简文帝《眼明囊赋》云："杂花胜而成疏，依步摇而相逼。"

花胜

这种首饰有多种形制，以质料而别，其中以玉胜所见为多。

6. 发钿

钿，也是古代妇女常用的首饰，通常以金银、珠翠或宝石制成，使用时安插在鬓发之上；因多被制作成花状，又称"花钿"。

簪钗是用来绾住头发的，而花钿直接插入绾好的发髻起装饰的作用。现存花钿

发钿

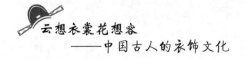

实物，以晋墓所出年代为早。

古代妇女的花钿，除以金、银等材料制成外，还有用鸟羽为饰者，名谓"翠钿"。这种翠钿是在金钿基础上加工而成的，其制作方法比金钿多一道工序，即在金钿上粘贴一层鸟羽。由于鸟羽多选择翠绿之色，故被称为"翠钿"。

明月与作耳边珰：**古代女子耳饰**

耳饰，即耳部的装饰。在古代，耳饰的分类很多，按形制大致可以分为玦、耳珰、耳环、耳坠（坠珥）等，既有装饰用品，也有礼仪用品。

1. 玦

玦是迄今为止发现的中国最早的耳饰实物，绝大多数为形似环而有缺，以玉质为主，也有用骨、石、玛瑙、象牙等材料制成的。

耳玦主要流行于中国的新石器时代，在四川巫山大溪等地曾出土过新石器时期的耳玦。

商周以后，中原地区及北方地区的居民，也喜欢在耳部佩戴上这种饰物。

商周时期，玦的纹样装饰趋向华丽，到了汉代则主要见于西南边陲的少数民族地区，如云南滇族地区，汉族地区不再流行。

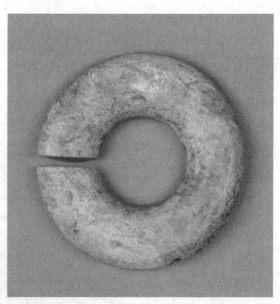
玉玦

2. 瑱

瑱，也称充耳，是诞生于中国先秦时期的一种礼仪耳饰。

瑱最初用于充塞耳孔，后来被悬挂于人的耳畔，多为男子所用，称为"充耳""纩"。

女子的瑱，较有特色的则是"簪瑱"，即将悬有瑱的丝绳系于发簪之首，插簪于髻，悬于耳际，故名。

战国玻璃耳瑱

瑱的功用是提醒所佩戴之人以戒妄听，谨慎自重，体现了中国古人尊礼、尚礼的文化特征。

3. 耳珰

耳珰，特指嵌入耳垂穿孔中的饰物，圆柱形，喇叭口。

耳珰起源于新石器时代，步入阶级社会后，主要出土于汉魏时期，以玉石和玻璃质居多，尤其以琉璃耳珰为绝妙。

耳珰的造型大同小异，其区别主要反映在两端，一般作平头形，两端直径大小略有不同，佩戴时多半以细端塞入耳垂。除了平头形以外，还有作圆头形者。

耳珰中心的穿孔，是为了悬挂坠饰而预备的，通常的做法是先将耳珰穿过耳垂，然后将系有坠饰的细绳从耳珰孔中穿过，缚结于耳垂之下。

据记载，耳珰本是少数民族女子的首饰，后被中原妇女所仿

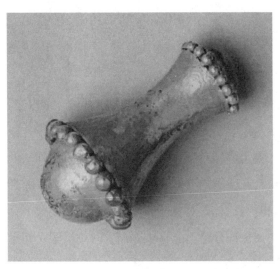
汉代耳珰

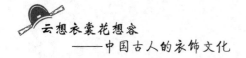
效佩戴。耳珰以温润如玉的光泽深得妇女喜爱，在唐诗中常作为男女双方的定情信物。张籍《白头吟》云："罗襦玉珥色未暗，今朝已道不相宜。"

4. 耳环

耳环，是由金属制成、扣入耳孔的环形耳饰。

耳环最初多用于南北各地的少数民族，后传到中原，也为汉族妇女所接受。

宋代以后，穿耳戴环在汉族妇女中日益盛行，文献中有不少记录，实物也遗存很多。

在明清时期，还流行过一种小型耳环，叫丁香耳环。丁香是一种植物，果实甚小，呈椭圆形。丁香耳环即仿照其状制作而成，由于小巧轻便而深受妇女喜爱。不论是大家闺秀、小家碧玉，都喜欢佩戴这种耳环。只是选用的质料有所差异，贵者采用金银宝玉，贫者则以铜锡为之。

清代金镶东珠耳环

5. 耳坠

耳坠是由耳环演变而来的，是在耳环下悬坠一枚或一组装饰，材质丰富多变。耳坠的上半部分是个耳环，耳环之下悬以坠子，故名"耳坠"。

中国先民佩戴耳坠的风习，可一直上溯到新石器时代。当然，那时的耳坠形制都比较简单，通常以玉石磨制而成，在坠子的上部，各钻有一个小孔，以绳带穿结佩戴。后来的发展，也包含了当时封建礼教对女性的许多约束，在佩戴了灵动的耳坠之后，要求女性仪容端正，要保证耳坠不能移步亦摇，时刻提醒女性自我约束、自我检点。

这种严苛的礼教直到唐朝才有所缓解。为了争取平等自由，许多女性都拒绝穿耳。

在唐诗中，耳坠常作为异域舞蹈的佩饰。李群玉在《长沙九日登东楼观舞》中就记录了这样一位舞女，"坠珥时流盼，修裾欲溯空"，随

清代金镶珠翠耳坠

着舞步，耳坠在发饰两边摇动，流盼生姿。元稹《和李校书新题乐府十二首》诗云："骊珠迸珥逐飞星，虹晕轻巾掣流电。"风靡唐代的胡旋舞，舞者来源于胡地，耳戴骊珠，随着音乐飞快旋转，在观赏者看来，舞者耳边骊珠的光芒仿佛是飞行的流星。

可是，自由之风没有能够坚持多久，到了宋朝，一切又恢复如昔了。

 宝妆璎珞斗腰肢：**古代女子颈饰**

中国古代妇女的颈饰主要有珠串、项链、璎珞等。

1. 珠串

古代先民最早佩戴的颈饰，往往是用大自然赐予的材料串组而成。装饰品的种类十分丰富，取材广泛，有各种兽齿、鱼骨、石珠、骨管和海蚶壳等。

从新石器时代中期开始，玉制串饰出现在人们的颈部，至商周时已十分普及，并逐渐取代兽齿、鱼骨、硬果、贝壳等自然之物。

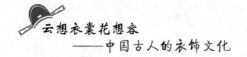

玉制串饰的形制繁简不一，以管、珠为常见，简单者在管、珠之间夹入一些几何形饰件，如方形、琮形、璜形、三角形、圆形、璧形、多边形等；复杂的玉制串饰则被加工雕琢成各种形状，如鸟形、兽形、龙凤形等，和玉质管珠互相配合，组成一套串饰。

2. 项链

除了用天然材料外，古代颈饰还有用金属材料制成者，盛行不衰的项链就是其中之一。

项链是在串珠基础上演变而成的一种颈饰，通常由三部分组成：主体部分是一条链索。链索的下部悬一个坠饰，俗称"项坠"；链索上部的开口部分，则装缀一个可以开合的搭扣或搭钩。也有不用搭扣者，戴时直接套在颈项。

从考古发掘的材料看，早在新石器时代，我国先民已佩挂起类似项链的饰物。但由于封建礼制的约束，古代女子佩戴项链的不多。一直到民国时期，传统的服饰制度受到外来文化的冲击，一批年轻妇女受欧美妆饰风习的影响，项链才流行起来。

隋代嵌珠金项链

这个时期的项链，大多以金银丝扭绞成链索之状，俗称"链条"。链条的上端缀有搭扣，以便佩戴，链条的底部多系有坠饰。常见的坠饰有两种形制，一种为金锁片，一种为金鸡心，这些项链在民间还有大量传播。

3. 项圈

项圈也是古代常用的一种项饰，通常以金、银锤制或模压成环形，考究者嵌饰以珠翠宝石。在部分少数民族地区，成年男子也佩戴这种饰物。

唐代妇女受北方少数民族妆饰习俗的影响，也有佩戴项圈的现象。直到明清时期，妇女仍有佩戴项圈的习俗。

4. 璎珞

璎珞是古代用珠玉串成的装饰品，多用为颈饰，又称缨络、华鬘。

璎珞原为古代印度佛像颈间的一种装饰，后来随着佛教一起传入我国；唐代时，被爱美求新的女性所模仿和改进，变成了项饰。

璎珞形制比较大，在项饰中最显华贵。

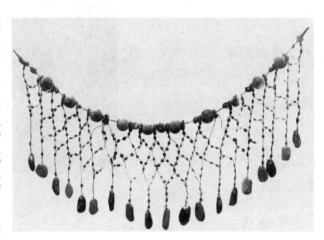

明定陵出土的珠子璎珞围髻

 素手皓腕约金环：古代女子手饰

相对于头饰来说，手上的风华其实是女人最性感的装饰品之一。

古代女子手饰有镯子、臂钏、戒指、义甲等。

1. 手镯

手镯是古代女性最重要的腕饰。手镯，亦称"钏""手环""臂环"等，是一种戴在手腕部位的环形装饰品。

按结构，手镯一般可分为两种：一是封闭形圆环，以玉石材料为多；二是有端口或数个链片，以金属材料居多。

按制作材料，手镯可分为金手镯、银手镯、玉手镯、镶宝石手镯等，也有用

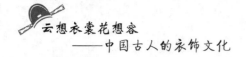

植物藤制作的。

手镯由来已久，起源于母系社会向父系社会过渡时期。据有关文献记载，在古代不论男女都戴手镯，女性作为已婚的象征，男性则作为身份或工作性质的象征。

此外，在古代社会，人们还认为戴手镯可以避邪或碰上好运气。

清代珊瑚寿字手镯

2. 臂钏

臂钏是在手镯基础上演变而成的一种手饰，是一种我国古代女性的缠绕于臂的装饰。

古代手镯既可戴在一只手上，也可两手皆戴；既可佩戴一只，也可佩戴数只，从手腕一直戴到上臂——戴在臂上的就叫钏。隋、唐、宋、元、明诸代的妇女，有戴臂钏的习俗。

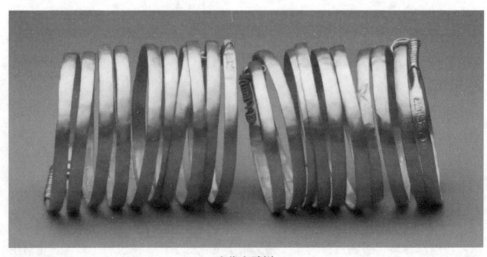

宋代金臂钏

臂钏的形制变化不大，通常以锤扁的金银条为之，绕制成盘旋状。所盘圈数不等，少则三圈，多则五圈八圈，也有十几圈者。考究者用金银丝编制成环套，以便调节松紧。苏轼《寒具》诗中云："夜来春睡浓于酒，压褊佳人缠臂金。""缠臂金"说的就是臂钏。

3. 戒指

戒指本称"指环"，是人们套在手指上的环形物。现存实物以新石器时代为早，距今约有 4000 年的历史。

戒指历代有"手记""约指""驱环""代指""指环"等诸多异名，而这些异名中数"指环"使用的频率最高、使用的时间最长；直到明代以后，戒指的称呼才渐渐多起来。古代指环的质料非常丰富，主要有骨、石、铜、铁、金、银、玉及各类宝石，其造型有圆环形、圆箍形、圆簧形、马镫形、嵌宝形、动物形、印章形等状。

据悉，戒指起源于古时的中国宫廷。戒指当时是一种"禁戒""戒止"的标志，女性戴戒指是用以记事。当时皇帝三宫六院、七十二嫔妃，在后宫被皇上看上者，宦官就记下她陪伴君王的日期，并在她右手上戴一枚银戒指作为记号。当后妃怀孕后，宦官也给戴一枚金戒指在左手上，以示戒身。

后来戒指传至民间，开始只是作为一种装饰品，后来逐渐演化成男女互爱、山盟海誓而互相赠送的信物。

可见，戒指起源于实用，而后逐渐转向审美、情爱与财富的象征，并逐渐被赋予不同的文化意义。

4. 义甲

中国古代妇女蓄指及饰戴护指套的传统由来已久。古代妇女喜欢蓄甲，指甲长了，很容易被折断，尤其在劳作和弹奏乐器时，更易折损。为此，人们特地发明了一种指套，其制为平口，通体细长，由套管至指尖逐渐变细，头部微尖。最初用竹管、芦苇秆等削制而成，后发展成用金银宝石来制造。使用时套至手指中

戴着"义甲"的慈禧太后像

间的关节处，可用几个，也可将十个手指全部套上。

这种指套被称作"护指"，或称"义甲"。

古时皇宫贵妇们更是用镶珠嵌玉的豪华金属或者景泰蓝指甲套，以保护她们精心留饰的指甲。其中最具有代表性的美甲人物要数清朝时期垂帘听政的慈禧太后。

纵观中国历代妇女的饰品，种类繁多，斑斓多彩。这些饰品的产生和演变，与当时的经济水平、社会风尚、审美情趣等都有密切的关系，是中国传统服饰文化的重要组成部分，对当代妇女妆饰仍有很高的借鉴价值。

第六章

留得黄丝织夏衣：古代纺织文化

中国的纺织，历史悠久，闻名于世。远在六七千年前，人们就懂得用麻、葛纤维为原料进行纺织。公元前16世纪（殷商时期），产生了织花工艺和"辫子股绣"。

公元前2世纪（西汉）以后，随着提花机的发明，纺、绣技术迅速提高，不但能织出薄如蝉翼的罗纱，还能织出构图千变万化的锦缎，使中国在世界上享有"东方丝国"之称，对世界文明产生过相当深远的影响，是世界珍贵的科学文化遗产的重要组成部分。

我国纺织业的悠久历史久历史、辉煌成就和艰辛历程，可以说是中华古老文明发展历程的一个缩影。

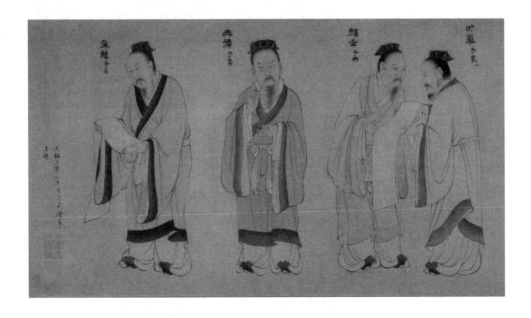

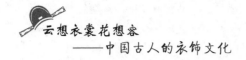
 缫丝织帛犹努力：**古代纺织史话**

中国是历史悠久的文明古国，纺织文化和农业文明一样古老。五千年桑麻、棉毛纺织伴随着华夏文明的进步历程，以其博大精深的文化底蕴，渗透到人们生活的方方面面。

1. 远古纺织

远古时代纺织技术的发明，奠定了日后服装文化的源远流长。

早在远古时期，生活在中国这片土地上的古人类已经能够制作原始服装。

20 世纪 30 年代，考古工作者曾在北京周口店山顶洞发掘出一枚距今约 1.8 万年的骨针。这枚骨针长 82 毫米，针身最粗处直径仅 3.3 毫米，针身圆滑而略弯，针尖圆而锐利，针的尾端直径 3.1 毫米处有微小的针眼。出土时，针身保存完好，仅针孔残缺。

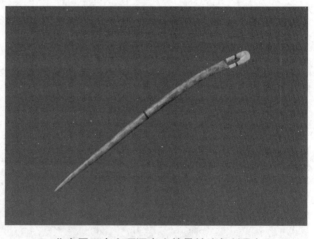

北京周口店山顶洞出土的骨针（复制品）

制作这样的骨针，必须经过切割兽骨、精细地刮削、磨制以及挖穿针眼等多道工序，需要较高的制作工艺才能完成。这枚骨针，不仅是中国，也是世界上目前所知最早的缝纫工具。

此外，在浙江余姚河姆渡、河南新郑裴李岗、河南舞阳贾湖、山东大汶口等新石器时代遗址中，也都有管状骨针等物出土。可以推断，这些骨针是当时缝制原始衣服用的。

在河姆渡遗址中，还出土了木制织机的构件。根据专家的研究，这种构件组装成的织机为水平式踞织机，和现代中国南方一些少数民族使用的原始织机非常相似。

考古发现不仅发现了缝纫工具，也发现了原始织物的证据。

裴李岗遗址、贾湖遗址等处都发现了陶纺轮，证明在距今 9000 至 7000 年时，中国古人已经掌握了纺织技术。而且在裴李岗发现的陶器上面，考古学家还发现了起装饰作用的绳纹印痕。这说明当时的人已经会纺线，并把线搓合为绳。

在距今 5000 至 3000 年的仰韶文化遗址中，考古学家不仅发现了大量的陶轮，还发现了一批骨梭，而且在一些陶器的底部还发现了布纹印痕。

大约同一时期的半坡文化遗址中，陶器上的布纹印痕明显分为两种，有粗细之别。

这些证据都表明，到这一时期，人们已经学会了织布。而且，在裴李岗和仰韶文化遗址中都发现了苎麻。考古学家认为，这就是当时人们所用的纺织原料，据此可以推断当时织出的布为麻布。

在仰韶文化晚期的遗址中，还发现了蚕蛹，其中有半个明显是经过人工切割过的。这表明，早在 5500 多年前，黄河中下游地区的中国人就已经驯化了蚕。据此推断，当时一定已经产生了原始的丝织品。

1958 年，在距今 4000 年左右的浙江吴兴钱山漾文化遗址中，考古工作者发现了用家蚕丝织成的绢片、丝带、丝线等丝织品，说明长江流域养蚕织绸与黄河流域基本同步。

另外，在距今 5400 年的江苏吴县草鞋山遗址中，考古工作者发现了 3 块葛布，其中一块上面发现了彩绘的痕迹。

2. 夏商纺织

从夏代开始，中国正式进入阶级社会。这一时期的社会生产力有了较大发展，社会分工也逐渐复杂起来，丝织业已经成为一个独立的部门。这对于服装的发展至关重要。

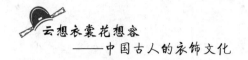

殷墟中出土了铜针、铜钻以及陶制的纺坠。此外商代的蚕桑业已成为十分重要的生产部门。在甲骨卜辞中不仅已经出现了蚕、桑、丝、帛等字，而且还出现了"蚕示三牢"的记载，也就是用三头牛来祭祀蚕神。这样的祭礼颇为隆重，足见当时社会对于蚕桑事业的重视。

在一些商代墓葬出土的青铜器表面，考古学家经常能发现黏附的丝绸残片或渗透有布纹的痕迹。经过显微镜放大，可以看出这些织物的纹路种类繁多，不仅有简单的平纹织物，还出现了比较高级的菱形暗花——这种暗花只有掌握了提花技术才能织出来。这说明，殷商时代人们已经大幅改进了织机，发明了提花装置。

除了丝织以外，商代还出现了麻织品、毛织品和较原始的棉织品。

麻织品发现于北京平谷刘家河商代墓葬和河北藁城台西商代遗址等。

毛织品主要见于新疆哈密五堡遗址。该遗址相当于商代晚期，出土的毛织品有平、斜两种织法，并用色线编织成彩色条纹的罽（用毛做成的细密织物），表明毛织技术已具一定水平。

棉织品以福建崇安武夷山船棺葬中出土的青灰色棉布为代表。经鉴定棉种属联核木棉，年代亦属商代晚期。

3. 西周纺织

西周的建立，使社会生产力大大发展和提高了，物质明显丰富起来。

西周时期的纺织基本继承了商代的传统。考古发掘所见的西周纺织品遗物或遗痕，在那时的大小奴隶主贵族墓中时有发现，如陕西宝鸡茹家庄西周中期墓出土的铜剑柄上，便发现黏附了多层丝织品的遗痕。

毛纺织品以青海都兰出土的用绵羊毛、牦牛毛制成的毛布、毛带、毛绳、毛线等毛织品为代表。

古代文献上关于西周时代纺织业的发展也有很多记载。从中可以知道，周代的栽桑、育蚕已达到很高的水平，束丝（绕成大绞的丝）成了规格化的流通物品。如《尚书·禹贡》，记载兖州地方"厥贡漆丝，厥篚织文"；青州"厥篚檿丝"，这些贡品都是各地方的特殊物产或著名物产。以丝织品上贡，标志着丝织品的产量之大或织作之精。兖、青二州在西周皆属齐地，而齐地正是周代丝织业最为发达的地区。

在纺织品的生产和经营方式方面，周代已有了官办的手工纺织作坊，而且内部分工已日趋细密。

从周代起，已规定布匹的标准幅宽为 2.2 尺，合今 0.5 米；匹长 4 丈，合今 9 米；每匹可裁制一件上衣与下裳相连而成的"深衣"，并且规定不符合标准的产品不得出售。这可以看作是世界上最早的纺织品技术标准。

4. 春秋战国纺织

春秋时代纺织业的主要部门是丝织业。这一时期无论是黄河流域还是长江流域各国均普遍种桑养蚕，丝织品的产量和质量都有了大幅度的提高。产量的增加，使得各级贵族的衣服都以丝绸为主，而且贵族间交往互赠的礼物和祭祀用的祭品中都大量使用丝绸。

这一时期，丝织品的各种类别已经比较多样，如绢（生丝织品）、纱（轻薄的丝织品）、缟（细而白的丝织品）、纨（白色的细绢）、绨（粗厚的丝织品）、罗（轻而软的丝织品）、绮（有素地花纹的丝织品）、縠（薄而轻的细帛）、锦（有图案、花纹的丝织品）等均已出现。其中以绢的用途最为广泛。

湖南衡山霞流出土的春秋楚国蚕桑纹尊，侈口，鼓腹，口沿上饰翘首蚕纹，缘以点状

[战国] 桑蚕纹尊

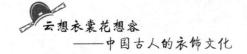

纹；颈有以点状纹界画的三角纹，填充斜角云纹；腹饰桑叶形纹，以浮雕的蚕纹为地，上下夹以点状纹及云纹带。尊的纹饰以蚕桑为主题，极为珍异。尤其口沿上各蚕，首皆昂起，虽为铸造，竟如雕刻，技艺超绝；同时也显示了楚国地区在这一时期桑蚕业的高度发达。

到了战国时期，人们更是进一步掌握了蚕的生长发育规律和治病机理，也懂得了用加草木灰的温水来练丝。这样不仅能漂白，也能去除蚕丝纤维表面的丝胶，使纤维变得更加柔软、光泽，同时也更利于织绸。

再结合出土织品推断，这一时期，缫车、纺车、脚踏斜织机等手工机器，腰机挑花以及多综提花等织花方法均已出现。根据《列女传》对鲁国织机的记载，我们可以知道，这一时期的织机已经有了机架、定幅筘、卷经轴、卷布辊、引综棍等装置，还有专门清除纱支疵点、引纬线的配套工具。

战国时代，刺绣工艺也有了较大发展。出现了"锁绣"针法，所用颜色复杂多样。

5. 秦汉纺织

秦汉时期，已经广泛采用了多种手工纺织机器，特别是踏板织机已经相当完善。

汉代纺织画像石

踏板织机是带有脚踏提综开口装置的织机的通称。根据各地出土的刻有踏板织机的汉画像石等实物史料，可以推测踏板织机的出现恐怕要追溯到战国时代。到了秦汉时期，黄河流域和长江流域的广大地区已普遍使用这种织机。

踏板织机采用脚踏板来进行提综开口，这是织机发展史上一项重大发明。它将织工的双手从提综动作解脱出来，专门进行投梭和打纬，大大提高了生产率。

古代通用的纺车按结构可分为手摇纺车和脚踏纺车两种。

手摇纺车的出现可能早于秦汉。因为其图像在出土的汉代文物中多次发现，说明手摇纺车在此时已非常普及。这种驱动纺车的力来自手，操作时，需一手摇动纺车，一手从事纺纱工作，因此效率较低。

脚踏纺车是在手摇纺车的基础上发展而来的，目前最早的记录是江苏省泗洪县出土的东汉画像石。它的驱动力来自脚。操作时，纺妇能够用双手进行纺纱操作，大大提高了工作效率。

纺车自出现以来，一直都是最普及的纺纱机具，即使在近代，一些偏僻的地区仍然把它作为主要的纺纱工具。

秦汉时期，纺织品的质量和数量都有很大提高。

特别是汉代，纺织品的品种十分丰富，仅丝织品就有纨、绮、缣（双丝织成的细绢）、绨、䌷（粗质的绸）、缦（无花纹的丝织品）、縠（细密的缯帛）、素（未染色、本色的生帛）、练（白色的熟绢）、绫（薄而有花纹的丝织品）、绢、縠、缟以及锦、绣（有彩色花纹的丝织品）、纱、罗、缎（质地厚密、一面光滑的丝织品）等数十种。

这说明当时丝织水平已臻纯熟。特别值得一提的是，汉代还出现了彩锦。这是一种经线起花的彩色提花织物，不仅花纹生动，而且还可在锦上织绣文字。长沙马王堆汉墓出土的大量纺织品，反映了当时纺织技术的较高水平。

长沙马王堆汉墓出土的素纱禅衣

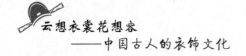

经鉴定，马王堆出土丝织品的丝的质量很好，丝缕均匀，丝面光洁，单丝的投影宽度和截面积同现代的家蚕丝极为相近，表明养蚕方法和缫、练蚕丝的工艺已相当进步。

如一件"薄如蝉翼"的素纱襌衣，长160厘米，两袖通长191厘米，领口、袖头都有绢缘，而仅重49克，最能反映缫丝技术的先进水平。

此外，在一号墓出土的丝织品中，还发现了几种起毛锦，说明此时已经创造了起绒织物，且成为我国传统的织锦工艺之一。

汉代的布以麻、葛为主。麻布的质量大大好于前代，有些甚至已经可以和丝、罗、绮等轻质的丝织品不相上下。此外，汉代还把毛织成或擀成毡褥，铺在地上，这是地毯的肇端。汉代织物上的花纹图案，内容多为祥禽瑞兽、吉祥图形和几何图案，组织复杂，花纹奇丽，线条细而均匀，用色厚而立体感强，花地清晰。在图案织造技术上，主要有彩绘和印染两种形式。

6. 魏晋南北朝纺织

魏晋南北朝时期，麻类纤维仍被广泛地使用着。但因为气候的关系，到了魏晋以后，我国北方已不再适宜苎麻生长，而大麻则盛极一时。

麻布的生产在南朝时有了很大的提高。据记载，自东晋至南朝各代，政府的户调制皆布绢兼收；但绢的实际收入往往不及麻布之数。历代对臣僚的赐品亦是布多于绢的，且士大夫之俭朴者亦以麻类衣着为常服。

这一时期，麻加工技术也有了较大进步，主要表现是对沤渍脱胶的用水量、水温、沤渍时间都有了一定认识，要求在冬季用充足的温泉水沤渍，这样获得的麻纤维洁净而又避免生脆。

南北朝时期，我国各民族之间出现了文化大融合、大交流的局面。毛纤维的加工利用技术有了一定进步，毛纤维的种类也有了扩展。

西北民族地区少数民族的毛纺织业早已特别发达，已能生产出优美的毛织品。毛毯编织技术也有了新的发展。用毛纱制成的毛毯，具有防风、隔潮、保暖的特点。

《齐民要术》卷六《养羊》条还简要地谈到了铰毛的时间和方法，说白羊（即绵羊）每年可铰毛三次；羖羊（即山羊）只可铰毛一次。这显然都是人们在长期的生产实践中总结出来的。

吐鲁番阿斯塔那古墓出土的前凉织成履

1964 年，哈拉和卓前凉建兴三十六年（348 年）墓出土一毛织物残片，平纹，经纬密分别为 11 根 / 厘米和 8 根 / 厘米，经线加捻得较细较紧。

除了羊毛外，此时还使用了一些其他禽兽毛纤维。如南齐曾为皇室提供孔雀羽毛织成的裘，光彩金翠，但这种极为奢华的纺织品自然是十分稀少和珍贵的。

这一时期纺织原料范围进一步扩大，棉纺织开始在西北、西南以及东南和南部沿海一带出现。

在东汉时期，居住在今云南保山一带的"哀牢夷"已经学会种植草棉并用来织布。到魏晋时代，岭南地区珠江，闽江流域已经广泛种植草棉纺织。

但由于运输不便，导致棉布在内地的使用还不很普遍，只是作为贡品或通过交易少量流入，因此均被视为珍品馈送。在南方，棉织品甚至一直属于贵重织物，普通人不得穿着。

到了南朝梁武帝时期，由于这位皇帝崇信佛教，在他看来，缫丝需要杀死蚕，丝织品的制作杀生太多，所以虽贵为帝王，他仍然身穿麻布衣，但却使用贵重的棉布作为宫闱的装饰。

魏晋南北朝时期是我国传统丝织业发展最大的一个时期。从养蚕到纺织，几乎每一个工艺流程都较前代有了飞跃性的进步；丝织业在祖国的大江南北遍地开花，我国传统丝织业生产中心几乎都是在这一时期开始形成并一直延续到后代。

在此之前，我国蚕桑业比较发展的地区是黄河中下游；从这一时期开始，巴蜀蚕丝业也兴盛起来，四川生产的"蜀锦"也成为三国时期最著名的产品。

从三国到两晋,四川的织锦业逐渐发展而占全国的领导地位。据《华阳国志》记载,当时的巴郡、巴东郡、巴西郡、涪陵郡、蜀郡、永昌郡等均有蚕桑生产。锦有瑞兽纹、树纹、狮纹、菱花纹、忍冬菱纹、兽纹、鸟兽树木纹、双兽对鸟纹、几何纹、条带连珠纹等。绮有龟背纹,对鸟对兽纹等。蜀锦在蜀汉的国家经济生活中也占据了重要地位。蜀汉政权还曾以之作为军饷的重要来源。蜀锦的织造技术很快传到魏、吴以及云南、贵州、广西等兄弟民族居住的地区。

魏明帝时魏国杰出的发明家马钧改革了提花机。马钧是一位出色的机械制造家,字德衡,扶风(今陕西兴平)人。他看到当时织绫机构造繁复、效率低、费工费时,经过他的改造,织机的生产效率成倍提高。织出来的花绸,图案向着复杂的动物和人物图纹方向发展,对称而不呆板,花型多变而不杂乱;整体图案绮丽,织物表面具有立体感。此后魏的丝织技术与蜀不相上下。

从吐鲁番出土的文书上看,至迟在公元5世纪,西域的高昌地区就有了丝织业。在十六国和稍后的文书中,明确冠以西域地名的丝织品就有"丘慈锦""疏勒锦",说明此期间西北少数民族的丝织业已相当发达。

对鸟对羊灯树纹锦

现存这一时期西北丝织品的主要实物是出土于新疆吐鲁番阿斯塔那墓葬的织锦。这些锦仍以经锦为主,花纹则以禽兽纹结合花卉纹为其特色,如夔纹锦、方格兽纹锦、树纹锦等。

1966年和1972年吐鲁番阿斯塔那墓葬还出土有联珠对孔雀贵字锦、对鸟对羊树纹锦、胡王牵驼锦、联珠贵字绮和联珠对鸟纹绮等品种，其中联珠是第一次发现的特殊纹锦。

江南地区的蚕桑业也有了一定发展。从孙吴末年开始，统治者竞相穿用丝绸之风也逐渐南侵，奢靡之风渐盛。

晋室南渡以后，南方的家庭纺织业发展很大。养蚕缫丝的技术水平大幅提高。到南朝时期，在今江西地区蚕已达一年四至五熟；浙江温州一带甚至达到八熟。

到刘裕灭后秦以后，把关中地区的锦工强迁江南，在今江苏南京设立了"锦署"，江南从此成为织锦重镇。虽然当时江南的纺织业生产水平还未超过北方，但已经为唐宋时代跃居第一位积蓄了力量。

到北魏太武帝时，平城宫内曾有婢使千余人织绫锦，足见官府绫等丝织产品数量之巨。魏晋时期，织锦的传统作风还是较浓的，北朝之后就渗入了许多中亚少数民族气息，如构图题材增加了许多中土所不熟悉的大象、骆驼、翼马、葡萄等生物图像；在构图方式上，中原传统的菱形纹、云气纹多被中亚的团窠形、双波形、多边形代替。

秦汉时期的锦大体上是平纹组织为地，经线起花的；大约北朝后期开始出现了纬显花技术。这一技术的出现可能与波斯锦以及西北少数民族毛织技术的传入都有一定关系。

7. 隋唐纺织业

隋唐时期的中国传统纺织业更为发达，居世界领先地位。从技术上讲，束综提花方法和多综多蹑机构相结合，逐步推广，纬线显花的织物大量涌现；就材料而言，有毛纺、麻纺、棉纺和丝纺；就产品而论，有布、绢、丝、纱、绫、罗、锦、绮、绸、褐等。

棉纺织在唐代也有较显著的发展，当时西北的吐鲁番和南方的云南、两广、福建等地，各族已愈来愈普遍地种植棉花和生产棉布。

木棉纺织是晚唐时发展起来的一个纺织新品种。桂林产著名的"桂管布"其实就是木棉布。据载，唐文宗时，夏侯孜穿桂管布衫入朝，连皇帝也仿效他，穿

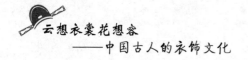

云想衣裳花想容
——中国古人的衣饰文化

起桂管布的衣服。于是，满朝官员也都争相效仿，导致桂管布价格骤然昂贵。

隋唐时期，葛已趋于淘汰。麻织品则在前代的基础上屡有创新，不仅技术有了很高水平，织品的种类更加丰富多彩，有细白布、苎布、班布、蕉布、细布、丝布、纻布、竹布、葛布、纻练布、麻赀布、楚布等十几种，其中黄州（湖北黄冈）的赀布就被列为第一等。

隋唐时期境内毛织品的主要产地仍以河西地区为主，西州的毡、兰州的绒都行销全国。隋代至唐前期，大体上是北方善织绢、江南盛产布。各地生产的丝织品种类和花式都很多，争奇斗艳，十分精美。

河北、四川是丝织业的主要生产区域，这些地方所产的绫、绢、锦等纺织品质量都很高。其中以宋州（河南商丘）、亳州（安徽亳州）生产的绢帛质量最高；而定州（河北定县）的绫绢产量最多，每年要向皇室进贡1500多匹。

江南的丝织业也有了很大发展。江南东道（江苏南部和浙江一带）的丝织物品类繁多，很多列为贡品，在产量上仅次于河南、河北道而跃居于全国的第三位。其中又以苏州、南昌等地的丝织业最为兴旺，当地纺织品原料供应充足，一年蚕四五熟，织布工能夜中浣纱、次晨成布，形成有名的特产"鸡鸣布"。

盛唐、中唐以后，丝织品不仅品种多，而且生产规模更大、产量更高。例如，当时的纺织中心定州，有一位名叫何明远的富豪，开办了一家丝织作坊，置有绫机500张，其规模之大前所未有。

另外，盛唐时期有许多地区都形成了有自己特色的纺织名牌产品。比较有名的产品有明州产的吴绫，凡数十品；浙西产的缭绫，因其质地优良，备受人们欣赏。

此外据《旧唐书》记载，四川出产的金银丝织物十分华丽。唐中宗李显之女安乐公主出嫁时，四川献上来的单丝碧罗笼裙，"缕金为花鸟，细如丝发，鸟子大如黍米，眼鼻嘴甲俱成，明目者方见之"。可谓巧夺天工，反映出唐代纺织技术的高超水平。

唐代的丝绸产品还通过丝绸之路远销西亚和欧洲、非洲等地，极受欢迎。当地人把丝绸看作是光辉夺目、巧夺天工的珍品。

　　1969 年，在新疆阿斯塔那出土的绢衣彩绘
女舞木俑，头部为木塑彩绘，身躯以木柱支撑；
发束高髻，头微向左侧，面部描绘花钿；身着团
花锦半臂、黄地白花绢制披帛，下穿红、黄相间
竖条曳地长裙，一派高贵、典雅、艳美的姿态。
历经千年时光，依旧妆容精致，身上衣裙鲜艳
如新。

　　锦的织法有经起花和纬起花两种。六朝以前
的织锦以经起花为主，隋唐以后，则以纬起花为
主。纬起花法是用两组或两组以上的纬线同一组
经线交织，用织物正面的纬浮点显花。这种织法
的特点是容易变换色彩，图案色彩丰富。

［唐］绢衣彩绘女舞木俑

8. 宋代纺织

　　两宋时期的纺织业都非常发达，其产品种类繁多、色彩纷呈、工艺精湛，为
当时海外贸易的大宗出口名品，可谓享誉古今、驰名世界。

　　纺织机械的技术革新与创造，是宋代纺织业发展的一大标志。

　　五代以前，纺车的
锭子数目一般是 2 至 3
枚，最多为 5 枚。宋元
之际，随着社会经济的
发展，在各种传世纺车
机具的基础上，逐渐产
生了一种有几十个锭子
的大纺车。

　　大纺车与原有的纺

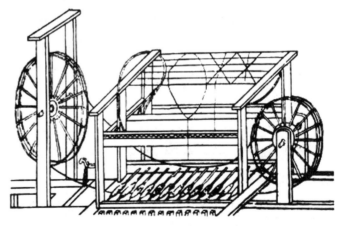

［元］王祯《农书》所载宋元时代的多锭大纺车图

189

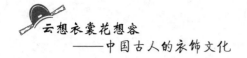

车不同，其特点是：锭子数目多达几十枚，并利用水力驱动。这些特点使大纺车具备了近代纺纱机械的雏形，适应大规模的专业化生产。

以纺麻为例，通用纺车每天最多纺纱 3 斤，而大纺车一昼夜可纺 100 多斤。纺织时，需使用足够的麻才能满足其生产能力。

水力大纺车是中国古代将自然力运用于纺织机械的一项重要发明，如单就以水力做原动力的纺纱机具而论，比西方早了 4 个多世纪。

宋代麻织遍及我国南方各地，生产相当发达。麻织品的产地主要集中在广西。

江南苎麻布生产不仅数量大，而且还出现了各种特种麻布。宋周去非的《岭外代答》曾记载，南宋静江府（今广西桂林）所织苎麻布经久耐用，是因为苎麻纱先用带有碱性的稻草灰的水汁煮过，在织制前再用调成浆状的滑石粉上浆，织成就"行梭滑而布以紧"。这实际上反映了现代的上浆整理加工工序。

南宋《格物粗谈》中有"葛布老久色黑"，将葛布浸湿，放入烘笼中，用硫黄熏就变成白色的记载，说明宋代已有硫黄熏葛布的漂白技术。

宋代用山羊绒纺织绒褐。据记载，所用山羊是唐末由西域传来。用山羊毛绒捻成线织成绒褐，织一匹名为"万胜花"的毛织品，重量只有 14 两。用茸毛能织成如此轻、薄的纺织品，可见毛纺织工艺十分精巧。

宋室南渡后，汉族与南方少数民族接触日益频繁，我国东南、闽、广各地从少数民族那里学会了先进的种棉、纺纱、织布等手工操作技术，棉花种植及棉纺织技术逐渐向北推广。我国海南岛天气炎热，土壤肥沃并略带碱性。尤其是崖州一带，最适合棉花生长，是我国棉花的原产地之一。《岭外代答》曾记录，崖州的妇女采摘新棉后，用细长铁轴碾出棉籽，接着"以手握棉就纺"；棉纱纺成后，又染色织布。

当初棉纺织技术传入中原时，制棉工具及方法极为简陋。周去非等人的著作中只提到碾去棉籽用的铁杖，而后来方勺在《泊宅篇》中又提到了弹花的小竹弓，这使制棉工具和方法又进了一步。

南宋末年，江南一带才开始种植棉花，这时南方的制棉技术已发展到用铁杖碾去棉籽，取"如絮者"，用长约四五寸左右的小竹弓，"索弦以弹棉"，使棉匀

190

细，"卷成小筒"，用车纺织成布。浙江兰溪南宋墓曾出土纯用棉花织成的一条棉毯，长 2.51 米，宽 1.16 米，经纬条干一致，两面拉毛均匀，细密厚暖，说明当时江南地区的棉纺织业已达到很高的工艺水平。

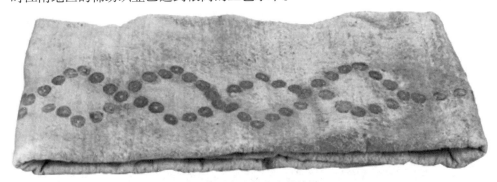

浙江兰溪南宋墓出土的棉毯

由于棉花种植、纺织工艺传入江南不久，当时轧花、弹花、纺纱、织布等工序还没有像丝织业那样分离成专门工作，只能作为家庭纺织来经营，生产效率低，这使得两宋时棉花在内地居民所用纺织材料中仍不占主要地位。

从晚唐到北宋前期，由于战事不断，导致北方养蚕、缫丝生产基本上都停废了；而江南地区未经大规模战争的破坏，丝织生产则广泛地发展起来。

宋室南渡后，北方大批统治者、官商巨室以及农民、手工业者纷纷南迁，这使得市场上丝织品销路大增，更进一步刺激了南方的丝织生产。

宋代在苏州织造的宋锦（或织锦）、南京织造的云锦、四川织造的蜀锦都是全国闻名的织物。特别是蜀锦工人创造的"花流水纹"（又称曲水纹），以单朵或折枝形式的梅花或桃花与水波浪花纹组合而成，富有浓厚的装饰趣味，成为当时极为流行的锦缎装饰纹样。此外，婺州出产的各种罗，也以其工艺精美闻名各地。

宋代织锦工艺发展很快，首先表现在由隋唐时代的变化斜纹演变出的缎纹，使"三原组织"（平纹、斜纹、缎纹）趋向完整；其次是棉织物花色品种增多，一方面由于装饰题材的扩大，另一方面是应用范围更为广泛。如成都茶马司织造的彩锦为了与少数民族交换军马，因此必须织适合于少数民族习惯爱好的花式品种。

北宋时仅彩锦就有 40 多种，到南宋更发展到百余种，并且生产了在缎纹底上再织花纹图案的织锦缎。一般的缎纹织物本身已富有光泽，再配上各色丝线织成的花纹图案，就更加光彩夺目了。

当时社会上还流行锦中加金以及以金为饰的衣服。宋、金时期，新疆的回鹘人擅长织金工艺，并向中原介绍了这种织造技术。此外，据吴自牧《梦粱录》记载，南宋还有绒背锦、起花鹿锦、闪褐锦、间道锦、织金锦等名品。

这时的罗纹丝织物也达到了很高的水平。由于唐、宋时提花织罗机在结构上有进一步的改革，所以在罗纹丝绸上可以织制出更加复杂的花纹。当时著名的高贵品种有孔雀罗、瓜子罗、菊花罗、春满园罗等。

［南宋］楼璹《耕织图》中的提花机

宋代的书画等文化事业空前发达。书画的发展自然带动了书画用品和材料的发展。绘画用的画绢，如重厚细密的"院绢"、纤细的"独梭绢"，均为当时画家所喜爱。供书画作品使用的宋代丝织物的花纹，除了运用动物纹，还有大量的植物纹；不仅有写生花，甚至还有遍地锦纹，成为色彩更加绚丽复杂的工艺品。

9. 元代纺织

元太祖成吉思汗自 1206 年建国，灭西夏、金之后，民族组成主要以蒙古族为主。元世祖忽必烈即位后，又经过长期战争，灭亡南宋，统一中国，并建立了以蒙古人为核心的民族等级和民族歧视政策。由于民族矛盾比较尖锐，又长期处于战乱状态，包括纺织业在内的元代手工业遭到很大破坏。

同时，元代又是中国纺织业特别是棉纺织业发展的重要阶段。首先是棉花种植的普及，改变了传统以麻布为主要衣着原料的习惯。其次，棉织业的兴起，以及一整套设备和技术的传入和改良，使得棉纺织品的产量和质量都发生了飞跃式的提升。而提到元代中国棉纺织的发展，就不得不提到一位了不起的女性——黄道婆。

黄道婆，元松江府乌泥泾镇（今上海市华泾镇）人，是一个普普通通的劳动妇女。据传说，她小时候给人家当童养媳，由于不堪忍受封建家庭的虐待，她勇敢地逃出了家门，来到了海南岛的崖州（今海口市）。从此，她在海南岛居住了30多年。

她在海南崖州期间，虚心向当地的黎族人民学习纺织，不仅掌握了全部先进技术，还把崖州黎族使用的纺织工具带回家乡，并以她的聪明才智，逐步加以改进和革新，使家乡以至整个江南地区的纺织水平都有所提高。经过她改进推广的"擀（搅车，即轧棉机）、弹（弹棉弓）、纺（纺车）、织（织机）之具"，在当时具有极大的优越性。

黄道婆之前，脱棉籽是棉纺织进程中的一道难关。棉籽粘生于棉桃内部，很不好剥。13世纪后期以前，脱棉籽有的地方用手推"铁筋"碾去，有的地方直接"用手剖去籽"，效率相当低，以致原棉常常积压在脱棉籽这道工序上。黄道婆推广了轧棉的搅车之后，工效大为提高。

在弹棉设备方面，黄道婆之前江

黄道婆像（邮票图案）

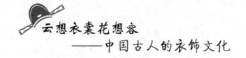

南虽已有弹棉弓，但很小，只有 1 尺 5 寸长，效率很低。黄道婆推广了 4 尺长、装绳的大弹弓，使弹棉的速度加快了。

就棉纺织的各种工具而论，最值得注意的还是纺车的改进。棉纺车米源于麻纺车，而麻纺车是由纺丝的莩车演变而成的。黄道婆推广了 3 锭棉纺车，是用脚踏发动纺车，使效率大为提高。

黄道婆还推广和传授了"错纱配色，综线挈花"之法，后来松江一带织工发展了这种技术且更加精益求精。她还把"崖州被"的织造方法传授给镇上的妇女，一时"乌泥泾被"闻名全国，远销各地。

原来"民食不给"的乌泥泾，从黄道婆传授了新工具、新技术后，棉织业得到了迅速发展。到元末时，当地从事棉织业的居民有 1000 多家；到了明代，乌泥泾所在的松江，成了全国的棉织业中心，赢得"衣被天下"的声誉。

黄道婆就是这样以自己的杰出贡献，而被载入我国纺织业的发展史册，永远受到后人的敬仰。

元代的丝织业虽然因为棉织业发达而有所衰退，但技术依然有进步。元朝在苏州平桥南设立织造局，开创了朝廷在江南设置织造局的先例。为适应蒙古贵族审美需要得到发达的织金等纺织技术，将元朝高级的纺织品装饰得更加五彩缤纷、富丽堂皇。

1976 年，内蒙古集宁市东南 30 公里、察右前旗巴音塔拉公社南 5 公里处发现一批窖藏元代丝织品。其中几件丝织品，织刺精细，图案别致，以蓝、绿、黄、褐等多种颜色的丝线刺绣而成，无论是光泽、弹性，还是抗折性都比较好，保存较完整。这对于研究元代纺织业，尤其是丝织刺绣业的发展，以及研究元王朝的社会历史形态都有极其重要的价值。

10. 明代纺织

明代，纺织技术得到很大发展。这首先表现在纺织业开始出现了资本主义生产方式的萌芽，其生产规模、组织结构以及劳动方式都发生了极大的变化。

这一时期，官营纺织生产和民间纺织生产都有很大发展。

江南三织造——南京、苏州和杭州的织造局（或称织造府），生产的织物供皇室和政府使用，设有规模很大的"机房"，且产品豪奢华丽而耗料费劲，不计成本。这一方面极大地加重了劳动人民的负担，一方面也刺激了纺织物品种的发展。

民间纺织行业也兴盛起来，工艺技术、织物品种等方面都超越前代水平，呈现一片繁荣兴盛的景象。

棉花到了明代开始推广到黄河流域，进而遍及全国。棉布很快地取代丝麻成为广大人民的衣被之源。

明代棉纺织业的蓬勃发展，除了棉纤维具有"比之蚕桑，无采养之劳，有必收之效，埓之枲苎，免绩缉之工，得御寒之益"（《王祯农书》）的优良特性外，与政府大力提倡植棉也是分不开的。

据《明史·食货志》记载，明太祖朱元璋立国之初即下令："凡民田五亩至十亩者，栽桑、麻、木棉各半亩，十亩以上倍之……不种麻及木棉，出麻布、棉布各一匹"。洪武二十七年（1394年）又令各地农民，"若有余力开地植棉，率蠲其税"（《洪武实录》卷232）。这些奖励植棉的政策无疑推动了棉纺织业的发展，为棉纺织提供了大量的原料。

明代棉纱、棉布的生产规模相当庞大，我们可以从官府每年征收棉布的巨额数量看出来。据《明实录》所载：洪武年间（1368—1398年）每年征收棉布60万匹，而到永乐年间（1403—1424年），就骤增到90万匹，在短短30年间，征收量就增加一半。

当时从事棉布生产的，除了官办的国营工场和私人的手工作坊外，更多的是农民的家庭副业，出现"十室之内必有一机"，"棉布寸土皆有"的盛况（宋应星《天工开物》）。

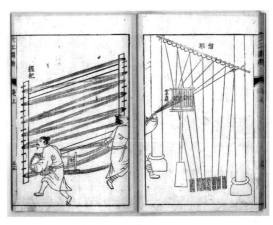

［明］宋应星《天工开物》中纺织插图

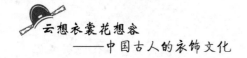

江南的松江已发展成全国最大的棉纺织中心，其产品上贡宫廷，下销全国，有"买不尽松江布，收不尽魏塘纱"之誉。

松江还生产出一些名优产品如尤墩布、眉织布、丁娘子布。明朝著名诗人朱彝尊还特地写诗称颂"丁娘子布"："丁娘子，尔何人？织成细布光如银。舍人箧中刚一匹，赠我为衣御冬日……晒却浑如飞瀑悬，看来只讶神云活。为想鸣梭傍碧窗，掺掺女手更无双。"

纺织机具的改进是纺织技术发展的必要前提，明代纺织机具有了重大改进和革新，效率大为提高。

明代在纺织工艺技术上也大大地超越前代。首先是交织织物的涌现。秦汉隋唐以来的纺织品，大多采用一种原料制织，直到明代才广泛使用两种不同原料进行交织，涌现出很多交织织物。其中著名的有广东东莞生产的麻经丝纬的渔冻布；广东宝安生产的棉经麻纬的罾布；福建漳州生产的棉、丝、麻三合一的假罗。这些交织品制作精细、质量优良、服用性能良好。其次表现在织锦工艺的提高。明锦无论在织造技术上，还是在花色品种上都大大超过宋锦。明锦在继承宋锦的基础上更有所发扬光大，锦上织造的花纹图案更为复杂，色彩搭配也鲜艳华丽。特别令人注目的是妆花缎和织金锦的高超技艺，已达到空前的地步。

妆花缎是用多种彩色的纬丝在缎纹地组织上分段挖花，形成色彩鲜艳的花纹，所谓"锦上添花"盖起源于此。当时南京生产的云锦，品种有 17 个之多，名闻全国。

织金锦是用金丝或银丝在锦缎上织出花纹。其中又分为库金——用金箔包缠在丝线上；加金——用金线镶嵌在花纹四周；刻金——部分花纹使用金线；金宝地——全部用金线织成地组织，再加彩色花纹。这种织金锦缎，织造精细，显金面广，色彩绚烂，富丽堂皇，是十分华贵的衣料。

明代的起绒技术也有了长足进步。汉代的绒圈锦，南宋的绒背锦、茸纱，元代的剪绒"怯锦里"等都是起绒织物的雏形，而明代的漳绒才是真正的割绒织物，与我们现代绒类织物的制作原理极其相似。

同时，明代的浆纱工艺与提花技术均有提高。明代纺织品中较有代表性的品种有妆花、改机、漳缎、云布、丝布等。仅以妆花为例，就有 17 个品种，其结花技术是后来提花机纹样装置的先驱。苏州、杭州、成都、广州、福建等地盛产各种丝绸，畅销国内外。

明代由于纺织技术的高度进步，生产出来的纺织品更是品种繁多，丰富多彩，棉、毛、丝、麻各类纺织品无不具备。特别是丝织物，我们现代所有的各种丝织品如纺、绉、纱、罗、绸、缎、绫、锦、绢、绒等等，当时

明定陵出土的明思宗金丝翼善冠

也一应俱全。后世称为云锦的南京织锦，在当时已经形成了其基本风格。

11. 清代纺织

明、清时期的丝、麻、棉、毛的纺织、印染和刺绣等，直接关系到整个民族的衣着，有着广泛的群众基础，民间织绣遍地开花。

在这一雄厚基础上建立起来的织、染、绣等行业，有着蓬勃的生命力。其生产中心已经转移到江南地区，最集中的为江宁（今南京市）、苏州和杭州等地，元、明、清三朝都在江宁、苏州和杭州三处设立了专门督办宫廷御用和官用各类纺织品的织造局。

清朝初年，明代织造局久经停废。清顺治二年（1645 年）恢复江宁织造局；四年（1647 年）又重建杭州和苏州织造局。八年（1651 年），又确立了"买丝招匠"制的经营体制，并成为清代江南三织造局的定制。管理各地织造衙门政务的

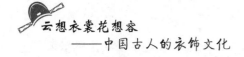

内务府官员，通称织造。

相对于隶属官府的织造局，民间纺织厂叫作机房，"机户出资，机工出力"，是明清两代重要的资本主义萌芽形式。

在古代丝织物中，锦是代表最高技术水平的织物。"锦"字，是"金"字和"帛"字的组合，《释名·采帛》说："锦，金也。作之用功重，其价如金。故唯尊者得服。"这是说，锦是豪华贵重的丝帛，在古代只有达官贵人才能穿得起。

清代苏州、江宁多生产重经或重纬的彩色提花丝织锦。清代织锦，花纹更加繁缛精美，配色愈趋富丽隽雅，退晕更迭、变化无穷，显得愈加辉艳而又和谐。

当时，浙江以素织为著，苏州以妆花见长。妆花系采用"挖花"工艺，可随时换色，多达20余种。

苏州织锦织工精细，更因花色具有宋代典雅的遗风而得"宋锦"之名。清康熙年间，有人从江苏泰兴季氏家购得宋代《淳化阁帖》十帙，揭取其上原裱宋代织锦22种，转售苏州机户摹取花样，并改进其工艺进行生产，苏州宋锦之名由

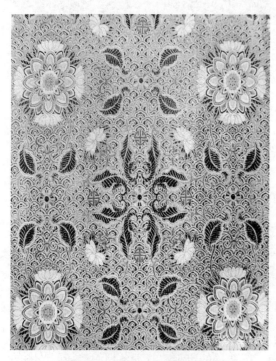

清康熙橙色"云纹地宝相莲花重锦"

是益盛。苏州宋锦根据工艺的粗精、用料的优劣、织物的厚薄及使用性能，又分为重锦、细色锦、匣锦三种。

重锦是明清宋锦中最贵重的品种。重锦选用优质熟色丝、捻金线、片金线，在三枚斜纹的地组织上，由特经与纹纬交织成三枚纬斜纹花。花纹一般用很多把各色长织梭来织，在某些局部用短跑梭配合。例如北京故宫博物院保存的清康熙"云纹地宝相莲花重锦"，地经和特经是月白色的，长织纹纬用墨绿、浅草绿、湖蓝、玉色（带有蛋青色的白）、宝蓝、月白（极浅的浅蓝）、

沉香（发黄的棕色）、黄色、雪青（浅青莲色）、棕黄、粉红、浅粉、白色、捻金线等14把长织梭与1把大红色特跑梭（每隔一段距离才织的）来织制，色彩绚烂壮观，这种重锦是宫廷制作铺垫及陈设的用料。

江宁织锦，质地厚重，以金丝勾边，彩色富丽，气势阔绰，采用由浅至深的退晕配色方法，犹如绚丽的云霞，故有"云锦"之誉。南京云锦与成都的蜀锦、苏州的宋锦、广西的壮锦并称"中国四大名锦"。

南京云锦是至善至美的民族传统工艺美术珍品之一，是南京传统的提花丝织工艺品，是南京工艺"三宝"之首。明末清初的诗人吴梅村有一句诗就是用来描写南京云锦的："江南好，机杼夺天工。孔雀妆花云锦烂，冰蚕吐凤雾绡空，新样小团龙。"

清代云锦品种繁多，图案庄重，色彩绚丽，代表了历史上南京云锦织造工艺的最高成就。清代云锦配色多达18种，运用"色晕"层层推出主花，富丽典雅、质地坚实、花纹浑厚优美、色彩浓艳庄重，大量使用金线，形成金碧辉煌的独特风格。由于用料考究，织工精细，图案色彩典雅富丽，宛如天上彩云般的瑰丽，故称"云锦"。

明清刺绣业迅速发展，形成不同地方特色，出现了顾绣、苏绣、湘绣、粤绣、蜀绣、京绣。

顾绣始于明嘉靖年间的上海顾名世家，故名。顾绣以绣绘结合著称，所织物品深得当时名流董其昌等许多书画家的赏识和推崇，以唯一的文人绣派闻名当时并影响后世。

苏绣以针脚细密、色彩典雅为特点，其工艺讲究平齐细密，匀顺和光，图案多采用分面推晕

顾绣作品《文姬归汉》

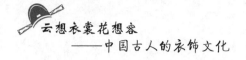

的方法，具有浓郁的装饰性。

湘绣于清代后期形成独立系统，作风写实，以猛兽为题的作品最具特色，其针法多用施针，同时间以双印、四印、齐、柔等一系列针法，所绣物象富有真实感。

粤绣以百鸟、鸡等为题，花纹繁缛，色彩浓艳，具有独特的效果。蜀绣以成都为中心，以用线工整厚重，设色明快，而受到人们的喜爱。

京绣以皇室绣作为中心，以皇家为服务对象，绣品精巧富丽。另外，像北京洒线绣及山东、河北的衣线绣等也颇具地方风采。

清代少数民族的纺织、印染、刺绣、编织等大都由妇女完成，因多数是自己使用，故随心所欲，不拘一格。壮族的壮锦，维吾尔族的回回锦、和阗绸、金银线地毯，藏族氆氇，苗族蜡染，黎、哈萨克等族的刺绣都是各民族手工艺的瑰宝。

 葛不连蔓菜台台：**葛麻纺织**

中国最早出现的是葛、麻纺织。

葛藤纤维是古代一种重要的纺织原料葛纤维，是我们祖先最早利用来纺织的植物纤维。

我国是麻的故乡，外国把大麻叫作"汉麻"，把苎麻叫作"中国草"。在元、明两朝棉花栽培普遍推广以前，麻织品是平民百姓最主要的衣着材料。那时把平民百姓称为"布衣"，这里的布指的就是麻布。

从考古发掘资料判断，中国的葛麻纺织至少已有六七千年的历史，北方的大麻栽培和南方的苎麻栽培历史也都在 5000 年以上。

1. 葛的利用

葛纤维是我们祖先最早利用来纺织的植物纤维，古书中就有关于尧"冬日麑裘，夏日葛衣"的记载。

葛布是用葛的韧皮为原料，经过一系列加工纺织而成的。

葛是藤本植物，生长在气候温暖湿润的山区。

早在旧石器时代，我们的祖先就已经知道挖取葛的根当作食物，并用葛的藤条捆扎东西。在长期的生产和生活实践中，人们发现葛藤如果在沸水中煮过，它的皮就会变软，并逐渐分离出一缕缕洁白如丝的纤维来。这种纤维经过手搓，或是用最原始的工具加工成纱线，就可以用来编织成纺织品。

《诗经》中涉及葛的种植和纺织的有40多处，表明在商周时代，葛纤维仍是主要纺织原料之一。周代还专门设立"掌葛"的官吏来专门管理葛的种植和纺织，并通过它搜括奴隶们生产出来的葛织物。

西汉时，葛纤维织成的缔、络仍然是人们的穿着织物。《汉书》中就有关于汉高祖刘邦曾下令禁止大商贾等穿高级丝绸和缔布衣服的记载。东汉以后直至三国时期，虽然大麻、苎麻等纤维原料植物早已广泛种植，但偏僻的山区仍然种植葛。

到了隋唐时期，纺织技术和工具比以前更加完善，纺织生产的能力也越来越大。葛藤因为生长较慢、加工困难而逐渐被麻取代，特别是在平原地区，已变成稀罕之物了。但在一些山区，葛仍然为广大劳动人民所利用。

2. 布衣和麻纺织

我国是麻的故乡，麻纺织的发展在中国有着悠久的历史，是中国古代物质文明的一个重要组成部分。

在古代很长一个时期，麻是人们最主要的衣着原料。古代把平民百姓称作"布衣"。这里所说的布，不是今天的棉布，而是麻布。奴隶主和封建贵族可以冬穿皮裘毛绒、夏着丝绸，而平民百姓只能用麻布遮体御寒，所以"布衣"也就成了平民百姓的代名词。

在我国历史上，"布衣"曾是出身微贱者的代用词。原来在古代我国中原地区除利用蚕丝之外，主要利用葛、苎和大麻等韧皮纤维纺纱织布。葛对气候和土

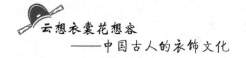

质的要求较高，而且其种植也只限于一些山区；苎的加工比较麻烦；广大平民又穿不起丝绸，因此，没有葛布和苎布的只得穿大麻粗布衣。

大麻，俗称"黄麻"，是一年生草本植物，对土壤和气候的适应性很强，古代我国广大地区都有它的踪迹。

早在三四千年以前，我国大麻的种植遍及华北、西北、华东、中南各地。那时，我们的祖先就已经掌握了沤制大麻、剥取纤维的方法。《诗经》里就有十几处提到在池塘，或是流速极缓的河滨"可以沤麻"的记载。大麻收割回来，削掉权枝、麻叶，扎成捆，扔到水中，并用石块镇压，经过若干天的沤浸，水池里产生小气泡，待小气泡消失，水变得滑腻，再将麻捆捞起晒干。农闲时把大麻皮剥下来，作为纺织原料。

在2000多年前的汉代，我国劳动人民就认识到大麻雌雄异株，把雄的叫"枲"，雌的叫"苴"。枲麻纤维虽少，但强度高，可以纺织；苴麻纤维粗硬色黑，不能用来纺织，但麻籽可榨油，属"九谷"之一。

大麻生产在奴隶制经济中占有重要的地位。周代专门设立"典枲"的官员来管理，其中又有下士、府、史、徒等大小官吏。

古代纺织图

春秋时期，各诸侯国和各地区的社会经济在原有的基础上获得了进一步的发展。这一时期，蚕桑的生产广布于全国各地。而麻的栽培和纺织，更是达到相当高的水平。

当时齐国社会经济较其他各国发展，农业和手工业的水平在各国中是最高的，大麻种植和纺织得到相当的重视。过去是"非采列（锦绣的丝绸衣服）不入公门"，麻布衣不得登大雅之堂；而这时，就是齐相也穿起麻布衣来了。齐相晏婴身着十升麻布，说："布衣足以掩体御寒，不务其美。"

西汉时封建主义经济繁荣向上，生产经验得到总结，科学技术迅速发展。劳动人民从大麻的沤制加工中找出一些规律来，如"夏至后二十日沤枲"，剥制的枲麻纤维则"如丝"一样柔和。

东汉时，大麻的种植地域不断向外扩大，往北向内蒙古一带推广，往南则向两广一带推广。

汉代，大麻布还作为军队的服装。譬如，在新疆罗布淖尔地区一个汉代古烽燧亭遗址中，就发现有大麻短裤以及麻布囊等。

由于气候的变化，到东汉、魏晋以后，我国南方已不适于大麻的生长，大麻则在北方盛极一时。大麻布的生产量日益增多，"诸郡皆以麻布充税"。据《晋书》记载，一次苏峻举兵攻入宫城，发现宫库里存麻布多达 20 万匹。

大麻的种植、加工远比葛简便，产量又高，所以春秋战国及其后一个时期，在人们的衣着原料中，大麻逐渐占据主要地位。但大麻与苎麻比较起来，纤维短，含木质素也较多，显得粗硬，纺纱性能差，所以魏晋以后，除北方大麻仍占主要地位以外，南方则着重利用苎麻了。

由于南北方利用的纺织原料不同，大麻的加工技术也有地区差别。元代的农学家王祯在《农书》中就指出北方沤制的大麻"麻片洁白柔韧"，可织细布；而南方"麻片黄皮粗厚，不任细绩"。以后随着棉花在北方的推广，大麻在北方也逐渐退出了衣着用的纺织原料范围。

3. 苎麻与夏布

夏布是我国有名的传统纺织品。在我国气候温暖的南方，夏布深为人们所喜爱。用它做成夏天穿的衣衫，凉快惬意；用来做蚊帐，则挺括透气。

为什么夏布会有这些特点？这是因为夏布的纺织原料——苎麻纤维同葛纤维一样，吸湿和放湿比其他纤维都快。当夏天人们热得汗流浃背时，穿上夏布衣服，汗液散发得快，确有"去汗离体"之功效。

四五千年以前，我国黄河流域一带的气候比现在要温暖得多，那里的山岗斜坡上长满了野生的苎麻。苎麻的茎和葛藤一样，外皮也有一层纤维和胶质粘结起来的韧皮。葛皮的胶质只要用沸水一煮，大都脱去，而苎麻外皮的胶质是难以用沸水煮掉的。

在新石器时代，通过生活实践以及生产劳动实践，人们从野生苎麻的自然腐烂中得到启示，开始采用自然发酵脱胶。在《诗经·陈风》中，就有"东门之池，可以沤苎"的诗句，沤苎就是利用微生物进行自然脱胶。

秦汉时期，社会生产力进一步得到发展，苎麻的栽培和加工技术都有提高。这时已用石灰或草木灰来煮炼苎麻，进行化学脱胶，不仅使纤维分离更精细，可以纺更细的纱，织更薄的夏布，而且大大缩短了原来微生物脱胶周期，提高了生产效率，为苎麻的广泛应用创造了有利条件。

由于气候的变化等原因，东汉以后，苎麻的生长地区逐渐局限于长江以南了。到宋、元时，苎麻的脱胶技术又有了新的发展。除用石灰或草木灰煮以外，还采用"半晒半浸"的办法，即把煮过的麻缕用清水洗净后，摊放在铺于水面的竹帘上半浸半晒，日晒夜收，直到麻纤维达到"极白"的程度。

苎麻的脱胶如此，苎麻的纺织更是繁难。《汉书》中记载："冬民既入，妇人同巷相从夜绩，女工一月得四十五日。"说的是一到冬天，农村妇女就相聚在一起日夜纺绩苎麻，一月要做相当于45天的工，

古代纺织图

而一天所纺绩的精细麻纱仅一两钱。

隋、唐时期，江南苎麻布生产急剧增长。到了宋代，江南苎麻布生产不仅数量大，而且在花色品种方面也出现了以各地区命名的特产麻布。

如浙江诸暨的山后布，就是驰名我国南方的"绉布"，所用的麻纱是在纺绩过程中加过强捻的，然后再织成"精巧纤密"的布。质量仅次于真丝织的纱罗。用它做衣服以前，"漱之以水"，由于加过强捻的麻纱吸水收缩，因而麻布顷刻成"谷纹"。

又如南宋静江府（今广西桂林等地）所织的苎麻布经久耐用，是因为苎麻纱采用带有碱性的稻草灰的水汁煮过，在织造前再用调成浆状的滑石粉上浆，织造时"行梭滑而布以紧"，这实际上包含了现代上浆整理加工的道理。

南宋以来，棉花逐渐在全国广为种植。棉花的推广使得苎麻生产发生了根本的变化，苎麻再也不是人们的主要衣着原料，而是专门用来织造盛夏使用的轻薄型织物。

清代在广东地区，用苎麻纱和蚕丝交织成的轻薄织物"柔滑而白"，像鱼冻一样，"愈洗愈白"，人称"鱼冻布"。鱼冻布的出现说明我国劳动人民早就熟练地掌握了交织工艺技术。

鸦片战争以后，我国一步一步地变成了半封建半殖民地社会，苎麻的加工和纺织生产技术，也遭受到严重的摧残，长期停留在手工作业阶段，逐渐陷入濒危的境地。

4. 丰富多彩的麻葛织品

中国古代的麻、葛纺织技术十分精湛，产品丰富多彩，种类、规格齐全。从普通粗麻布，到能与丝绸媲美的精细葛布、纻布；从普通平纹织物，到各种罗纹起花和特种织物，应有尽有。

早在新石器时代，麻、葛织品的规格、质量就达到了相当高的水平。

进入奴隶社会后，纺织技术有了明显的提高，麻、葛布的花色、品种大大增加。西周时，葛布、麻布的粗细规格，从7升到30升不等，种类、规格齐全。30升的麻布，经纱密度达到每厘米50根，相当于今天的高级府绸。

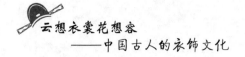

在汉代，葛布、麻布有绤、绉、纻、绤、绤、绖、缌、纨等多个品种。据《说文》解释，绤是细麻布，绤是细葛布，绤是粗葛布，绉是细绤布，纻是白而细的麻布，绖是细布，缌是细疏布，纨是细绅布。

葛布、麻布有粗细不同的品种规格，穿用也有严格的等级限制。按大类分，15升以下是粗麻布，15升以上是细麻布。其中7～9升的粗麻布是供奴隶和罪犯穿的；10～14升的粗麻布是普通百姓穿的；15升的细麻布叫作缌布，专门用来缝制贵族服装。汉代《淮南子》说，"冬日被裘剐，夏日服绤纻"，即是说贵族冬天穿的是皮毛呢绒，夏天穿的是精细葛布和苎布。至于30升的缌布只能做天子和诸侯贵族的帽子，被称作"麻冕"。

随着麻纺织的不断发展，还涌现出一批质量优异、工艺独特的地方名产和特产。汉代时，四川产的细苎麻布（蜀布）、东南一些地区产的葛布都十分有名。西南少数民族也生产名布，如哀牢地区生产的阑干细布（苎麻布），织成的花纹像绫锦一样五彩缤纷。

唐宋后，南方一些地区生产的苎麻布和葛布，工艺愈加精湛和独特，质量进一步提高。

元代以后，尤其是进入明代，随着棉花栽培的普遍推广和棉纺织业的迅猛发展，棉纺织品取代丝、麻，成为人们主要的衣着材料。麻类作物的种植和麻、葛纺织生产的重要性下降，但它并没有退出历史舞台。相反，麻纺织在全国许多地区一直普遍存在，在长江流域和岭南地区还有所发展。在某些地区，绩麻织布一直是妇女的主要职业，麻布、苎布、葛布、蕉布等麻类纺织品是当地的重要特产。

在织造工艺方面，明清时期在广东地区出现了苎、葛、蕉和丝的交织织法。苎丝布、葛丝布、蕉丝布、苎棉布和加银织品的大批生产，说明我国很早就已熟练地掌握了交织工艺技术。

新制布裘软于云：古代棉纺织

棉织品是中国古代平民百姓的基本衣着材料。中国的棉纺织业有着悠久的历史，是中华古老文明的一个重要组成部分。

1. 古代棉纺织综述

北京周口店"北京猿人"遗址出土的骨针显示，我们的祖先早在 18000 年以前就已初步掌握了缝纫技术，懂得用兽皮、树皮等缝制衣服；以后又通过利用植物纤维搓绳和编结鱼网，编织"网衣"，逐渐学会了编织和纺织。

棉纺织和棉花的人工栽培，首先是在我国华南、西南和西北边疆少数民族地区发展起来的。早在夏禹时代，海南岛居民就用被称为"吉贝"的木棉纺纱织布。秦汉后，当地居民治棉、纺织和练漂、印染技术都达到了相当高的水平。明清时期作为棉纺织中心的江苏松江，棉纺织技术还是经黄道婆从海南黎族同胞那里传过来的。

云南、四川哀牢地区和西北新疆地区，也都在秦汉之交或更早就有了植棉和棉纺织生产。20 世纪五六十年代以来，新疆地区先后有东汉至隋唐时期的大量棉织品出土。

边疆少数民族对我国的棉纺织业发展做出了不可磨灭的贡献。

古代纺织图

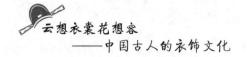

随着历史的发展，边疆少数民族同中原汉族之间的交往日益密切，棉织品、棉花栽培和棉纺织技术逐渐传入中原，唐代广西和福建的棉纺织业已有后来居上之势。到元、明两代，棉花栽培已由江南推广到全国，棉布取代麻布，成为人们主要的衣着材料。

清代前期是我国手工棉纺织业发展的高峰期，所产棉布除满足国内需要外，还大量出口欧美和日本、南洋等地，在国际市场享有极高的声誉。

鸦片战争后，随着洋纱、洋布的倾销和国内机器棉纺织业的兴起，农民家庭手工棉纺织业逐渐解体。但机器棉纺织业因受到洋货和在华外国资本的排挤，未能充分发展；日本侵华战争期间，更遭到日本侵略者的残酷掠夺，濒于全面崩溃。1949年中华人民共和国成立后，我国的棉麻纺织业才获得新生。

我国棉麻纺织业的悠久历史、辉煌成就和艰辛历程，可以说是中华古老文明发展历程的一个缩影。

2. 古代边疆地区的棉纺织业

在古代，海南岛和岭南地区、云南和四川部分地区、新疆的吐鲁番和于阗一带，都以生产棉花和棉布著称。

（1）海南岛和岭南地区的棉纺织业。

海南岛和岭南地区气候炎热、潮湿，那里的少数民族很早就栽培一种能开花吐絮的木本植物，利用它的花絮纺纱织布，缝制衣服。当地人把它称作"吉贝"，织成的布叫"织贝"或"吉贝布"。吉贝就是多年生的木棉，属于棉花的一种，每年可收花两次。早在夏禹时，海南岛居民就用木棉织布缝衣，缝制的衣服叫"卉服"，说明当地居民早在4000年前就已栽培和利用棉花了。

秦汉时期，海南岛少数民族流行一种称为"贯头"衣的服式。这种贯头衣就是在一段棉布中间开一个洞，从头上往下套在身上，再在腰间束一根带子就成了，做工简单，穿着宽松，可以说是现今时兴的套头衫的始祖。

为了制作方便，通常把几幅布拼接在一起，做成一种"广幅布"，其"洁白不受垢污"。当时生产的棉布能达到如此洁白无瑕的程度，说明棉花原料的质量较好。

三国时有人描述当地的木棉说，棉絮"状如鹅毛"，纤维"细过丝绵"，可以"任意小抽牵引，无有断绝"，可见那是一种色白、纤维长、韧力强的优质棉花。

同时，脱籽、弹花、纺织和漂白工艺技术，也都达到了相当水平。

他们不但能生产白布，而且能生产各种染色布。先将棉纱染成各种不同颜色，然后织成布，这种染色布被称为"斑布"，并有多种花色和规格。黑白条纹相间叫"乌驎"，黑白格子纹叫"丈辱"，黑白格子纹中间再添织五彩色线品则称"城域"。

在棉花种植推广的同时，棉花加工工具和纺织技术又有了新的改进。南宋的《泊宅编》具体记述了闽广地区的棉花加工和纺织过程，并提到了赶棉和弹棉工具，说当地居民摘棉去壳，用铁杖擀尽棉籽，用小弓将棉花弹松，然后纺绩为布，称为"吉贝"。

海南少数民族居民所织的头巾，上面织有花卉纹，并杂有文字，尤为工巧。

另据南宋《桂海虞衡志》记载，海南黎人还织造一种青红相间的格子布，被称作"黎单"，很受广西桂林人的喜爱，被他们买来做床单。

（2）西南地区的棉纺织业。

在西南地区，云南和四川少数民族种植和利用棉花的历史也十分悠久。

世世代代居住在云南哀牢山区和澜沧江流域的古哀牢等民族，很早就掌握了棉花栽培和棉纺织技术。东晋的《华阳国志》一书，对于云南永昌的棉花和纺织生产情况，记载十分详细，书中说："永昌郡古哀牢国，产梧桐木，其花柔如丝，民绩以为布，幅广五尺，洁白不受污，俗名桐华布。"梧桐木是多年生木本棉，桐华布也叫"橦花布"，就是棉布。

永昌东北的南诏，即现在的大理一带，很早就利用棉花进行纺织。当地把木棉叫作"婆罗木"，把棉称为"婆罗笼段"。成书于南北朝时的《南越志》说，南诏"惟收婆罗木子中白絮，纫为丝，织为幅，名婆罗段"。

这些历史记载证明，云南西南部以傣族、白族为主体的少数民族，自古以来就以栽培棉花为重要的纺织原料。

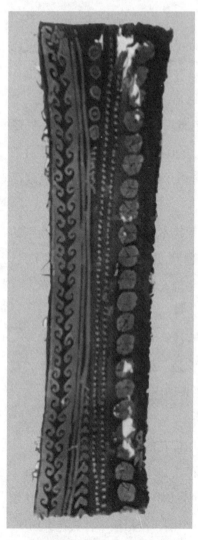

山普拉墓地出土的蓝白印花布

（3）新疆地区的棉纺织业。

新疆是我国古代另一个植棉业和棉纺织业发达的地区。从今吐鲁番到新疆西南部的民丰、于阗和塔什库尔干塔吉克自治县的广大区域内，早在两汉时期就广种棉花了。

吐鲁番古代称高昌国，是沙漠中的绿洲，有得天独厚的自然条件和可供灌溉的水源，有利于棉花的生长。

当地居民很早就将棉花用作纺织原料。3世纪初，魏文帝曹丕在诏书中就曾提到新疆地区生产"白緤（叠）布"。白緤布就是棉布。当地居民把棉花叫作"白叠子"。

南北朝时，南朝《梁书·西北诸戎传》也有关于高昌和于阗植棉纺织的记载：说高昌国的"草木"（草棉）很多，果实像蚕茧，棉丝像细麻丝，当地人称为"白叠子"，"多取之以为衣，布甚软白"；又说，于阗西边有一个叫"喝盘陀"的小国，居民穿的是"吉贝布"。喝盘陀国就在今天的塔什库尔干塔吉克自治县一带。

20世纪五六十年代以来，在新疆地区的考古发掘中，出土的棉织品实物，不仅数量多，而且种类、花色齐全。从纺织材料看，既有纯棉布，也有丝、棉交织品；从棉布组织结构看，既有普通平纹布，也有几何纹提花布；从颜色和印染加工情况看，既有白布，也有双色格子布和蜡染印花布。这些棉布或丝、棉交织布，组织结构都相当细密，可见当时新疆地区的棉纺织技术已经达到相当高的水平。

3. 从边疆走向全国的棉纺织业

元、明两代是我国棉纺织业发展的十分重要的时期。在这一时期，棉花栽培和棉纺织业从华南和西南、西北边疆迅速推广到长江流域、黄河流域和全国各地，棉布取代麻布成为全国人民最主要的衣着原料，棉纺织业成为农户经济的重要组成部分和封建王朝的主要税收来源之一；棉纺织工具和纺织技术有了长足的进步，出现了一批棉纺织集中地和具有地方特色的名牌产品；与棉纺织相关的印染业和踹布业，也迅速兴盛起来。

从宋、元之交到明代，我国的棉花栽培和棉纺织生产，在地区推广上出现了一个飞跃，以前所未有的速度，从华南地区和西南、西北边疆扩展到全国各地。

南宋末年，江南一些地区已开始棉花种植。元朝统一全国后，南北经济联系和商业交流加强，消除了棉花和棉织品北上的障碍。"商贩于北，服被渐广"，棉花栽培和棉纺织技术也逐渐北传，"江淮川蜀，都得到种棉之利"。在西北，新疆的棉花栽培技术也已传播到陕西渭水流域。

棉花向北传入长江流域，它的优越性立即显现出来。棉花虽为南方物产，但同样适用于北方。北方天寒，如果没有丝绵，就要用毛皮，而棉花比毛皮便宜得多。因此，元政府主张大范围推广植棉和纺织之法，以"助桑麻之用，兼蛮夷之利"。

元、明两朝政府为了推广植棉和棉纺织业，采取了强迫百姓输纳棉布实物税和硬性规定农户植棉面积的强制措施。从此，棉布开始和其他纺织品一起被定为常年租赋。

明朝政府同样采取强制种植和输纳的办法，比元代的推广措施更为严厉和坚决。这套办法推行了20多年，到洪武二十七年（1394年），朱元璋又推行闲地植棉免税的新办法，下令官吏劝谕民间，在空地上种植桑枣、棉花，并免纳赋税；每年年底上报种植面积。这种隙地棉田免税的办法，以后长期被沿用。

元、明地方官吏，上自总督巡抚，下至知州知县，无论掌管民政的布政使，还是掌管军政的兵备道，在督劝植棉和纺织方面，也大都不遗余力，其办法也同样是强制性的。

自元代至明代，经过一二百年的传播，植棉纺织已基本推广到全国各个地区。成书于明代中叶弘治年间（1488—1505 年）的《大学衍义补》说，棉花"至我国朝，其种乃遍于天下，地无南北皆宜之，人无贫富皆赖之，其利视丝枲盖百倍焉"，由此可见植棉纺织的普遍程度了。

在棉花的引入和推广过程中，由于人工培育和自然选择，在一些地区开始形成不同的棉花品种，棉花栽培技术也迅速提高。

4. 清代手工棉纺织业的鼎盛

进入清代，我国棉纺织业在明代的基础上有了进一步的发展。棉花栽培和棉纺织生产继续向全国各地推广，陆续涌现出一批新的棉花和棉布集中产区，植棉纺织呈现扩散和集中交叉发展的态势。纺织工具和纺织技术，尤其是纺织工具的制造和纺织工艺有了新的进步，棉花和棉布的商品化程度也有所提高。

清代中期，即鸦片战争前，传统的手工棉纺织业的发展进入了鼎盛时期。棉花是当时最主要的经济作物，棉纺织成为产值最大的手工业，棉布具有仅次于粮食的广大国内市场，并出口国外。为棉布进行整理加工的印染业和踹布业更加兴盛，并出现了资本主义生产关系的萌芽。

[清] 陈枚《耕织图》之成衣

清代前中期的棉纺织业，大部分还是以农民家庭副业的形式存在。自己种植棉花，再利用夜晚和农闲时间，将棉花纺成纱，织成布，产品主要满足家庭成员的衣被需要，这就是通常所说的"男耕女织""耕织结合"。

棉纺织业的专业化生产在清代前中期也有了明显的发展。当时有不少人脱离农业或其他职业，完全以纺织为生。这时从事棉纺织生产的，不仅有农民和村民，还有城市居民。

城市的棉纺织业专业化程度更高一些。从事棉纺织业的城市居民，一般已经脱离农业，棉纺织是他们的专门职业。

随着农工分离、棉纺织专业化的发展，棉纺织内部也出现了纺和织的专业分工。在明清时期，按照纺车和布机的生产效率，一般要 3 个人同时纺纱，才能供应一架布机所需的棉纱原料。当织布业脱离自给自足而为市场生产时，棉纱原料就不是在一个家庭内和织业相结合的纺纱业所能满足的了。在这种情况下，纺纱业也就有了分离出来，单独成为专业的必要。

明后期已出现棉纱的专业生产，这种棉纱专业化生产，到清代有了进一步的发展。道光年间的贵州遵义东乡，棉纺织业有"织家""纺家"之分。织家到当地市场购进来自湖南常德的棉花，用它到市场换纱；而纺家拿纱和他交换，每两纱可多得二钱至三钱棉花。这样，"纺、织互资成业"，而且形成了相应的市场机制。

清代前期，棉布生产数量巨大。作为仅次于粮食的第二大商品，在全国各地的交易十分活跃，在满足国内市场需要的同时，还大量出口。而且，棉布的织造和印染工艺都达到很高的水平。清代棉布以其均匀、细密、结实耐用和色彩艳丽、丰富等特点而享誉国内外。

5. 手工棉纺织业的解体

1840 年发生的鸦片战争，是中国历史发展进程中的一个重大转折点，也是中国手工棉纺织业发展的一个重大转折点。

在鸦片战争中，英国侵略者用大炮轰开了中国的大门，清政府被迫签订了一系列不平等条约，同意开辟广州、厦门、福州、宁波、上海等 5 处沿海港口作为通商口岸。

洋纱、洋布随之立即涌进了中国市场。最先进入中国市场的是英国的棉纱棉布，后来美国、印度和日本的产品也相继进入。这四个国家销来的机制棉纱棉布，对古老的中国手工棉纺织业很快形成一股巨大的冲击波。

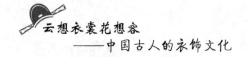

英国棉纺织品向中国的出口最早开始于19世纪20年代初。鸦片战争后，棉纺织品成为英国向中国出口的主要商品，经常占输华商品总值的50%～81%（鸦片除外）。

第二次鸦片战争后，英国棉纺品在低关税和子口税的保护下，逐步由通商口岸深入腹地，由城市深入农村，销售范围不断扩大。这时，印度和美国的纱、布也大量涌入。在这种情况下，我国进口洋纱、洋布的数量急剧膨胀。

中日甲午战争后，洋纱、洋布进口以更快的速度增加，日本的棉纱、棉布也潮水般地涌进了中国市场，并同美国、英国、印度三国展开了激烈竞争。

此时，中国已成为西方棉纺织业的商品市场。到20世纪初，每年洋纱进口达200余万担，洋布进口值2亿余元。

与此同时，外国资本又开始在中国投资建厂，利用我国的廉价劳动力和原料，生产机纱机布，就地销售，中国又成了棉纺织业的国际投资市场。

中国传统的手工棉纺织业处于洋纱洋布和机纱机布的夹攻之下，败下阵来。土纱土布逐渐被洋纱洋布和机纱机布挤出市场，手工棉纺织业开始解体。

6. 机器棉纺织业的产生与发展

洋纱洋布的倾销导致了中国手工棉纺织业的解体，加速了城乡棉纺织生产者、个体农民的失业和破产，客观上为中国近代机器棉纺织业的发生发展准备了产品市场和劳动力市场。到19世纪70年代，中国机器棉纺织业产生的历史条件成熟了。

中国第一家机器棉纺织厂是光绪十六年（1890年）投产的"上海机器织布局"。该厂从1878年开始筹建，1890年才部分投产。厂址位于上海杨树浦临江地方，按照纱机3.5万锭、布机350台配置全套机器设备。

织布局投产后，营业非常兴盛，纺纱利润尤高。但好景不长，1893年10月，清花间起火，织布局全部烧毁。1894年9月，重新修复的工厂已部分恢复生产，计有纱机64556锭，布机750台。厂名则按李鸿章之意，改为"华盛纺织总厂"。以后华盛变为盛宣怀的私产。

上海机器织布局旧影

　　张之洞创办的湖北织布官局和纺纱官局是中国近代第二家机器棉纺织厂，1888 年筹办，1893 年 1 月投产。

　　湖北织布局的主要负责人都是追随张之洞的幕僚，与上海织布局重用买办、商人的情况不同。湖北织布局制度不健全，管理混乱，财务上更是凭张之洞东挪西借，毫无章法。该厂起初生产不错，棉布销路很好，棉纱更旺，但不久产销转衰，每况愈下，终至无法维持，被迫于 1902 年出租给商人。

　　湖北纺纱官局筹办于 1893 年，以分期付款的方式向英商购得 9 万余锭纱机的全套设备，能用湖北棉花纺制 12 ～ 16 支纱。计划中的官纱局分为南、北两厂。北厂于 1895 年动工兴建，1898 年投产，装机 5 万纱锭。南厂则一直未动工，所购机器后来被张謇拿去办了大生纱厂。

　　除了上海机器织布局——华盛纺织总厂与湖北织布官局、纺纱官局外，甲午战争前开办的机器棉纺织厂，还有作为华盛分厂的上海裕晋、大纯两纱厂，宁波通久源纱厂，以及朱鸿度创办的裕源纱厂；福州、重庆、天津、镇江、广州等地，也在积极酝酿、筹划设立纺织工厂。

到1895年止，全国共有机器棉纺织厂7家，合计资本额523万两，有纱锭18.5万枚，布机2150台。

甲午战争前，还出现了机器轧花厂。成立于1886年的宁波通久源轧花厂，是第一家机器轧花厂。1891—1893年间，上海、汉口两地，又陆续成立了5家轧花厂。这些厂起初大多使用日本进口的足踏轧花机，以后才过渡到锅炉和蒸汽发动机。

甲午战争和八国联军侵华后，中国的民族危机空前深重，"实业救国"的呼声日益高涨，清政府也打出了推行"新政"的旗号，鼓励民间开办实业。在这种情况下，商办新式企业开始兴起，而机器棉纺织业成为发展最明显、最有影响的一个新兴行业。

商办机器棉纺织企业中，筹建较早和富有代表性的是张謇创办的南通大生纱厂。

南通大生纱厂旧影

张謇受张之洞的委派，从 1895 年开始，着手筹办南通大生纱厂。经过 5 年的艰苦创业，纱厂于 1899 年投产。

在张謇创办大生纱厂的同时，上海、宁波、苏州、无锡等地，也有几家纱厂成立。这一时期的商办机器棉纺织业在各方面都还处于起步阶段，大都资金单薄，技术和管理更是相当落后。

基于上述原因，商办机器棉纺织厂的竞争力不强，经不起洋纱洋布倾销的压力，更无力同外资纱厂抗衡。市场上一有风吹草动，立即出现华资纱厂减资、减工或出租、出卖的情况。这说明半封建半殖民地条件下商办机器棉纺织业的脆弱性。

第一次世界大战期间，由于西方列强忙于战争，一时无暇东顾，暂时放松了对中国的经济侵略，洋纱进口减少了一半，减轻了洋纱对国内机纱的市场压力；同时，棉花出口减少，进口增加，原料充足。社会和政治方面，全国人民的爱国反帝斗争高涨。所有这些，大大促进了民族资本机器棉纺织业的发展。

这一时期不仅创设的纺织厂数量多，而且出现了一批大厂。上海的申新、永安、大中华，天津的裕元、华新、裕大、恒源、北洋，郑州的裕丰，武昌的裕华，石家庄的大兴等大厂，都是这个时期创办的，并初步形成几个资本集团。

各厂的机器和技术装备，以及厂房建筑等方面，也较前一时期有所改进。纺织技术的研究和改进，国外优质棉花品种的引进和推广，也开始引起重视。

可惜"一战"结束后，帝国主义加强了对中国的经济侵略，尤其是日本对华投资空前扩张。1921—1936 年，日资纱厂的纱锭由 37.2 万枚增加到 213.5 万枚，布机由 1986 台增加到 28915 台，分别增长 4.7 倍和 13.6 倍。纱锭与华商纱厂相差无几，而布机则超过华厂。而且资本雄厚，设备较新，又是集中经营，其实力远远超过华商纱厂。不仅如此，日本还插足华北的棉花生产，操纵中国国内的棉花运销，垄断中国的棉花进出口贸易，中国成为日本的棉纺织原料供应地。

日本喧宾夺主，中国棉花必须优先满足日本棉纺织工业的需要。中国民族资

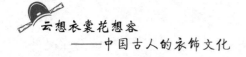

本的投资环境急剧恶化。

在这种情况下，我国机器棉纺织业在经历1919—1922年的设厂高峰后，很快转入萧条期。进入30年代，由于世界经济大危机和日本占领东北三省，中国机器棉纺织业的境况愈加险恶。新厂建设基本停滞，老厂则因经营不景气，纷纷出租、改组、出卖，大批纱厂被日商兼并。

当然，此时的中国棉纺织业也有发展的一面，主要表现在机器设备、技术装备、产品结构和经营管理等方面的进步和变化。不过这些技术装备方面的改进，主要限于少数大厂。更普遍的情况是机器设备老化和超期服役，产品成本高、质量低，在中外产品的市场竞争中处于劣势，尤其是在30年代的经济大危机时，最终只能被迫停工、倒闭或被兼并。

独善一身万里袭：古代毛纺织

在明代以前，动物的毛纤维是仅次于丝、麻纤维的重要纺织原料。中国古代毛纺织的历史和丝、麻纺织一样悠久，其技术也是和丝、麻纺织技术相互交融发展起来的。

我国古代用于纺织的毛纤维原料有羊毛、山羊绒、骆驼绒毛、牦牛毛、兔毛和各种飞禽羽毛等多种。其中羊毛始终为主要毛纤维原料，使用量最多，像毡、毯、褐、罽等古代主要毛纺织品大多是以羊毛纤维制成的。

我国毛纺织技术的起源较早。传说早在夏禹时代，地处北方和西北的兄弟民族就已经用加工过的毛皮和毛纺织品了。

商周时期，毛纺织技术逐渐趋于成熟。新疆哈密商代遗址出土的一批毛织物，组织除平纹外，还有斜纹及带刺绣花纹的产品，织物的经纬密度也比以前显著增加，表明当时毛纺织技术已出现突破性进步。

这时期，不仅边疆地区兄弟民族有毛纺织生产，在中原地区的纺织生产中毛纺织生产也占有一定的比重。据西周时期铸成的青铜器"守宫鸟尊"记载：有个名叫周师的贵族，曾经赏给他一个叫守宫的下属"枲幕（即用大麻的雌麻纤维织的帐幕）五、苴幂（雌麻织的苫布）二、毳布三"。毳布就是当时织制得比较精细的毛织品。

秦汉时期，毛纺织技术又有了新的进步。在织造上，出现了挖梭法；在织物组织上，开始广泛运用纬重平组织。

毛纺织技术的进步，推动了毛纺织生产的发展。秦以后，毛织品和毛毯这两大类毛纺织产品的产量十分惊人。

[西周] 守宫鸟尊

《资治通鉴》记载，北周武帝保定四年（564年）农历正月初，元帅杨忠领大军行至陉岭山隘时，看到因连日寒风大雪，坡陡路滑，士兵难以前进，便命士兵拿出随身携带的毯席和毯帐等物铺到冰道上，使全军得以迅速通过山隘。此事说明防风、隔潮、保暖性较好的毛织品和毛毯已成为军队必不可少的军用品之一。

在元朝，毛纺织品由于是蒙古民族喜爱的传统服用织物，生产量骤增。为满足需求，元政府设置有大都毡局、上都毡局、隆兴毡局等多处专管毡、罽生产的机构。其中仅设在上都和林的局院所造毡罽，岁额就达3250尺，用毛1141700斤。

据《大元毡罽工物记》记载，当时皇宫各殿所铺毛毯耗费人工、原料非常惊人。仅元成宗皇宫内一间寝殿中所铺的五块地毯，总面积竟达992平方尺，用羊毛千余斤。

明清两代，中原内地和边疆生产的毛毯开始大量销往国外。据《新疆图志·实业志》记载，当时仅我国新疆和田地区即"岁制栽绒毯三千余张，输入阿富汗、印度等地"，而其他"小毛绒毯，椅垫、坐褥、鞋毡之类，不可胜记"。此外，西藏地区生产的氆氇等毡毯也是当地内销和外销的主要产品。

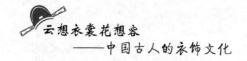

水乡罗绮走中原：古代丝绸纺织

中国是蚕桑丝织业的发祥地，是丝绸的祖国。早在远古时代，我们的祖先就利用野蚕茧抽丝织绸；以后又将野蚕驯化为家蚕，野桑培育成家桑，开创了植桑养蚕业。

绚丽多彩的中国丝绸，不仅是举世公认最华贵的服饰材料，而且是文化艺术的珍品，是古老灿烂的中华文明的一个重要组成部分。

1. 原始时期

中华民族的发祥地黄河流域，远古时代的气候比现在温暖和湿润。在黄河流域和长江流域地区，到处生长着中国特有的野桑和以野桑叶为食料的野蚕。

大约在五六千年前，我们的祖先就开始利用野蚕茧抽丝，织造最原始的绢帛。以后又把野蚕驯化，并进行户内喂养。将野蚕驯养为家蚕，结茧缫丝织绸，由此出现了原始的蚕桑丝绸生产。

自从20世纪20年代以来，我国黄河流域和长江流域地区都有史前时期有关蚕桑丝绸的文物出土，为我们考证蚕桑丝绸的起始时代、了解史前时期蚕桑丝绸生产的情况，提供了宝贵的实物资料。

1926年，清华大学的一个考古队，在山西夏县西阴村一个距今五六千年前的仰韶文化遗址中，发掘出一枚被刀子切割过的蚕茧。这枚蚕茧的出土，在国内外研究中国历史的学者中，立即引起了轰动，因为它是当时能借以考证中国蚕丝起源的唯一实物凭证。这枚蚕茧的出土，使中国是"丝绸之源"获得了实证。

20 世纪 50 年代后，随着史前社会的大量丝织品、纺织工具和蚕、蛹饰物的相继出土，我国蚕桑丝绸起源之谜逐渐被揭开。

2022 年 6 月，闻喜上郭遗址出土了一枚仰韶时期石雕蚕蛹，距今至少有 5200 年，为古代山西南部丝织业研究再添新实物。

1958 年，在浙江吴兴县钱山漾一个新石器时代遗址中，发掘出一批丝织品，有残绢片、丝带和丝线等。经鉴定，绢片是用经过缫丝加工的家蚕长丝织造，采用平纹织法，每平方厘米有经纬纱 47 根，丝带为 30 根单纱分 3 股编织而成的圆形带子，可能供妇女用作腰带。这个遗址离现在有 4650 ~ 4850 年，也就是说在距今大约

闻喜上郭遗址出土的
仰韶时期石雕蚕蛹

5000 年前，太湖流域不仅出现了蚕桑丝绸生产，而且达到了相当高的工艺水平。

浙江余姚河姆渡遗址的出土文物资料告诉我们，大约在距今 7000 年以前，我们的祖先就可能开始利用蚕丝作为纺织原料了。

在黄河流域，1984 年河南省在发掘荥阳青台村一处仰韶文化遗址时，发现了距今约 5500 年的丝织品和 10 余枚红陶纺轮。丝织品除平纹织物外，还有浅绛色罗，组织十分稀疏。这是迄今发现最早的丝织品实物。

在距今 7000 年前的浙江余姚河姆渡遗址中，发现了苘麻的双股线，出土的牙雕盅上刻有四条蚕纹，同时出土的还有纺车和纺机零件。

新石器时代河姆渡牙雕盅

除丝织品实物和纺织

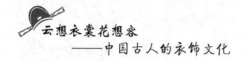

工具外，在距今 5000 年前的南北各新石器时代文化遗址中，还发现了若干蚕形、蛹形饰物。1921 年，在辽宁砂锅屯的仰韶文化遗址中，有一件大理石蚕形饰物出土，石蚕长达数厘米；1960 年，山西芮城西王村的仰韶文化晚期遗址中，发现了一个陶制的蚕蛹形装饰。陶蚕蛹长 1.8 厘米，由 6 个节体组成；1963 年，江苏吴县梅堰良渚文化遗址出土的黑陶上，绘有蚕纹图饰。

上述考古发掘资料说明，在距今 5000 多年前，黄河中游流域和长江下游流域地区，都已出现蚕桑丝绸生产，并有了相当程度的发展。其最初起源当应更早，或许可上溯到距今六七千年以前。其准确年代则有待新的考古发掘资料的证实。

2. 商周时期

商周时期是我国历史跨入文明门槛之后的第一个大发展期，丝绸业也得到了极为迅速的发展。丝绸及蚕桑文字的出现，反映了丝绸在社会文化生活中的地位得到确立。

周代已有反映蚕桑丝绸生产的诗歌出现，并有专门的贵族作坊生产丝绸。丝绸贸易也达到相当水平，通往欧洲的草原丝绸之路已初步开通。

从生产技术和艺术风格来看，当时还处于中国丝绸发展的初级阶段。桑树开始人工栽培，对蚕的生理有了较深的了解，出现了热水缫丝及手摇缫丝工具，突出的是出现了提花织物和刺绣。

商代青铜器上可以看到有几何纹的单层提花织物和复杂的绞经罗，是当时织造最高水平的代表。

青铜器上还有刺绣的印痕及朱砂染色痕迹，说明当时丝绸艺术水平已相当高。

到周代出现了织锦，虽然尚属初创，但已基本成型。这为秦汉时代我国丝绸技术达到第一个高峰奠定了基础。

这一时期，社会生产力和科学技术有了明显的进步。农业、手工业加速发展，青铜工具逐渐取代原始的石器、木器、骨器工具，农田水利灌溉初具规模，农业产量提高。

在这种情况下，蚕桑丝绸生产普遍兴起，成为社会生产和整个国民经济的一个重要组成部分，养蚕、缫丝、织绸和染色技术也都有了明显的提高。

3. 战国秦汉时期

战国、秦、汉是中国历史上空前强大繁荣的时期，丝绸日益普及，产区扩大，消费面扩大，当时已有"一女不织或受之寒"的民谚。

汉朝在丝绸重点产区齐鲁设置了三服官，还在京城设置东、西织室，使丝绸技术获得进一步提高并逐步定型，形成了中国丝绸技术的古典体系。

这一阶段的蚕桑生产以北方为主，南方则仍多产苎麻。桑树树型以高干桑为主，蚕品种在北方以二化性为主，南方则有多化性品种。

迟至春秋战国时已出现了两种织机及织造技术，一是踏板织机，用脚控制织机的开口；二是提花机，即用专门程序来控制经丝的提升规律。常用的组织结构是平纹组织，所有的起花织物组织也均由平纹组织衍生而来。

这一时期的织物图案从几何纹起步，发展到动物与几何纹的结合，动物与云气纹的结合乃至动物与联珠纹的结合，总体来看是以动物为主要题材，用色偏暖。

战国和秦、汉时期，蚕桑丝绸生产出现了新的社会条件。

战国时期，我国由奴隶社会进入封建社会，蚕桑和丝绸生产者逐渐获得人身解放。冶铁、铸铁业的兴起和发展，铁器工具和牛耕的普遍采用，农田水利的大规模兴修，加速了包括植桑养蚕在内的农业的发展和集约化进程。

古代纺织图

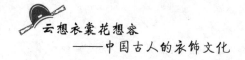

秦始皇统一中国，结束了诸侯割据的局面，推行统一文字、货币、度量衡以及车轨的重大措施，促进了地区之间经济、商业、文化、技术等方面的往来和交流。

汉承秦制，并在王朝建立初期采取与民休息、薄徭轻赋、提倡农桑、鼓励商贸等进步措施，对外拓展疆域，巩固国防，积极开展外交活动，扩大同周边邻国和西亚、南亚各国的经济、商贸和文化交流，开辟了举世闻名的"丝绸之路"。所有这些，极大地促进了蚕桑丝绸生产。

战国、秦、汉时期，植桑、养蚕、缫丝、织绸、练染生产和工艺技术，都上升到了一个新的高度，越来越多的丝绸被输往国外，丝绸贸易成为对外经济文化交流最重要的内容之一。蚕桑和丝织技术开始向周边国家传播，促进了蚕桑丝绸业在世界范围的发展。

4. 魏晋隋唐五代时期

随着丝绸之路上东西文化交流的日益频繁，魏晋南北朝时期的中国文化呈现出一种多元融合的现象。它导致传统的丝绸技术体系中逐渐注入众多新的内容，终于在隋唐之际出现了较大的转折。

蚕桑生产由于其重心移至江南而使其生产技术更加适宜南方的环境，中低干桑成为桑树的主要类型，大量中低干桑密植桑园涌现。养蚕技术中已总结出在上簇时加温的"出口干"之法，既有益于缫丝的解舒，又能保证江南丝绸纤薄的风格。缫丝车型制亦有较大改进，出现了完善的脚踏丝车。

在织造技术方面，织锦中斜纹组织和纬线显花被大量使用，绞经织物组织也多采用有固定绞组方式。织机的类型也随之更新换代，真正意义上的束综提花机出现，织机上开始使用伏综。

隋代历史虽短，但实现和巩固了统一，迅速恢复了被破坏的社会经济，给唐代的发展打下了良好的基础。

唐代是中国封建社会的鼎盛时期，出现了历史上有名的"贞观之治"和"开元盛世"。蚕桑丝绸生产加速推广，无论产量、质量，还是工艺技术水平，都达到了前所未有的高度。

唐代是丝绸艺术风格最为多样化的时期，特别是宝花图案的应用使编织装饰主题从动物转向花卉鸟虫类。

所有这些都是在隋唐丝绸业繁荣发达的背景下进行的。隋唐时期国力的强盛，尤其是唐代社会的开放安定和富裕，促使唐代丝绸生产达到历史的一个高峰。

开元天宝年间，全国庸调收入丝织品740余万匹，是为中国历代丝绸贡赋的最高值。当时在

古代纺织图

长安就有少府监织染署、掖庭局、贵妃院及内作使等机构下设官营丝绸作坊，在丝绸生产重地益州等处亦有各种形式的官办作坊。

全国的丝绸产区也空前扩大，新疆、甘肃、云南、辽宁、山西等边远地区也有丝绸生产，而以江南、中原、四川盆地三大区域为盛，呈鼎足之势。

丝绸外贸也空前发达，通往西域的丝绸之路基本畅通，同时，海上丝绸之路日趋繁忙。

在这样的背景下，古典丝绸生产技术体系在吸收大量新因素的基础上形成了一个新的体系，主导了宋元明清时期的丝绸技术主流。

5. 宋元明清时期

宋代开始，丝绸技术开始出现专门著作。

北宋秦观《蚕书》是现存最早的一册，此后有元代王祯《农书》详细记载了各种丝绸生产用具并配了图，元代山西人薛景石的《梓人遗制》则是对当时各种织机的详细记录。

明代《农政全书》《天工开物》《便民图纂》等书均以大量篇幅记叙丝绸染织

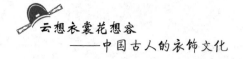

生产技术。

清代书籍更多，其中最重要的是卫杰的《蚕桑萃编》、杨屾的《豳风广义》和汪日祯的《湖蚕述》等，均是系统记载丝绸技术的著作。

这些著作的出现显示了丝绸生产技术体系的完善。

宋代以后，中国的经济重心南移。加上棉纤维的冲击，丝绸产区主要局限于太湖流域一带。就连皇家的丝绸作坊，也基本上集中在江南一带。

宋元时期的普通织机已广泛使用两片综片。起初为单动型的双综双蹑机，元代出现互动型双综双蹑机，取代了早期的中轴式单综织机。在束综提花机方面有小花本和大花本提花机两类，是中国古代丝绸技术最高标志之一。

这一时期的工艺重心集中在织绣上面，基本放弃了印染这一技术在丝绸上的大量应用。丝织品种中主要是缎、纱罗和起绒织物的发展，同时又有妆花技术的诞生。其图案则广泛使用各种花卉以及与此相配合的蜂蝶鱼虫、鹭鸶雁鹊之类；其造型风格也是写实主义，但多含有吉祥的寓意。

从960年北宋王朝建立到1840年鸦片战争爆发的880年间，我国的蚕桑丝织生产曾几次遭受破坏。金国统治北方时期，蒙古族和满族统治者入主中原初期，都曾使中原和长江流域地区包括蚕桑丝织生产在内的先进生产力遭到严重摧残。但是在中原先进文化的影响和熏陶下，他们逐渐认识到农桑生产的重要性，转而采取保护和促进农桑生产发展的措施。

因此，从总体上说，宋、元、明、清统治者对蚕桑丝织生产都是非常重视的，蚕桑丝织业呈现持续发展的态势。

同以前比较，这一时期，蚕桑丝织生产有几个明显的特点：

第一，在地区分布上表现为南盛北衰。长江中下游流域尤其下游太湖流域，发展成为全国蚕桑丝织业的重心，而黄河流域的蚕桑生产明显衰退，一些地区的蚕桑生产为棉花生产所取代。

第二，封建政权对丝织工匠的控制逐渐放松，民间丝织手工业有了更大的发展，开始成为丝织业的主体。官府丝织业虽然在某个时期内有所扩大和发展，但总的趋势是规模缩小，在整个丝织业所占比重下降。

第三，蚕桑生产和丝织生产有了明显的社会分工，养蚕户所缫的丝一般不再自己织绸，而是卖给专业机户。一些地区还出现了桑叶的专业和商品性生产，使桑叶、蚕丝和绢帛生产的商品化程度大大提高。

正是在蚕桑丝织业全面发展的基础上，丝织业成为我国资本主义萌芽的先行军。

6. 近代丝绸纺织的发展

清代晚期，西方先进的纺织技术开始对我国产生影响。不少实业界人士从西方引进新型的动力机器设备、新型的原料和工艺，并聘用西方技术人员在中国建厂，由此而诞生了中国近代丝绸工业，并出现了近代丝绸生产技术。

原料生产中，科学养蚕的兴起使蚕丝的产量更高。而机器缫丝厂的出现，先采用意大利式和法国式坐缫车，后又改用日本式立缫车，又使生丝的质量有了较大提高。此外，各种新型的人造纤维风靡一时，纷纷加入丝织的行列。

在织造技术方面，19世纪末，我国引进飞梭机构，即在普通木织机上加装滑车、梭箱、拉绳，使双手投梭接梭改成一手拉绳投梭，既加快速度又加阔门幅。

河南新密白砦丝织厂旧影

此后又利用齿轮传动来完成送经和卷布动作。20世纪初，进一步采用铁木机和电力织机，即织机构件大多为铁制，织机动力由电力驱动。在提花机方面，引进了贾卡式纹版提花机，后又逐渐扩大了针数并将机身改成铁制。

由于各种新技术的应用，我国的丝织品种也发生了很大的变化。与当代丝织品种基本相同的纺绸、缎、绨、绉、葛、呢、绒、纱、罗等均已出现，其中有许多品种如电力纺、塔夫绸、天香绢、织锦缎、古香缎、软缎、留香绉、乔其纱等一直使用到今天。

总的来说，近代丝织业有所发展，地区有所扩大，生产技术也有某些进步，机器织绸业和机器印染业、新式染料工业开始兴起，并增加了某些丝绸品种。但发展有限，总的趋势是不断衰落。

由于西方列强在搜购蚕茧、生丝的同时，向中国倾销洋绸；有的还采用提高进口关税的手段，阻挡中国丝绸进入他们国家的市场，从原料和产品销售市场两个方面扼住了中国丝织业的脖子。在这种情况下，我国的丝织生产，优质原料减少，成本上升，内销不振，外销锐减，蚕桑丝绸业呈现畸形发展，丝织生产明显衰落。

 拣丝练线红蓝染：古代丝绸品种

丝织物种类很多，由于织造工艺不同，每个种类各有不同的结构和特点。古代丝织物中具有代表性的几大种类有纱、绮、绢、锦、罗、绸、缎等十多类，而每一大类中又有许多品种。

1. 纱：嫌罗不著爱轻容

纱是最早出现的丝织物品种之一。

古代的纱根据其本身组织可分为两种：一种是表面有均匀分布的方孔，经纬密度很小的平纹薄形丝织物，唐以前叫方孔纱；一种是和罗同属于纱罗组织，以两根经线为一组（一地经，一绞经）起绞而成的密度较小的织物。

纱在南北朝时都是素织，后来花织逐渐增多，宋以后益为繁盛。

由于纱薄而疏，透气性好，古时应用较广，是各个时期夏服的流行用料。

纱织物的名贵品种很多，如轻容纱、吴纱、三法纱、暗花纱等。

宋代亳州所出轻容纱，在全国最为有名，陆游在《老学庵笔记》中形容它"举之若无，裁以为衣，真着烟雾"。马王堆一号汉墓曾出土过一件直裾平纹素纱禅衣，表长 128 厘米，通袖长 190 厘米，重 49 克，是用极细长丝织成的。此件薄若蝉翼的纱衣，可叠成普通邮票大小，其织作之精细，令人惊叹，是古代纱织物中的珍品。

纱的品种繁多，有一种绉纱，它表面自然绉缩而显得凹凸不平，虽然细薄，却给人一种厚实感。此外，由苎麻、大麻等植物纤维也可以织出别有风味的绉纱来。

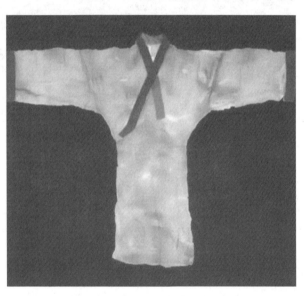

西汉直裾平纹素纱禅衣

2. 罗：罗纨绮缋盛文章

罗是质地轻薄，经纱互相绞缠后呈网状孔的丝织物。商代出土的罗织物残片，证明中国在 3000 年前已开始生产罗。秦汉以后，罗织物日臻精美，成为流行织物。

罗，在远古的渔猎时代就已经有了，它最初是用来捕捉鸟兽的。原始的罗网，和编结的鱼网差不多，孔眼较大，满是疙瘩结子，表面粗糙不平。编结一张鸟罗，很费功夫。随着编结、织造的发展，人们不断积累了一些生产经验，发现采用简单的绞结方法，既可以使织物表面形成均匀孔眼，又可使经纬线固定。

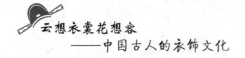

用丝织制的罗孔眼多，轻薄透气，特别适宜做夏天穿的服装和帐幔，奴隶主阶级就强迫奴隶为他们生产各种罗织物。春秋战国时期，风起云涌的奴隶和平民起义，猛烈地冲击着腐朽的奴隶制，同时也推动了社会生产力的发展。这时的养蚕缫丝业盛过商周，用蚕丝为原料的罗纹织物也风靡一时，罗帐、罗幔、罗衣、罗裙、罗衾，名目繁多。

在汉代长沙马王堆西汉墓中，又出土了朱罗、皂罗、烟色罗等染色不同的罗织品，从这些罗织品可以清楚地看到杯形菱纹提花罗等相当雅致的花纹。这些出土实物告诉我们，汉代的织罗机已有提花束综和绞综装置，提花和织制技术都相当成熟。

唐代时，朝廷专门在京城长安设立了织罗的作坊，所生产的罗纹丝绸织品更为精细。当时，不少诗人常常把天空中的云与罗相比拟，如李商隐的一首诗中，就有"万里云罗一雁飞"的诗句。

到了宋代，罗纹丝织物的生产已达到了历史上的最高水平。当时统治阶级从全国各地搜刮来的所谓"贡罗"，每年可达 10 万匹以上。其中江浙一带的"贡罗"，又占全国的 2/3 以上。而润州(今镇江)和常州织罗署出产的云纹罗更是驰名天下。

由于唐宋时提花织罗机在结构上有进一步的改革，所以在罗纹丝绸上可以织制出更加复杂的花纹来，当时著名的高贵品种，有孔雀罗、瓜子罗、菊花罗、春满园罗等。

及至元明时期，随着织物加金技术的盛行，花罗愈加华丽，罗织物的组织结构也较为奇特。它不是靠互相平行的经纱，通过经纬交织来形成组织；而是靠互不平行的地

元代绣花夹衫

经和绞经，有规律地绞转后与纬线交织在一起，形成网纹状组织和外观。从织物表面看也没有纵横的条纹。

古代的罗织物分为四经绞罗和二经绞罗两大类，前者多半用四根经线为一组织造，没有筘路。后者多半用两根经线为一组织造，显现筘路。由于通体扭绞的罗织造时不用筘，工艺较复杂，产量也较低，元以后逐渐消失。不通体扭绞的罗却因织作方法比较简便，生产效率较高，售价便宜，在明清时期大为流行。

3. 缎：纤华不让于齐纨

缎是指地纹采用缎纹组织的丝织物。缎织物最初也叫纻丝，后来才改称为缎。缎纹组织是在斜纹组织的基础上发展起来的，它的组织特点是相邻两根经纱或纬纱上的单独组织点均匀分布，且不相连续。因单独组织点常被相邻经纱或纬纱的浮长线所遮盖，所以织物表面平滑匀整，富有光泽，花纹具有较强的立体感，最适宜织造复杂颜色的纹样。

缎纹组织的这些特点与多彩的织锦技术相结合，成为丝织品中最华丽的"锦缎"。

宋朝张元晏对一件缎制服装有过生动描述："雀鸟纹价重，龟甲画样新，纤华不让于齐纨，轻楚能均于鲁缟，掩新蒲之秀色，夺寒兔之秋毫。"很能反映缎织物的特点和它的可贵之处。

根据出土文物来看，缎起源于唐代，唐以后发展成为和罗、锦、绫、纱等织物并列的丝织物大类。

宋元以后，缎类织物日趋普及，不仅有五枚缎和各种变则缎纹，八枚缎也开始被大量应用。这时期的著名品种有透背缎、捻金番缎、销金彩缎、暗花缎、妆花缎、闪光缎等几十种。

4. 绮：同舍生波皆绮绣

绮是指平纹地起斜纹花的提花织物。

绮的斜纹显花组织有两种：一种是由提花经丝浮线形成斜纹组织；另一种则

是在原斜纹组织的两根经斜纹浮线之间隔一根平纹经线，即在花部组织上形成一根经斜纹组织点和另一根经平纹组织点的排列分布，也可以说是斜纹和平纹的混合组织。

早期绮的纹样，据《释名·释采帛》记载："绮，欹也，其文欹不顺经纬之纵横也，有杯文形似杯也，有长命，其彩色相间，皆横终幅，此之谓也。"可见是呈杯纹、菱形纹、方纹等几何纹，如殷墟出土的菱形纹绮和回纹绮。"不顺经纬之纵横"表明花部的几何纹采用斜纹组织。

汉以后，绮的纹样有了进一步发展，出现了对鸟花卉纹绮、鸟兽葡萄纹绮等。从晋到宋，还时有将绮作为官服的规定，如《晋令》记载："三品以下得服七彩绮，六品以下得服杯文绮。"

5. 绫：异彩奇纹相隐映

绫是斜纹地起斜纹花的丝织物，是在绮的基础上发展起来的。

初期的绫常和绮混称，从织物组织来看，两者有相似之处，但又并不完全一样。相似的地方是织品表面都有斜纹花，质地都较轻薄。不同的是绮为经线显花织物，绫为纬线显花织物，绫比绮花、色变化多得多；再则绮织品表面显类似缎织物的纹路，而绫织品表面则多显山形斜纹或正反斜纹。

冰凌的纹理与山形斜纹相似，富有光泽，以它来形容绫的风格特点极为贴切，故汉代以前

敦煌榆林窟第 19 窟凉国夫人像

也把绫叫作"冰"。

汉代的绫织物已十分精美，是当时价格最昂贵的丝织品之一。三国时，由于马均改革简化了绫织机，绫织物的产量开始大幅度提高，织出的纹样也更加复杂。

唐代是绫生产的高峰时期，统治者不仅在官营织染署中设有专门用来生产绫织物的"绫作"，还规定不同等级的官员服装要用不同颜色、不同纹样的绫来制作。

唐代的绫织物品种见于文献的有缭绫、独窠、双丝、熟线、鸟头、马眼、鱼口、蛇皮等名目，其中缭绫更是名噪一时。白居易《新乐府·缭绫篇》道出了这种绫的特异和可贵：

> 缭绫缭绫何所似，不似罗绡与纨绮。
>
> 应似天台山上月明前，四十五尺瀑布泉。
>
> 中有文章又奇绝，地铺白烟花簇雪。
>
> 织者何人衣者谁，越溪寒女汉宫姬。
>
> 去年中使宣口敕，天上取样人间织。
>
> 织为云外秋雁行，染作江南春水色。
>
> 广裁衫袖长制裙，金斗熨波刀剪纹。
>
> 异彩奇文相隐映，转侧看花花不定。

由此可见缭绫质地之佳。

白居易《杭州春望》诗中还有"红袖织绫夸柿蒂，青旗酤酒趁梨花"的诗句。唐代的官员们都用绫做官服。

宋代在唐的基础上又增加了狗蹄、柿蒂、杂花盘雕和涛水波等名目，并开始将绫用于装裱书画，元、明、清时期产量渐减。

6. 锦：锦床晓卧肌肤冷

锦是指用联合组织或复杂组织织造的重经或重纬的多彩提花性织物。

锦字由"金"和"帛"组合而成，表明它是古代最贵重的织品。

锦的出现，对纺织机械、织物组织甚至整体纺织技术的发展，影响极为深远。织锦技术的高低，可反映各朝代或各地区的纺织技术水平。

采用重经组织，以经线起花的叫经锦；采用重纬组织，以纬线起花的叫纬锦。战国、西汉以前的锦均为经锦；南北朝以来，纬锦开始大量生产，逐渐取代了经锦。

古代锦的品种繁多，不胜枚举，蜀锦、宋锦和云锦是最著名的三大名锦。

（1）云锦。

云锦是南京生产的特色织锦，始于元代，成熟于明代，发展于清代。

云锦最初只在南京官办织造局中生产，其产品也仅用于宫廷的服饰或赏赐，并没有"云锦"这个名称。晚清后，行业中才根据其用料考究、花纹绚丽多彩尤似天空云雾等特点，称其为"云锦"或"南京云锦"。

云锦有别于其他织锦，它以纬线起花，大量采用金线勾边或金银线装饰花纹，以白色相间或色晕过渡，以纬管小梭挖花装彩。云锦结构严谨、风格庄重、色彩丰富多变，而且纹样变化多端。纹样多用表示尊贵或祥瑞的禽兽（如龙凤、仙鹤、狮子等）、花卉（如宝相花、莲花、佛手、石榴、梅、兰、竹、菊等）以及表示吉祥的"八宝""暗八仙""吉祥"与"寿"字、"卍"字作为主体，用各式模仿自然界奇妙云势变化的云纹作陪衬。云纹有行云、流云、片云、团云、朵云、回合云、和合云、如意云等多种变化纹。正是这些模仿自然界奇妙的云势变

清代御用云锦

化，又经过艺术加工的云纹，使云锦图案达到了繁而不乱、疏而不凋、层次分明、栩栩如生，突出主题的艺术效果。

云锦有妆花、库锦、库缎三大类著名传统产品。

妆花是云锦中织造工艺最为复杂的品种，也是云锦中最具代表性的产品。妆花品种有"妆花缎""妆花罗""妆花纱""妆花锦"等；织物组织有"五枚缎""七枚缎""八枚缎"之分；花纹单位有"八则""四则""三则""二则""一则"之别。

妆花纹样造型多为通幅大型饰满花纹作四方连续排列，亦有通幅作为一单独纹样的大型妆花织物，如明清龙袍。其工艺特点是通过挖花盘织，即把各种颜色的彩绒纬管，根据纹样图案作局部的盘织妆彩。因是采用挖花盘织，彩纬配色非常自由，没有任何限制。为使织物上的纹饰呈现生动优美、富丽堂皇的艺术效果，一件妆花织物，花纹配色可多至二三十种颜色。

库锦是指用彩纬金线通梭织成的重组织锦缎。清代初期，因系御用贡品，织成后即送入内务府入"缎匹库"，故名库锦。品种有库金、二色金库锦、彩花库锦、金彩绒等。织物的地组织多为缎组织，但也可用纱、绸、绢为地。其工艺特点是无论选用什么组织结构、选用多少色彩纬，纬线都是通梭织造，而且织物背面有扣背间丝，以便将正面不显花的浮纬压织在织物中。

库缎是在缎底上起本色花纹或其他颜色的花纹，又名花缎或摹本缎，也因是清代御用贡品，织成后即入内务府的"缎匹库"而得名。品种有本色花库缎、地花两色库缎、妆金库缎、

清康熙红色寸蟒妆花缎棉行服

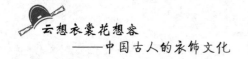

妆彩库缎等。因多用于服饰用料，除匹料外，还有根据衣服上的结构，把花纹排列在服饰前胸、后背、肩部、袖面、下摆等显要部位的织成料。织成料相对匹料生产相对容易些，在织造时需按位换花本，花本接成环形追章织造。通俗的说法就是前身正织，后身倒织，织后缝衣时花纹要对纹接章。

（2）蜀锦。

古代蜀地（今四川成都周围一带）所产织锦，因成都古称蜀，故名。

史载蜀地产锦是战国以前，汉代名闻全国。三国时诸葛亮从蜀国整体战略出发，把蜀锦生产作为统一战争的主要军费来源。

隋唐时期，蜀锦的织造技艺达到了新的高度，其时无论是花色品种，还是图案色彩都有新的发展，并以写实、生动的花鸟图案为主的装饰题材和装饰图案，形成绚丽而生动的时代风格。

两宋以后，由于战乱，蜀锦工匠几次大量外流，蜀锦生产受到严重摧残，声势明显下降，但它的传统纹样和机织工艺，对全国织锦业影响巨大。

唐以前的蜀锦都是经锦，此后的蜀锦则主要以纬锦为主。

蜀锦织物质地厚重，织纹精细匀实，图案取材广泛，纹样古雅，色彩绚烂，浓淡合宜，对比强烈，极具地方特色著称。其纹样多用龙、凤、福、禄、寿、喜、竹、梅、兰、菊等，色彩除了传统的大红外，还用水红、翠绿、杏黄、青、蓝等较为柔和的色调做底色，以对比强烈的色彩做花色。

近现代蜀锦在继承传统的基础上又有了新的发展，生产的主要产品可分为八大类。其中最具特色的有：利用经线彩条宽窄的相对变化来表现特殊艺术效果的雨丝锦，利用经线彩条的深浅层次变化为特点的月华锦，在单底色上织出彩色方格，再配以各色图案的方方锦；根据落花流水荡起的涟漪而设计的浣花锦等多种。

（3）宋锦。

这是一种用彩纬显花的纬锦，产于以苏州、杭州为中心的江南一带。由于其花纹图案主要继承唐和唐以前的传统纹样，故又被称为"仿古宋锦"。

相传在宋高宗南渡后，为满足当时宫廷服装和书画装饰的需要，在苏州设立织造署而开始生产的，至南宋末年时已有紫鸾鹊锦、青楼台锦等40多个品种。宋朝廷文武百官还以宋锦为袍服，其纹样按职务高低各有定制，分为翠毛、宜男、云雁、瑞草、狮子、练雀、宝照，共计7种。

明清时期苏州宋锦生产最盛，其宫廷织造和民间丝织产销两旺，素有"东北半城，万户机声"之称。清康熙年间，有人从江苏泰兴季氏家购得宋代《淳化阁帖》十帙，揭取其上原裱宋代织锦22种，转售苏州机户摹取花样，并改进其工艺进行生产，苏州宋锦名声由此益盛。

根据织物结构、工艺、用料以及使用性能，宋锦通常分为重锦、细锦、匣锦和小锦四类，它们各有不同的风格和用途。

重锦是宋锦中最贵重的一种。它质地厚重精致，花色层次丰富。特点是多使用金银线，并采用多股丝线合股的长抛梭、短抛梭和局部抛梭的织造工艺。常用图案有植物花卉纹、龟背纹、盘绦纹、八宝纹等。产品主要用于各类陈设品。

细锦是宋锦中最具代表性的一种。它的风格、工艺与重锦大致相近，只是所用丝线较细，长梭重数较少。以前用全蚕丝制织，近代为降低成本，多采用蚕丝与人造丝交织。由于织物厚薄适中，被广泛用于服饰、高档书画及贵重礼品的装饰、装帧等。常用图案一般以几何纹为骨架，内填以花卉、八宝、

明代粉红地双狮球路纹宋锦

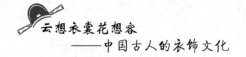

八仙、八吉祥、瑞草等纹样。

匣锦是宋锦中的中低档产品。通常采用蚕丝与棉纱交织，工艺多采用一两把长抛梭再加一短抛梭。纹样多为小型几何填花纹或小型写实形花纹。由于经纬配置稀松，常于背面刮一层糊料使其挺括。用于一般的装裱和囊匣。

小锦是宋锦中派生出来的一种最轻薄的中低档产品，系平素或小提花织物，通常以彩条熟经为经线，生丝为纬线。因质地薄，故适宜于裱装小件物品或制作锦盒。

宋锦色彩丰富，层次分明，不用强烈的对比色，而是以几种层次相近的颜色作渲晕。它的地纹色大多运用米黄、蓝灰、泥金、湖色等；主花的花蕊或图案的特征，用比较温和而鲜艳的特用色彩；花朵的包边或分隔两类色彩的小花纹则用协调而中和的间色。各种颜色的巧妙配合，形成宋锦庄严美观、渲晕相宜、繁而不乱、典雅和谐、古色古香的风格。

7. 缂丝：通经断纬显奇功

缂丝是我国丝织工艺中最受人珍爱的品种，又称作"刻丝""克丝"或"尅丝"，还有"长刻丝""刻丝作""刻色"等叫法。缂丝在海外也有其他名称，如"缀锦""缀织""织成锦"等。

缂丝是一种以平纹为基本组织、依靠绕纬换彩而显花的精美丝织物。缂丝的特点是"通经断纬"，即纬丝非通梭所织。它以本色丝作经线，先将需缂织的纹样描绘在经线上，再以各色彩丝作纬线，用小梭根据花纹图案分块缂织；同一种色彩的纬线不必贯穿全幅，只需根据纹样的轮廓或画面色彩的变化，不断换梭，采用局部回纬织制。由于织造的作品在图案与素地接合处、色与色交界处微显高低，呈现一丝互不相连的裂痕，近看犹如用刀镂刻而成，故而得名。

普通织物在表现花纹时，受技术限制一般都织成二方连续或四方连续的规整纹样；而缂丝却能自由变换色彩，擅长表现细致精微的色彩过渡和转折，有层次丰富和灵活多变的装饰效果，因此特别适宜摹制书画作品，非常生动逼真。

中国缂丝的出现不晚于唐代，当时多为纹样配色都较简单的实用品。从宋代开始，缂丝从装饰和实用领域脱出，转向了纯欣赏的艺术创作，出现了缂丝的第一个全盛时期。

宋代缂丝以定州（河北定州）生产的最为有名。定州缂丝技巧与图案保持了唐、五代以来的优秀传统，丝纹粗细杂用，纹样结构既对称又富于变化。主要织造和锦类似的服用品装饰，著名的作品有"紫天鹿"（故宫博物院藏）、"紫鸾鹊"（辽宁博物馆藏）等。

到了南宋，一部分缂丝脱离彩锦的装饰性质，从实用转向装饰化，向单纯欣赏性的独立艺术发展。这时缂丝开始以名人书画为蓝本，尽量追求画家原作的笔意，采用细经粗纬起花

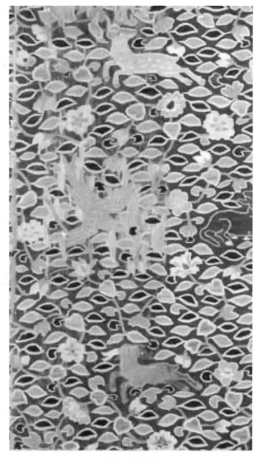

宋代缂丝"紫天鹿"

法，表现出山水、楼阁、花卉、禽兽、翎毛、人物，以及真草隶篆等书法。

历经宋、元、明时期的不断发展，到清代乾隆时期，随着社会的稳定和经济的日趋繁盛，缂丝实用品和欣赏品大量生产，且广泛应用于制作御制诗文书画、御用服装、宫廷陈设及佛像梵经等，盛极一时。这一时期缂丝艺术的领域进一步扩大，题材广泛，缂工精美，登上了第二个高峰。

清代的缂丝中心仍在苏州和南京，但规模较明代进一步扩大。清廷内务府黄册记载，苏州每年都要办解缂丝产品若干批，每批少者三五件，多者一二百件。这些缂丝产品除有大量袍褂、官服、补子、屏风、挂屏、围幔、桌围、椅披、坐褥、靠垫、迎手、荷包、香袋、扇套和包首等实用品外，还有大量以书画、诗文

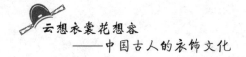

和佛像等为内容的欣赏品。缂丝成品上交织造局作为贡品，解往京城供皇帝及官用。生产规模的扩大，使清代缂丝现存数量较历代丰富得多。

清代缂丝成品正反两面如一，与苏绣双面绣有异曲同工之妙，与刺绣、玉雕和象牙雕、景泰蓝并称为"中国四大特种工艺品"，并与云锦合称为"中国两大珍品手工丝织物"，有"织中之圣"和"一寸缂丝一寸金"的美誉。由于经得起历史的考验，又被称为"千年不坏艺术织品"。

乾隆时期的缂丝题材丰富，用丝细匀，缂织紧密整齐，精巧牢固，画面多以繁缛绮丽取胜，多为精品。

这时期除沿用传统的平缂、搭梭、掼、构、木梳戗、长短戗、凤尾戗和子母经等缂织技法外，还创造了双面缂（又称透缂）技法，即缂丝的正反两面花纹完全一致，均清楚平整，精细规矩，不露线头和线结。这一缂丝技法可较多地用于制作双面屏风、隔扇、宫灯和扇面等，提高了作品的装饰效果和实用价值。有的朝袍和龙袍也用双面缂织制，使衣装的表里两面花纹效果完全一样，可以突出地显出双面透缂技巧。

乾隆时期缂丝在色线的运用上，能熟练地运用两种不同色相或不同明暗度的色丝合捻而成的合色线，用以表现物象的色彩肌理及明暗变化。

缂丝的配色上开始流行同一种色由深到浅渐进推移的"三蓝缂法""水墨缂法"和"三色金缂法"等技法。

"三蓝缂法"是在浅色地上，用深蓝、品蓝、月白三种色相相同、色调不同的丝线做退晕处理，用戗缂技法缂织成各种花纹图案，鲜耀明丽，较明代缂丝的素雅沉稳，别具风格。

"水墨缂法"是在浅色地上用黑色、深灰、浅灰三晕色戗缂法织制花纹，以白色或金色勾边，具有素雅庄重的艺术效果。

"三色金缂法"是在深色地上用赤圆金、淡圆金和银色三种捻金银线缂织，使缂丝作品有花纹闪亮的效果。如金龙，用赤圆金线和银线缂织龙鳞，用淡圆金线绞边，或缂织爪尖和尾梢等部位，使龙纹光亮耀目，异常凸显。

此外，"三蓝缂法"和"水墨缂法"也有的加金线勾边。

缂丝艺术自南宋以来，仿摹名人绘画的缂丝作品，也有在某些图像精微处毛笔补彩的做法，但加绘的部分在整个作品中所占比重很少。到乾隆时，较多地出现了"缂绣混合法"工艺，即同一件作品综合运用了缂丝、刺绣和彩绘三种不同的技法。

缂、绣、绘合璧，是乾隆时缂丝作品非常流行的一种形式，它在一定程度上加强了织物的装饰效果，丰富和提高了缂丝艺术的表现力。

如故宫博物院藏乾隆四十六年（1781年）的缂丝加绣《九羊消寒图》轴就是运用这种"缂绣混色法"。画面的背景和陪衬的花纹，如天空、地面、山石、流云、水池等，是以平缂、结缂、搭梭、掼等技法缂织，人物及主体纹样，如童子的面部、衣服及羊只、花草等用套针、戗针、网针、钉线等多种刺绣针法绣制，而梅树、茶树和桦树的树干等局部则是在缂丝和刺绣的地上，再用画笔敷彩加染而成。图轴的每一部位，都能根据物象形态，灵活地变换使用缂、绣或画的不同技法。

宋、元、明、清四代出现了许多具有熟练技术的缂丝名匠，其中最为著名的有南宋的朱克柔、沈子番、吴煦，明代的朱良栋、吴圻等。他们都有不少传世佳作。如朱克柔有《莲塘乳鸭图》《山茶》《牡丹》等，其作品特点是手法细腻，运丝流畅，配色柔和，晕渲效果好，立体感强。沈子番有《青碧山水》《花鸟》《山

清代缂丝加绣《九羊消寒图》

水》《梅花寒鹊》，其作品特点是手法刚劲，花枝挺秀，色彩浓淡相宜。这些名家之作，不但可与所仿名人书画一争长短，有的艺术水平和价值甚至远远地超过了原作，对后世影响很大。

随着缂丝中着笔的过多以至滥用，也成了缂丝织制中偷工取巧者常用的伎俩，甚至仅仅在物象的花纹轮廓处加以缂织，余皆以笔绘染。这种状况在乾隆以后尤为突出，这无疑大大削弱了缂丝艺术独具的特色，断送了它的艺术生命。

随着清王朝国势的没落，缂丝粗制滥造之作充斥于市，即便宫廷之物也罕有精品，一度辉煌的清代缂丝艺术呈现江河日下之势了。时至晚清，随着国势衰弱，中国近代战乱不断，缂丝工业甚至出现了濒临绝种的状态。

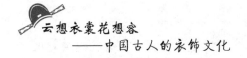

画绘之事杂五色：古代纺织纹样

所谓纺织纹样，即指纺织物通过织造、画绘、印染、刺绣等工艺手段所形成的附丽着审美理念和比附象征意义的艺术符号。

古代纺织染绣，大多需要花纹图案做底样，或称"范本"。而染绣纹样的取得，有的是即兴写生的方法，大多数情况是采用现成的各种艺术化了的图案纹样。

随着织绣印染技艺的发展，纺织纹样经历着由简到繁，由单色到多彩，从抽象到具象的成长道路。直到宋明时期，中国的染绣与缂丝技艺，几乎可以各种艺术佳作为范本，达到夺丹青之妙的艺术境地。

1. 纺织纹样的历史演变

由于纺织物与人类社会生活的密切关系，特别是求吉避凶、祈福禳灾的心理追求，人们把具有福善嘉庆意义的物事染织绣绘成纹，或"吉祥图"，或"瑞应图"，使纺织纹样无不具有吉祥美慧的寓意特征。古往今来，其广泛流行，有"图必寓意,意必吉祥"之说。冠巾衣履带,织文染绣随处可见,可谓目不暇接。

中国古代纺织纹样历史悠久。考古出土的历代衣着纺织物遗存证实,商周时期的织物纹样大多是由直线和折线组成的菱纹、回纹以及它们的变体形纹,呈现出我国早期织物纹样的简约古朴的几何纹风貌。秦汉时期织物纹

敦煌蛱蝶团花飞鸟纹夹缬

样题材和风格逐渐多样化,在几何纹的基础上出现鸟兽纹、云气纹和植物花纹,具有质朴、厚重、力度和气势之美。隋唐时期的织物纹样,经南北朝对外域纹样的吸收与融合,形成以植物纹样为主体的纹样新体系。莲花纹、卷草纹、忍冬纹、宝相花以及写生团花等植物花纹大为流行,纹样呈现丰满、浓厚、艳丽的风格特色。宋元时期纺织纹样轻淡自然而又端庄秀丽,明清时期织物纹样则更趋写实、纤巧、精细,富于韵律感。

中国纺织纹样在漫长的历史进程中,随着时代的发展与社会的变迁,呈现着千差万别、丰富多彩的不同样态。

早在50万年前的山顶洞人就已经注意到颜色的利用了。在纺织品花色纹样加工中,染色始终是最古老的工艺之一。到了商周时代,开始了图纹画绘。据《考工记》记载,周代就有"设色之工",专门画绘衣服和旗帜。当时的帝王服饰等织物纹样都由手绘加工。《考工记》又说,"画绘之事杂五色……五采备谓之绣",即在画绘的边沿用彩色丝线刺绣花纹轮廓,这就是初创时期绘绣结合的纹样特征。

商周时期已掌握挑花和提花技术,不仅能在平纹素织基础上,以经纬线捻度

与密度的变化，织造出适合不同需要的纱、罗、缣、纨、绢、缟、纻等多种精美织品，又可织造出具有几何花纹的绮、锦等织物。可见，远在商周时代，我国先民就已经在纺织生产中，能够以染色、画绘、刺绣、提花等工艺手段进行纹样加工了，自汉唐以后，随着历史的发展，纺织纹样加工手段，朝着相互结合、并行发展的道路，愈益走向丰富多彩、绚丽辉煌的艺术高峰。

2.典型的纺织纹样

中国几千年的封建社会，历代形成的纷繁绚烂的典型纹样不胜枚举，归纳起来，主要有如下几种：

（1）章服纹样。章服始于商周，是绣绘日月星辰等图案的礼服，也是古代统治者用以辨等威、分尊卑的重要工具。十二章即帝王礼服上绘绣的 12 种纹样，依次为日、月、星辰、山、龙、华虫、宗彝、藻、火、粉米、黼、黻。前六章用于衣，后六章用于裳，成为历代统治者礼服之制不断演变的根本。

（2）八搭韵纹样，即以"四通八达"的韵味构成的纺织纹样。它以垂直、水平、对角线呈"米"字形格式构成图案基本骨架，并在骨架各交叉点上形成或圆、或方、或多边形几何图纹。八搭韵创始于五代，至宋代广泛流行，以蜀锦所产八搭韵纹锦最为著名。

（3）百子图纹样，是以百童嬉戏构成的图案纹样，多用于民间男女婚庆衣被，具有祈求子嗣

百子图夹缬纹样

繁盛之意，明清时广为流行，至今传承不衰。北京定陵明孝靖皇后墓曾出土洒线绣夹衣，即绣有100个不同娱乐游戏姿态的童子，穿插在各类花卉之间，个个生动活泼，欢快非常。

（4）龙凤纹样，起源于原始的图腾崇拜，古时专用于皇室贵戚的礼服。因为龙被视为统治权力的象征，凤凰则是吉祥神禽，龙与凤相向舞动，寓意"阴阳谐和""天下承平""祥瑞吉庆"。因为民间传说"龙凤能知天下治乱""龙凤出，天下平"，所以近代广泛流行于民间，尤以婚庆衣被等床上用品多见。

（5）狮子绣球，是以两个狮子戏滚绣球组成的图案纹样。狮子素为百兽之王，而太师、少师又是古代一种官职，狮与师谐音，绣球又具显赫眷恋之意。活泼可爱的狮子，翻动绣球，腾跳颠扑，不仅隐含华夏民族的不屈不挠的性格特征，而且具有祈望"官运亨通"之寓意，为历代官服纹样的常见主题。

（6）宝相花纹，是一种依据莲花等自然花朵经变形处理的装饰性纹样。花瓣通常分数层展开，每层之间镶嵌不同形状的花叶，花叶间有闪烁发光的宝珠，给人以富丽高贵之感。随着佛教的传播，宝相花纹在南北朝时期已广泛流行，为纯洁清净的象征。

（7）缠枝花纹，是以盘曲缠绕的枝蔓及大花朵构成的传统织绣纹样。通常在织物上有规律地分布若干花朵，再以缠枝卷叶将花朵衬托连接，以增强装饰美化效果。常见的缠枝牡丹、缠枝莲花等唐宋以来一直沿用不衰。

（8）三阳开泰，即以太阳、流云之下，在山、石、梅、竹等花草间，展现三只羊的图案，暗合泰卦之意。"羊"是阳的谐音，是祥的古体；太阳既有"泰"的谐音又是阳的本意，谐音借用，表示万物亨通，吉祥安泰。

（9）鸳鸯戏水纹样，以池水、莲花及鸳鸯构图，寓意夫妻和谐、忠贞、美满、幸福。早在南朝时，就有"文彩双鸳鸯，裁为合欢被"的记载。唐、宋、元、明、清各代都有文献记载和实物传世，图纹色彩细腻生动，充满生命活力。

此外，喜鹊登梅、杏林春燕、福寿绵长等传统纹样名目繁多，象征富贵的牡丹花纹样，以君子之风相誉的兰花纹样，有高洁之气的梅花纹样，以及菊花纹、莲花纹、云气纹、水波纹、火焰纹、如意纹、万字纹、折枝花和对纹、雷纹、回纹、龟背纹、团花纹、绣球纹等百变组合，巧妙构成虚实相间、阴阳互补、连绵不断、回环往复、气韵生动、绚丽辉煌的纹样艺术精品。

 天上取样人间织：古代刺绣工艺

刺绣是对纺织物美化装饰的一道工艺。它是以针行线，按事先设计的纹样图案和色彩规律，在绣料上刺缀运针，使绣迹构成花纹、图像或文字的工艺。刺绣的特点是以绣线显花，花纹凸显在织物之上。而印染则是直接显花，织锦是以经纬线在织造中提花，且两者均为平面显花，在织物上不似刺绣呈现高突的纹迹。

1. 刺绣工艺的演变

在人类发展历史上，刺绣工艺由来已久。

传说中的尧、舜、禹时代，就有"衣画而裳绣"的说法。

商周时章服制度规定，下裳要在葛麻织物上施以彩绣，而且有实物出土。1975年陕西宝鸡茹家庄西周墓出土的丝织物，在朱红色底料上施黄色绣线，以辫绣针法，均匀规整，色彩鲜艳，可知当时刺绣技艺已臻成熟。

春秋战国后，刺绣工艺发展迅速，绣品更加精美，花纹更加繁缛，光彩更加艳丽。在多处出土的绣品中，主题图纹多为凤鸟游龙，辅以走兽、花卉、蔓草，满绣或间绣并用，造型生动，配色协调，线条流畅，纹理清晰，有的堪称世间珍品。

汉唐以后，服饰制度的演进中，绣品需求量增加。除了贵族礼服之外，民间妇女也以刺绣花纹装饰衣服，并在针法上不断突破，出现直针、切针、缠针、戗针、套针等新技法。除用于实用衣服之外，开始向佛像、屏幛等供奉品和观赏品方向发展。

宋代官方设有绣院，集中各地优秀刺绣艺人，专门从事刺绣生产。绣品以书法绘画为范本，创造出各种针法和绣法，以表现书画的纹理结构、色泽浓淡与虚实变化，达到仿真逼真的艺术效果。

明、清刺绣中的各种针法，宋代差不多都已有了。如表现单线，

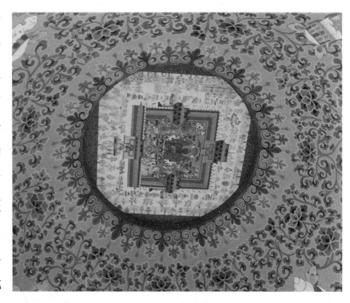

古代刺绣图案

在唐代切针和接针的基础上，出现了滚针和旋针；在原有的直针戗绣针和针的基础上，又出现了反戗。表现光的套针发展得更加细致复杂。其他如平金、钉线、网绣、补绒、铺针、戳纱、打子、扎针、锁边、刻鳞等多种表现不同对象的特种针法，都在宋绣中出现，而且已运用得非常纯熟。这些都为近代的顾绣、湘绣开辟了前路。

此时，民间刺绣则成为妇女的基本功。妇女的衣裙鞋袜无不绣作添花，情趣盎然。尤其是宋以来民族交融的社会情势，绣满鲜艳花卉纹样的舞衣尽显人间风采。

及至明清，刺绣题材更加广泛，作品构思日益精巧，各地出现商业性绣庄加工生产绣品。在民间"母女相传，邻亲相授"，除美化生活之外，甚至出现以刺绣为谋生的手段，或货卖绣品，或来料加工，或受雇于人。特别是专业绣庄，大多雇佣技艺较高的绣女批量加工绣品，远销外地。

2. 刺绣的绣品

所谓绣品，是指经过刺绣加工的纺织品。随着刺绣技艺的发展，绣品的艺术

取向呈现多种风格：一是以严谨精细、富丽堂皇为特征的宫廷风格。这种绣品质地精良，纹样丰富，技艺全面，气派不凡，但往往失之呆板与拘谨。二是以情趣丰富、质朴浑厚、立意生动、色彩艳丽为特征的民间风格。这种绣品材质随意，加工技巧质朴，贴近生活意趣，具有大众性，但往往有失粗犷或简陋。三是以细腻丰满、情思凝聚、清丽高雅为特征的闺阁风格。这种绣品既注重生活实用，情感寄托，又展现主体的才情巧慧，品格心地，是绣女精彩人格的流泻，所以远非街头摊点的商业化绣品可比。

绣品中最为世人所珍视的，是以名人书画为粉本，以气度高雅、写照传神为特征的书画风格或称"文人风格"的绣品。这种绣品在临摹绘绣中，源于书画，高于书画，在运针行线中尽显书法之风神和图纹之画魂。

如南宋画绣珍品"瑶台跨鹤图"，大部分用直针戗针平绣，竹林用施针，尾顶先用平绣，再在浮起处用扎针压平，砖瓦、斗拱则以稍粗的线逐节绣成，其上再作夹线。楼台部分使用了大量漆地金箔线，以模拟界画中的金碧色彩。在有些地方还用胡粉和颜料作补笔。全幅针法协调细密，配色精妙，从中可以看出宋代刺绣的高超技艺。

南宋画绣珍品"瑶台跨鹤图"

明代顾绣名家韩希孟善画工绣，所绣多以画为本，摹绣古今名画，尤为神妙。此种绣品多以艺术欣赏品流行于世，如《仿宋元名绩册》和《花鸟册》等艺术瑰宝，至今犹存。

明代上海顾氏家族的绣品，继承了宋代画绣的优良传统，绣针代笔，彩线如墨，将丝理与画理融合，巧妙地运用各种不同针法，表现不同的物象，使之纹理细腻，色彩娴雅，风格清新，形象逼真。顾绣本自家用，后因馈赠亲友，并传徒授艺而名扬天下。叶梦珠《阅世编》卷7称："露香园顾氏绣，海内驰名，不特翎毛、花卉，巧若生成，而山水、人物，无不逼肖活现，向来价亦最贵，尺幅之素，精者值银几两，全幅高大者，不啻数金。"早期顾绣传世佳作，北京故宫博物院、上海博物院等处多有收藏。

第七章

十载京尘染布衣：古代印染文化

把一幅纺织品印上美丽的花纹，染成鲜艳的色彩，既是一项生产劳动，也是一种艺术创造。它不但有着重要的实用价值，同时也给我们带来了美的享受，使我们的生活更加丰富多彩。

中国古代染整技术所包含的内容相当丰富，可概括为颜料和染料的制取、染色、印花、整理等几大方面。在 1856 年合成染料问世以前，中国的印染技术一直处于世界领先水平。

土花曾染湘娥黛：**古代印染史话**

中国的印染工艺有着悠久的历史传统，在世界上享有很高的声誉。勤劳智慧的中国人民，经过数千年的辛勤劳动和艺术实践，在印染工艺方面积累了极其珍贵的经验，留下了非常丰富的资料。

1. 先秦印染

新石器时代，当时已有为纺织品进行染色的可能。早在"山顶洞人"时期，已使用赤铁矿为颜料，将装饰品染成红色。红色颜料的使用，明显的是由于装饰上的要求。因此，可以说，衣着上的装饰，是随着实用的目的而派生出来的。

商周是奴隶制时代，虽然皮和麻仍是做衣服的主要原料，但也出现了精美的丝织品。

商周时期的纺织品有各种不同的颜色。当时的染色技术已有很大的提高。在染料方面，除了矿物质的如丹砂之外，又广泛地使用含有色素的植物染料进行染色。而且，用一种染草能够染出深浅不同的色彩层次，还能用几种染料套染，染出各种杂色（间色）。例如，用茜草染色，浸染一次，得淡红黄色；浸染二次，得浅红黄色；浸染三次，得浅朱红色；浸染四次，得朱红色。

《考工记》为先秦古籍，是研究我国古代工艺的一部重要著作。其中说："画缋之

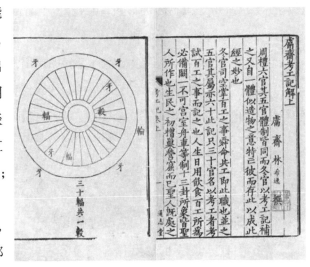

《考工记》里的印染术

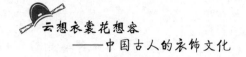

事，杂五色。东方谓之青，南方谓之赤，西方谓之白，北方谓之黑。天谓之玄，地谓之黄。青与白相次也，赤与黑相次也，玄与黄相次也。青与赤谓之文，赤与白谓之章，白与黑谓之黼，黑与青谓之黻，五采备谓之绣。土以黄，其象方，天时变。火以圜，山以章，水以龙，鸟兽蛇，杂四时五色之位以章之，谓之巧。凡画缋之事，后素功。"

这种色彩上的规定，在服色上有所谓"衣正色，裳间色"（《礼·玉藻》)者。正色就是赤、黄、青、白、黑五色。这些色彩，只有统治阶级才能使用，因此，色彩便成了"表贵贱、辨等列"的工具。在以后长期的封建社会中，发展得更为严重。

所谓"画缋"，就是在织物或服装上用调匀的颜料或染料作局部涂画，或用彩丝刺绣，从而形成五彩绚丽的图案花纹。前举"画缋之事"的那一大段文字，便是以各种颜色绘制各种图案的具体方法。"后素功"，说的是在上颜色后，再画白色背纹加以衬托。

2. 秦汉印染

秦汉时期，染色工艺已很发达，有一染、再染，加深加固颜色的技术。以长沙马王堆汉墓出土织物为例，其中浸染的颜色品种有 29 种，涂染的有 7 种。特别是绛紫、烟、墨绿、蓝黑和朱红等色，染得最为深透均匀。在染料上，无论是植物性染料、动物性染料还是矿物性染料的运用都取得了很高的成就。

汉代的染色已很讲究，对于一些色彩的认识和染料的掌握，也较前更为精确和熟练。刘熙《释名》中有"释采帛"篇，对当时一些主要的染色作了解释：

青，色也，象物生时色也。

赤，赫也。赫赫，太阳之色也。

黄，犹晃。晃，象日光色也。

白，白也。白，启也，如冰启时色也。

黑，晦也。如晦冥时色也。

绛，工也。染之难得色，以得色为工也。

紫，庇也，非正色。五色之庇瑕以惑人者也。

红，亦工也。白色之似绛者也。

缃，桑也。如桑叶初生之色也。

绿，浏也。荆泉之水于上视之，浏然绿色，此似之也。

缥，犹漂，漂浅青色也。有碧缥，有天缥，有骨缥，各以其色所象言之也。

缁，滓也。泥之黑者曰滓，此色然也。

皁（皂），早也。日未出时早起视物皆黑，此色如此也。

秦汉时期，多色套版印花也已出现。这种用印花的方法把素色或单色的丝织物印染成色彩斑斓、花纹美丽的工艺品。1972年在长沙马王堆汉墓中出土的金银色火焰纹印花纱，是我国目前发现最早的三版套印花丝织物，也是目前已知世界上最早的套版印花织物。

马王堆汉墓出土的金银色火焰纹印花纱

3. 魏晋南北朝印染

魏晋南北朝时期，纺织品的染色印花技术大体上是沿用前世的一些操作，但也有一些新的发展，主要表现在对靛蓝和红花的认识和使用上。

靛蓝染色在先秦时期已经使用较广，汉后便已相当成熟，魏晋南北朝时，出

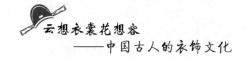

现了种蓝、制蓝和染色的有关记载。此时已打破了蓝草染色的季节性限制，这是制蓝技术的一大进步。

据《齐民要术》记载，在制蓝的过程中还要加入石灰，使染液发酵，在发酵中靛蓝被还原成靛白；靛白具有弱酸性，加入碱性的石灰可促进还原反应的迅速进行。靛白染色后，经空气氧化又可复变为鲜艳的靛蓝。这是蓝草制靛工艺的系统总结，也是世界上关于造靛技术的较早记载之一。

红花是一种红色染料，虽汉代已经种植和使用，但到了魏晋南北朝才推广开来。有关红花提取的记载亦始见于这一时期。《齐民要术》卷五《种红花蓝花栀子》条曾记述过一种民间泡制红花染料的"杀花法"，虽然工艺较简陋，但其基本原理与现代染色学红花素提取是完全一致的。

此外，据《南方草木状》记载，西晋时还使用了苏枋来染红，其色素为媒染性染料，对棉、毛、丝等纤维均能上染，经媒染剂媒染后，具有良好的染色牢度。

型版印花技术在魏晋南北朝进一步推广开来，印花型版计有镂空型和凸纹型两种。此期最值得注意的是镂空型中的夹缬。

关于夹缬的生产工艺，就蓝白花布而言，大体上是属于镂空型版双面防染印花范畴的，相传其操作要点是将缯帛夹于两块镂空型版之间加以紧固，勿使织物移动，于镂空处涂刷或注入色浆后，解开型板，花纹即现。夹缬之名，大约就是夹持印花之意。1959 年，于田屋于来克遗址出土一件残长 11 厘米、宽 7 厘米的蓝白印花棉布，其工艺已相当成熟，说明夹缬已成为民间日常服饰所用。

与夹缬相近的还有两种分别叫蜡缬（蜡染）和绞缬的印花工艺。

大约在秦汉之际或稍早，西南少数民族便已采用蜡缬，多以靛蓝染色。汉代已经相当成熟。南北朝时期，它除了染制棉织品外，还用到了毛织品中。蜡染的操作要点是：甩蜡刀蘸取蜡液在预先处理过的织物上描绘各式图样，待其干燥后，投入靛蓝溶液中防染，染后用沸水去蜡，印成蓝底白花的蜡染织物。

绞缬是一种机械防染法，就是依据一定的花纹图案，用针线将织物缝成一定形状，或直接用线捆扎，然后抽紧扎牢，使织物皱拢重叠，染色时折叠处不易上色，而未扎结处则容易着色，从而形成别有风味的晕色效果。这种染色方法在东晋时期已相当成熟。南北朝时期，出现了历史上有名的"鹿胎紫缬"等图案，梅花型、鱼子型等纹样也已广泛地使用于妇女的服饰。新疆于田县屋于来克故城遗址出土的绞缬绢，大红地上显出行行白点花纹。

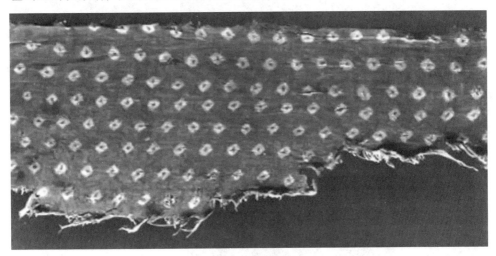

新疆于田县屋于来克故城遗址出土的绞缬绢

现在看来，这些地区印染品的图案，一般说都比较简单，制作也看不出异常精美之处，说明这一工艺仍在创造的初级阶段。

4. 隋唐印染

在发达的纺织业的直接影响下，劳动人民在生产过程中发明了新的印染方法，技术又有新的提高和创新。这些直接导致了唐代印染业的迅速发展，对我国传统印染科学的发展产生了很大的影响。

由于隋唐时国家统一，生产发展，形成了我国封建社会一个繁盛的时期。唐代的官办手工业机构很大，其中少府监专"掌百工技巧之政"。属于少府监的织染署，便包括有25个"作"，分织纴、组绶、紬线、练染等；练染之作就分青坊、绛坊、黄坊、白坊、皂坊、紫坊等部门。

隋唐时期人们还很重视染料的研究。据《唐本草》记载，苏枋木是古代主要的媒染性植物染料，这种乔科树木中含有一种名为"巴西灵"的红色素，可以对织物进行媒染染红。栌木和柘木中含有色素非瑟酮，染出的织物在日光下呈现带红光的黄色，在烛光下呈光辉的赤色，这种神秘性光照反差，使它成为古代最高贵的服装染料。隋文帝就穿着这种颜色的衣料织成的"柘黄袍"听朝，从此直到明代，"柘黄袍"就成了皇帝专用的服色。

在新疆出土的唐代刺绣品，底色就有大红、正黄、叶绿、翠蓝、宝蓝、绛紫、藕荷、古铜等。足见隋唐时的印染工匠们对颜料及染色工艺已有深刻的认识，并且掌握了很高的印染技术。

"染缬"，就是古代的丝绸印染，这种工艺发展到唐代已具规模，技术也臻成熟，其加工的方法有不少种。

唐代三彩瓶

传世的唐代绘画，如张萱画的《捣练图》和《虢国夫人游春图》，周昉画的《簪花仕女图》等，其中一些贵族妇女所穿的轻柔的采帛，多是染缬产品。

同时代的三彩陶俑和三彩陶器上，以及敦煌壁画中，也常见染缬的衣饰和类似染缬的花纹。"妇人衣青碧缬，平头小花草屦"曾经风行一时。唐代贵族妇女的衣裙，歌伎舞女的衣裙，有不少都用染缬制作。

唐代不仅妇女的衣裙用染缬，男人身上穿的小袖齐膝袄子也有染缬团花，而且在开元（713—741 年）间被定为礼仪制度。

唐代染缬的品种很多。元代有一本叫作《碎金》的通俗读物，记了九种染缬名目。这些名目或是实际产品，在唐代都已有了。

九种染缬包括：

檀缬，檀为浅赭色，可能是以色调特点而定染缬之名。古代妇女眉旁的晕色叫作"檀晕"，所谓"檀晕妆成雪月明"。这种檀缬有些像是浅赭色的绞缬，带有色晕的效果。

蜀缬，即蜀中染缬，是以地区而定染缬之名的。白居易诗中的"成都新夹缬"、《唐书》所记蜀缬袍即此。

撮缬，即撮晕缬，为绞缬中比较复杂的一种。

锦缬，可能指方胜格子的式样。

茧儿缬，可能是以花纹定名，即几何形纹有些像蚕茧的。有种绞缬纹很相似。

浆水缬，是指工艺制作的特点，用糊料进行染色，类似近代的"浆印"。

三套缬，即三套色的丝绸印花。

哲缬，可能是画缬，或用笔直接画出，或用蜡染。

另外，在唐宋人的笔记中，还可见到一些染缬的名目，如：

鱼子缬，斑点如鱼子，是染缬中最为简便的一种。

玛瑙缬，可能是撮晕缬之最繁复者，使用绞缬之法，染出像玛瑙色彩的美丽的纹理。

唐代的印染工艺，除了印染连续花纹的纱绢之外，还有大型的巨制，如屏风、帐幔。尤其是染缬的屏风，其意匠之巧，制作之精，色彩之丽，面幅之大，充分表现了唐代印染美术的伟大成就。

5. 宋代印染

宋代的印染技术已比较全面，色谱也较齐全。

染缬加工，在宋代极为盛行，技术上也有发展，印花在宋时已经专门化。

王安石在宋神宗熙宁年间实行变法改革，着手整顿军容，将士服装恢复唐代制度，采用夹缬印花印染军服。宋徽宗赵佶时曾下令禁止民间制造夹缬镂空印花版，商人也不许贩卖。但屡禁不止，只得废除禁令，夹缬印花又很快流行。

宋代以后镂空印花版开始改用桐油竹纸代替以前的木板，所以印花纹更加精细。为了防止染液的渗化，造成花纹模糊，就在染液里加入胶粉调成浆状以后再印花。这些创造，都有利于夹缬印花技术的推广和提高。

宋代由于南方航海业的兴盛，这一印花技术传到欧洲各国。当时的德国和意大利，因对媒染剂和染料技术未能完全掌握，还用油料加颜料调成涂料印花。我国的印花技术一经传去，很快就取代了原来的工艺方法。

南宋时广西瑶族还生产一种精巧的蜡染布，西南少数民族地区将这种蜡染布称为"瑶斑布"。《岭外代答》曾记载：制作时用镂有细花的木板二片，夹住布帛，再将熔化的蜡灌入镂空的地方，蜡在常温下很快固化，这时"释板取布"投入蓝靛染液，待布染成蓝色后，"则煮布以去其蜡"，就得到"极细斑花，炳然可观"的瑶斑布。这说明当时蜡染技术已有很大发展，具备成批复制印花布的条件。

这一期间，西南少数民族运用这一技术还制作了许多驰名全国的产品，如"点蜡幔"等。宋代还有一种适用于生丝织物的碱剂防染法。它主要是用草木灰或石灰碱等碱性较强的物质，使花纹部分的生丝丝胶膨化润胀，然后洗掉碱质和部分丝胶后再进行染色。由于织物上有花纹地方的丝线脱胶后变得松散，染上去的颜色就显得深一些，因而整个布面的颜

《清明上河图》中的染坊

色就显出深浅不同的花纹。这种防染技术经过不断发展，改用石灰和豆粉调制成浆，这种浆呈胶体状，更有利于涂绘和防染，也容易洗去。这为天然蜡产量少的地区推广运用防染技术提供了有利条件。

宋代把这种印花法称作"药斑布"，它产生的效果与蜡染完全一样。这种产品主要做被单和蚊帐，即是后来民间广泛流行的蓝印花布。

6. 元代印染

元代织染、刺绣等工艺，较之宋、金又有不少提高。印染业是纺织业的重要组成部分，而染缬又有它独立的审美价值，此时的松江棉布印染，其效果如同绘画般精巧细致。

元代服装的花色增多，图案之丰富，是历代之最。花色图案的增多，与纺织和印染技术的发展有关。元代在传统印染和刺绣技术的基础上，吸收了边疆民族和域外的工艺，增加了许多新的花色品种。尤其是一些名画家加入了服装图案的设计，带来了新的图案风格。

在印染工艺上，由木刻凸版捺印发展到薄板镂花漏印，可说是一大发明，而由薄木板雕镂改用油纸或皮革刻板，也是很大的改进。防染剂的材料，唐代已有多种。除熔蜡、碱剂之外，还有染色的糊料，即所谓"浆水缬"。它是在染液中加入粉质和胶质的充料，使其增厚，漏版刮印时防止染液渗化，保证花纹界线清晰。这种方法，宋代以来已得到普遍应用，它同近代印染中的"浆印"原理是相同的。

《图书集成》卷六八一"苏州纺织物名目"说："药斑布，出嘉定及安亭镇。宋嘉定中归姓者创为之。以布抹灰药而染青，候干，去灰药，则青白相间，有人物、花鸟、诗词各色，充衾幔之用。"由此可见，"药斑布"已同于近代民间流行的"蓝印花布"了。

"药斑布"的印花，工艺比较简单，而且能够适应印染品的大量生产。它的发展，是同宋元以来我国各地广种棉花、普遍纺纱织布分不开的。白布要染色，染色要纹饰。在机械印花发明以前，这种纸型漏版印花是可以与之适应的。

药斑布

7. 明代印染

随着棉纺织业和棉织品贸易的发展，明代的棉布印染业和踹布业蓬勃兴起，十分繁荣。

明代的棉布印染业和棉纺织业一样，也分为官府和民间两个部分。

官府印染业原设有内织染局和外织染局，所需各种染料，如红花、蓝靛、槐花、乌梅、栀子等，都是每年向各地征派。但是，明代的官府印染业正在逐渐走向衰落。

明中叶后，按规定原由织染局供应的某些产品，已无法满足需要。如军士服装（印染红、蓝等颜色），原由有关司局供应实物，至嘉靖七年（1528 年）改为每人折给银七钱，由军需部门向市场购买。

同官府印染业衰落的情况相反，明代民间的染料作物种植和印染业日趋兴盛，尤其是在一些棉纺织业集中地，印染业和踹布业获得了更快的发展。

安徽芜湖和江苏京口（镇江）是明代重要的印染业中心。当时有"浆染尚芜湖""红不逮京口"之说。江南生产的许多棉布和丝绸，往往在芜湖染色后，再运销其他地区。

松江、上海一带，随着棉纺织业的不断发展，印染业和踹布业也迅速兴盛起来。

明代时，松江、枫泾、洙泾（今金山）的大小布号多达数百家，而染家、踹坊也随即多起来。

踹布坊是在棉纺织业发展后，一种专对棉布进行整理加工的新兴行业，主要是将漂染过的棉布研光。研光工艺最初使用于丝、麻织物，棉纺织业兴起后，很快扩大到棉布。棉布属于短纤维织物，表面绒毛经过研光后，即成为结构紧密、质地坚实而有光泽的踹布，不仅外形美观，还可减少风沙尘埃的沾染。

踹匠操作时，将棉布卷上木滚，置于石板，上压千斤凹形巨石，操作者双脚分踏巨石两端，手扶木杠，来回滚压，使布质紧密光滑。

踹石则须用江北性冷质腻的好石头。这种石头踹布时不易发热，踹后布缕紧密，不会松解。

随着棉布染制业的兴起，染色工艺和染料生产也有了新的发展。

民间传统染房用的踹布石

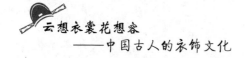

棉布染色是一门十分复杂的学问和技术。染料的发掘、提取、利用，色的配制，布的炼、漂和着色，媒染剂的选择、使用等等，都大有学问。从新石器时代以来，我国的印染技术一直在不断发展和完善。染料的种类、数量，印染的色谱在不断扩大，套染技术不断提高。

靛蓝染色成为印染业中的一个重要部门。福建、江西、安徽、浙江不少地区，大面积种植蓝草。同时，对靛蓝成分的认识也在不断深化，当时观察到提炼的固态靛蓝中有隐约可见的火焰红色，说明制造者已经注意到天然靛蓝中有少量靛红存在。

黄色、绿色的染制和染料生产，在元明棉纺织业兴起后，也有了新的发展。除原有染料外，槐花、鼠李成为黄色、绿色染料中的后起之秀。

明代用于染色的植物已扩大到数十种，印染织物的色谱比以前更加丰富多彩，如当时染红的色谱中，就有大红、莲红、桃红、银红、水红、木红等不同色光，黄色谱中有赭黄、鹅黄、金黄等，绿色谱中有大红官绿、豆绿、油绿等，青色谱中有天青、葡萄青、蛋青、毛青等。单是《天工开物》一书记载的色谱和染色方法就达20余种，其中有些是明代新出现的，毛青就是明代后期才有的。

染坊内部的专业分工也更加精细。如松江的染坊分为蓝坊、红坊、漂坊和杂色坊四种。蓝坊专染天青、淡青、月下白三色；红坊染大红、露桃红；漂坊染黄缯为白；杂色坊染黄、绿、黑、紫、古铜、水墨、血牙、驼绒、虾青、佛面金等色。

染色进一步专门化，工艺也更趋完善。在染色工艺中已出现打底色（"打脚"）这一工序，以增加色调的浓重感。一些遗存下来的明代染色棉织品，经历了四五百年的岁月，仍然鲜艳如初，反映了当时染料制作和染色方面的高超技术。

印染花布在明代也十分盛行。松江、苏州两府出产的药斑布，是一种用特殊工艺染制的印花布，斑纹灿烂，畅销中外。染制方法是，以灰粉渗入明矾，在布面涂成某种花样，将布染好后，刮去灰粉，则白色花样灿然。这种染制方法叫作"刮印花"。

此外，又有称为"刷印花"的印染法，即用木板或油纸镌刻花纹图案，再以布蒙板而加以压砑，然后用染料刷压砑处。

明代印花布色调多样，但以蓝、白两色为主，即蓝地白花或白地蓝花。蓝白印花布在明代十分盛行，主要用作被面、衣料、围裙、蚊帐、门帘等。印花图案大多取材于花草、鱼、虫、鸟兽、人物和传说故事等，其中有不少寓意吉祥如意的图案。花纹图案质朴大方，花形较大，线条粗犷有力，色彩明快，鲜艳夺目，反映了当时娴熟的民间绘画技巧和棉织品印染工艺。

8. 清代印染

随着棉纺织业的迅速扩大，直接为棉布进行整理加工的印染业和踹布业比明代有了更大的发展。

印染业在清代已遍及全国城镇，工艺发达，色彩丰富，主要有染经绸、夹缬、蜡染、蓝白印花布、油彩印花布、滚筒印花布、浇花布等品种。毛质毡毯以蒙、藏、维吾尔等少数民族地区最为盛行，均富有本民族特色。苏州则以擅纺织洋毯著称。

康熙后，苏州迅速发展成为棉纺织业和棉布集散中心，松江的一些大布号不断转移到苏州。原来松江有青蓝布号数十家，到雍正、乾隆之交，仅剩数家。而苏州布号达六七十家。松江布也都运到苏州加染，统称"苏布"。因此，"苏布名称四方"。

康熙五十九年（1720年），苏州有染坊64家，染匠上万人。乾隆以后，苏州染坊业更加兴盛，并能印花，称为"苏印"。布号加工棉布时，一般都在机头上印上该店牌号，以昭信义。商贾贸易布匹，只凭字号认货。

清代印染技术更加

古代印染作业图

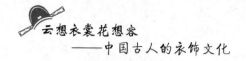

成熟，色谱更加丰富齐全，将近50种。清代棉布的色彩鲜艳夺目，异常丰富。

在印染生产的发展过程中，一些地区的染坊不断调配和染印出新的颜色，并相互交流和吸收，使印染的色谱越来越丰富。

清代一些地区，尤其是苏州地区的印染和踹布业，达到了一定的生产和经营规模，普遍使用雇佣劳动，有的雇工人数较多，出现了新的资本主义生产关系的萌芽。

染坊除厂房外，主要设备是染缸，专色专用。一座中等印染作坊，至少需染缸五六十只，太少即无法周转。此外还有晒竿、晒场。

苏州的踹布业也十分兴旺，雍正年间，共有踹坊400余处，踹匠不下万人，是清代最大的染踹业中心。

上海、江宁、扬州以及浙江嘉善、湖州等地的染踹业也都十分发达。上海、江宁的印染、踹布业，明代就很繁荣，内部专业分工细密。浙江嘉善枫泾镇以棉纺织闻名，染踹业相应发展，镇上多布局，局中所雇染匠、砑匠"往来成群"。

踹坊的基本设备是元宝石，或称菱角石，一副上下两块。踹布石的质地有严格的要求，据宋应星《天工开物》说，元宝石须"性冷质腻"，踹时摩擦不发烧，好的每块价值十余金。

踹布最初是由染坊兼营，较大的染坊需备元宝石十余副，供踹匠轮班使用。康熙中叶后，踹坊与染坊逐渐分离。

清代前期，苏州染坊、踹坊雇用的工匠，大多为来自农村的单身游民，其中不少显然是从土地上被排挤出来的破产农民。各坊的工匠少则十余人，多则数十人至百余人不等。

染坊基本的经营方式和雇佣关系是，染坊承接染布商交来的棉布，由布商按匹付给"酒资"；染坊主从中提取二成至三成，其余部分分给雇工。除承接布商染活外，他们也为乡间农民织户染布，并兼营砑踹。农民染布需要砑踹的，另收踹光费。也有的布商自开染坊，对购进的布匹进行印染加工，称为"本坊"。

绿净春深好染衣：古代染料与染色

染色是纺织品加工过程中一个很重要的环节。没有五彩缤纷的色彩，精工细软的丝绸也会变得单调平庸。在当时，开辟染料的来源，是发展这种手工业的主要途径。

1. 古代染彩

在中国古代，人们把布帛等物用染料着色，称为"染彩"。清代刻本《蚕桑萃编》就有染色工匠正在染彩的插图。《书·益稷》记载："以五采彰施于五色，作服。"采是彩的通假字，彰施就是使色彩凸显出来，即指"染彩"。《墨子·所染》说，"染

《蚕桑萃编》插图

于苍则苍，染于黄则黄，所入者变，其色亦变"，也是讲染彩的情况。

华夏先民在漫长而曲折的进程中，积累了丰富的染彩经验。那些取自天然的染料，或来源于矿物，或来源于植物，先民们在生产实践中掌握了染料提取技术，掌握了织物染彩的工艺，不断地生产出五彩纷呈、绚丽璀璨的染织品。

从考古发掘到的历史文献都可以证实，我国的山顶洞人就已学会使用红色矿物颜料，原始社会先民已开始用色彩绘图。商周以来，五彩彰施，浸染、媒染、套染，以及绞染、夹染、蜡染、碱印、拓印等工艺技术渐次发展与完善。

据文献记载，早在西周时期，皇室宫廷就设有专管染色植物的收藏、保管与泡制、染色的职官，称作"染人"。在秦代，设有"染色司"；自汉至隋，设有"染

色署"；唐宋设有"染院"；明清设有"蓝靛所"。统治机构牢牢控制着织物染彩技术，因为染彩不仅关系国民经济，而且事关对社会臣民的管理控制，乃国计民生之大事。

我国古代把色素差异明显的青、黄、赤、白、黑五种基本颜色，称为"五色"，又称"正色"。正色之间调配混合出的其他颜色，则称为杂色，也称"间色"。古人穿衣，上衣象征天，用正色，多以染绘；下裳象征地，用间色，多以绣饰。所谓"衣画裳绣"，即上古之时画绣并用于衣。

到明代，染料种植呈区域性发展，"福建而南，蓝甲天下"。江西赣州，"种蓝作靛"，而川陕一些地区，则"满地种着红花"，每逢五六月红花集市，"贾客辐辏，往来如织"。当时练染纺织品的染坊、踹房在各地发展很快。

2. 矿物染料

赭石，实际上是天然的赤铁矿，在自然界里大量存在，是人类使用最早的矿物颜料。新石器时代，人们可能就是用这些赭石研磨成粉浆，再涂到身躯或衣服上去的。

随着社会生产的不断发展，人们对矿物颜料的认识也广泛起来，除了赭红色的赭石外，还发现不少五颜六色的石块也可以研磨使用。《尚书·禹贡》总结了上古至秦时期丰富的地理知识，其中就有"黑土、白土、赤土、青土、黄土"的记载，说明我国古代劳动人民早已对具有不同天然色彩的矿石或土壤有所认识。

红色的矿物颜料，除赭石外，还有朱砂，又叫辰砂、丹。它显示的红色光泽更纯正、鲜艳，在我国湖南、湖北、贵州、云南、四川等地都有出产。到周代，这种中原比较稀少的红色颜料已经通过贸易可以大量获得。

随着奴隶主的掠夺加剧以及奴隶制度下"礼制"的确立，朱砂成了奴隶主贵族们所垄断的专用品；而色调较暗、来源丰富的赭石，则变成了低贱的颜料，"赭衣"成为罪犯所穿的专门服装。

秦始皇时，在巴地有个叫清的寡妇，她的祖先发现了那里的朱砂矿，经过经营"而擅利数世"。后来朱砂的生产规模日益扩大，成为秦汉时期普遍采用的颜料。

东汉以后，随着炼丹术的发展，对于无机化学反应的认识提高到了一个新的水平，开始人工合成硫化汞，主要用硫黄（古药书中称为石亭脂）和水银，在特制的容器里进行升华反应制取。古时称这种人造的硫化汞为银朱或紫粉霜，以与天然朱砂区别。

除了上面所说的红色矿物颜料外，人们还使用石黄（又叫作雄黄、雌黄）等三硫化二砷矿石，以及黄丹（或叫铅丹）等氧化铅矿石作为黄色颜料的天然来源，并用各种天然铜矿石作为蓝色、绿色颜料的来源。

3. 植物染料

新石器时代，人们在应用矿物颜料的同时，也选用天然的植物染料。原野上那些开着红花、紫花、黄花的野草以及它们绿色的叶片，都成了选用的对象。

起初也只是把这些花、叶揉搓成浆状物来涂绘，以后逐渐知道用温水浸渍的办法来提取植物染料，选用的对象也扩大到植物的枝条甚至树的皮和块根、块茎。但常常和人们的愿望相反，不管是红色、黄色、紫色或其他鲜艳的花朵，甚至各种植物的叶片和枝条，在浸泡以后得到的总是黄澄澄的液汁。

通过千百年的反复实践，人们终于发现了蓝草可染蓝色、茜草可染红色、紫草可染紫色等。

随着生产和生活中对植物染料的需要量不断增加，出现了以种植染草为业的人。这期间，一种原产于我国西北地区的可以染红的植物——红花（又叫红蓝花），也开始流传到中原地区，并且也有了"红蓝花种以为业"的人。

明、清时，可以用于染色的植物已扩大到几十种。譬如，槐米（未开的花蕾）、黄柏树、郁金草、楸树、栌树、柞树等都是染色的好原料；还有我国南北都有出产的五倍子，更是从古至今重要的染色原料。

这些染料来源丰富，其染色牢度远比矿物颜料好，因而在纺织品染色印花加工工艺中，逐渐取代了古老的矿物颜料。当时除满足我国自己需要外，大量的植物染料还出口到国外。

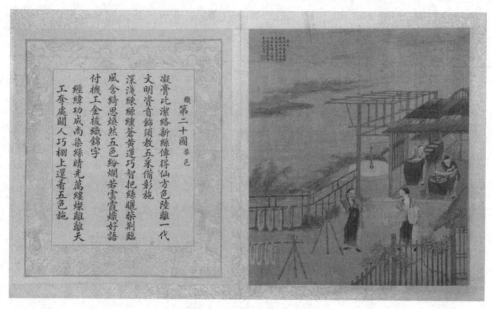

康熙御制《耕织图》之染色图

4. 媒染剂的应用

媒染剂是指染料通过某种媒介物上染于织物而达到染色目的所用的物质，大多是金属盐类化合物。

因为茜草、紫草等植物里所含的色素对丝或麻纤维没有亲和力，必须借助于"媒染剂"才能染到纤维上去。两千多年以前，我国古代劳动人民不仅会用媒染剂进行媒染法染色，而且还创造了套染染色法。

当人们利用一种染料染色时，织物每浸染一次，色光就会加深一些。譬如用茜草染红时，染几遍以后颜色就由浅红而变深红。因此，每染一次，色名也变一次。如《尔雅》中"一染谓之缥，再染谓之赪，三染谓之纁"，就是说要染三次才得到大红色。

另外，用两种以上的不同染料，也可以进行套染。如用蓝草染了以后，再用黄色染料套染，就会呈现绿色；染黄以后再染红就得橙色；染红后再染蓝就得紫色。商、周时代，染红、蓝、黄三种颜色的植物染料都已经获得，并能利用红、蓝、黄"三原色"套染出五光十色来。

随着染色生产的不断发展，人们对媒染剂的认识也不断深入。如染红时，不论是用茜草或红花都需要铝盐类做媒染剂，而天然铝盐——白矾出产并不普遍，在弄不到白矾的地方，只有另找代用品。唐代的《唐本草》里，就有以枙木或椿木灰做媒染剂的记载。此外，有一些河水中由于溶解了大量的铝盐，也可加利用。如《南方草木状》记述了当时用苏木这类植物染料染红时，再浸渍大庾岭的河水，"则色愈深"。

大量媒染剂的开发和利用，促使染色生产日益发展。明代，套染技术进一步提高，所染的色谱也日益扩大。譬如当时染红的色谱中，就有莲红、桃红、银红、水色红、木红色等不同色光；黄色谱中有赭黄、鹅黄、金黄等。

 草绿裙腰山染黛：**古代印染技术**

织物上的花纹图案，可采用先染后织的方法形成，即先将纤维着色，而后织造。但在织造技术尚不甚发达的殷周时代，不具备织造具有复杂花纹织物的技术，当时为获得美观大方的纺织品，只能采用手绘的方法，把颜料涂抹在织物上。战国以后人们经过不断摸索发明了型版印花技术，由于印花技术简单实用，印花成本低，速度快，一经出现就大受欢迎。即使在织造技术有了突破性进步，已具备织造各种复杂花纹技能的时候，印花技术也没有停滞不前，仍在迅猛发展，以至成为纺织技术不可缺少的重要组成部分。古代主要流行的印花方法有画缋、凸版印花、夹缬、绞缬、蜡缬等。

1. 日暮堂前花蕊娇：古代印染工艺概述

我国的印染工艺，仅仅从纺织品的印花算起，就现知实物已有2000多年的历史，如果把文献记载中染色和画缋的一段加上去，它的年代，还会大大向前推远。

印染可分为手工印染和机器印染两种。手工印染一般限于批量较小或单件纺

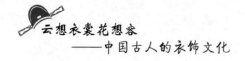

织品；机器印染系大量的匹料生产。

从印染的工艺特点上看，其方法大致分为三类，即：

（1）直接印花法，是将染料和粉糊调成印浆，用镂空花版或凸花印版把印浆直接印在织物上，使之显出彩色花纹。

（2）拔染印花法，也叫"消色印染"，即先染地色，再在地色上印花纹。它是利用药物与染料（媒染剂）的化学作用，使印有拔染剂的地方——花纹部分因破坏染料（媒染剂），而呈无色，达到显花效果。

（3）防染印花法，也叫"防遏印染"，它与拔染印花相反，于染色前先用防染剂在织物上印花，然后染色，由于印有防染剂的地方不能上染而显出花纹。防染法又可分为化学的和物理（机械）的两种。化学的主要是利用还原剂与染料（媒染剂）作用，使纤维不上染；物理的主要是采用有排水性能的浆剂涂在织物表面，将局部遮盖，使染色时染液不能与涂有浆剂的纤维接触，因而显出花纹。

这三类方法，我国古代的劳动人民都已创造齐备。虽然在每一类中，所使用的材料、工具、制版方法和操作方法，在历史上有所不同，并表现出由简而繁、由粗而精、由手工而机械的过程，但其工艺的基本原理，则是一致的。

2. 染尽青林作缬林：染缬的种类

汉代之后，我国的丝绸印染发展极快，而且形成了中国自己的技术体系——染缬。

中国古代染缬可以粗分为手工染缬和型版染缬两大类。

手工染缬包括手工描绘、手绘蜡缬、绞缬等。其中手工描绘和手绘蜡缬的各种工艺在型版印花中都曾应用，只是图案的自由度较大而已。只有绞缬是一种独特的工艺，是与型版印花决然不同的工艺。

型版印花首先可以根据印花版的情况分为凸版（阳版）、镂空版（凹版或阴版）。凸版是以凸出部分作花上色印制，镂空版就是用凹进或镂空的部分上色作花印制。

有时两者效果相差很大。凸版染缬较为简单，通常有压印和拓印两种。而镂空版染缬主要是防染印花，其工艺可分为一次防染和二次防染。一次防染是用镂空版防染，直接染上色彩，如夹缬、弹墨之类；二次防染则是首先将镂空版染上一些防染剂如蜡、灰之类，然后再用这些防染剂去防染染料染色，最后去掉防染剂，染缬即成，此种类型又以型版蜡缬和灰缬为典型。

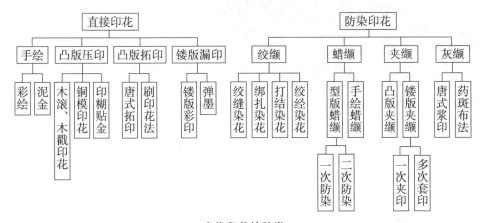

古代印花的种类

古代丝绸染缬的技法分类，分得细而烦琐，事实上品种分类不可能如此零杂，往往是看最后效果及主要工艺的共同点即可。如手绘蜡缬与型版蜡缬及点蜡缬属于一个种类，而无论是凸版印金还是镂空版印金甚至是手描印金亦都被称作印金。

3. 云迷雾阁翠晖扬：画缋

画缋实际上是两种性质相近给织物局部变换颜色的工艺，一般多用于绘制天子、诸侯以及不同等级官员的服饰图案。

画，即在服饰上以笔描绘图案；缋，则为用绣或类似方法修饰图案和衣服边缘。据文献记载，商周的贵族很喜欢穿画缋的服装，并以不同的画缋花纹来代表其社会地位的尊卑。如周代帝王服饰中十二纹章。这12种花纹是分等级的，以日、月最为尊贵，从天子起直到各级官吏，按地位尊卑、官职高低分别采用。

从出土的西周丝绸及刺绣织品来看，贵族选用的图案既复杂，色彩又丰富。

马王堆一号汉墓出土的 T 字形帛画

图案不是简单地描绘在织物上，而是采用了一个较为复杂的工艺过程，即先将织物用染料浸染成一色，再用另一色丝线绣花，然后再用矿物颜料画绘。

画缋的方法，因费工费时，着色牢度差，很快被印花技术所取代。但因它所染织物有着与其他染色方法不同的特殊风格，仍深受人们的喜爱，所以历代一直都有少量生产。马王堆一号汉墓出土的文物中，有一幅用植物染料和矿物颜料涂绘的 T 字形帛画。画缋的艺人用艳丽的色彩在帛上勾绘出天上、人间、地下三个境界，奇虫异兽在此区间游窜，使整个画面形象丰富又充满了浪漫情趣。这幅画绘织物的罕见之作，代表了古代画绘工艺的最高水平。

古代纺织品的彩饰既然那样繁多，可以想象，如果单靠徒手来画，不但十分费事，而且用稀薄的染液直接画到细致的绸子上，颜色很容易向外浸开，必然影响到花纹的质量。随着社会生产的不断发展和劳动技术的不断提高，古代人们充分运用他们的天才和智慧，终于在画缋的基础上进一步创造了印染技术。因此可以说，"印染"是"画缋"的必然发展，"画缋"是印染技术的前身。

4. 日印花枝欲满窗：古代织物印花

织物印花，是指使染料或涂料在织物上形成图案的过程或工艺。其方法主要有以下几种：

（1）直接印花。

直接印花，是指将各种颜色的花形图案直接印制在织物上的方法。此种印花工艺是几种印花方式中最简单而又最普遍的一种，在印制过程中，各种颜色的色浆不发生阻碍和破坏作用。

该法可印制白地花和满地花图案。根据图案要求不同，又分为白地、满地和色地三种：白地印花花纹面积小，白地部分面积大；满地印花花纹面积大，织物大部分面积都印上花纹；色地的直接印花是指先染好地色，然后再印上花纹，习称"罩印"。但由于又叠色缘故，一般都采用同类色、类似色或浅地深花居多，否则叠色处花色萎暗。

（2）拔染印花。

拔染印花，是指在已经经过染色的织物上，印上含有还原剂或氧化剂的浆料将其地色破坏而局部露出白地或有色花纹的方法。

染有地色的织物用含有可以破坏地色的化学品的色浆印花，这类化学品称为拔染剂。拔染浆中也可以加入对化学品有抵抗力的染料。如此拔染印花可以得到两种效果，即拔白和色拔。

（3）防染印花。

防染印花，是指在织物上先印以防止地色染料上染或显色的印花色浆，然后进行染色而制得色地花布的印花工艺过程。

印花色浆中防止染色作用的物质称为防染剂。用含有防染剂的印花浆印得白色花纹的，称为防白印花；在防染印花浆中加入不受防染剂影响的染料或颜料印得彩色花纹的，称为色防印花。

先在织物上印制能防止染料上染的防染剂，然后轧染地色，印有花纹处可防止地色上染，该种方法即为防染印花。该法可得到三种效果，即防白、色防和部分防染。

传统纺织品印花分类

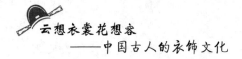

5. 纤纤静女扎锦绣：绞缬

绞缬古称扎染，扎缬，是汉族民间传统而独特的染色工艺之一。

中国的扎染工艺历史悠久，早在秦汉时期已有出现，唐宋时期是扎染技术发展的鼎盛期。

扎染按照工艺方法大体分为四类：

（1）缝绞法：用针线穿缝与绞扎的方法来做防染加工。通过叠坯、缝绞、浸水、染色、整理五道工序完成。

（2）夹板法。织物被巧妙折叠之后，再用对称的几何小板块将其缚扎起来，经染色可获得防白花纹。

（3）折叠法：将坯绸用经向或对角折叠，在不同的位置上以织物自身打结抽紧，然后浸水染色即可。

（4）叠坯法：叠坯或不叠坯加以绑扎，以造成防白花纹。

绞缬工艺分为扎结和染色两部分。它是通过纱、线、绳等工具，对织物进行扎、缝、缚、缀、夹等多种形式组合后进行染色。其工艺特点是用线在被印染的织物打绞成结后，再进行印染，然后把打绞成结的线拆除的一种印染技术。

绞缬的方法，先是在布、帛上需要染花的部分，按照一定的规格用线缝扎，结成十字形、蝴蝶形、海棠形、水仙形等各种纹样，或者折成菱形、方格形、条纹等形状，然后再去染色；染好后晾干，把线结拆去，就显出白色的斑纹。

这种绞缬方法最适于染制简单的点花或条格纹。如扎结得工细一些，也能染出比较复杂的几何花纹，而且还可以用多次套染的办法，染出好几种彩色。这种方法既不需用印花板，也不必用排染药剂，能随心所欲地印染成各人爱好的花样非常简便，一般人家都可以做。因此，绞缬很早就成为民间广泛使用的印染方法。

到了唐朝，这种方法不但十分普遍，而且还能够利用高级的丝质材料精心加工，制作成极其精美的花纹。

唐代绞缬名目多见于唐诗之中，有撮晕缬、鱼子缬、醉眼缬、方胜缬、团宫缬等，大多以纹样图案为名，出现较多的是鱼子缬和醉眼缬，这些也就是出土实物中最常见的小点状的绞缬。不过，它们在正史作者的笔下，就没有那么丰富的词汇，只是称其为紫缬、青缬等而已。

宋元时期的绞缬名称有所增多，有玛瑙缬、哲（折）缬、鹿胎等。其中出现最多的是鹿胎，据沈从文先生考证，当为模拟鹿胎纹样、紫地白花的一种绞缬产品。而折缬则是折叠后再进行扎染的缬，这种名称虽然出现在宋元时期，但其技术手段均已在唐代绞缬中出现过。

文献记载和出土文物表明我国古代民间至迟在公元 4 世纪时就已经普遍从事绞缬生产了。当时流行的绞缬花样有蝴蝶、蜡梅、海棠、鹿胎纹和鱼子纹等，其中紫地白花酷似梅花鹿毛皮花纹的鹿胎缬最为昂贵。

从唐到宋，绞缬纺织品深受人们的喜爱，很多妇女都将它作为日常服装材料穿用，其流行程度在当时陶瓷和绘画作品上得到翔实反映。陶毅《清异录》记载，五代时，有人为了赶时髦，甚至不惜卖掉琴和剑去换一顶染缬帐。

元明时，绞缬仍是流行之物，元代通俗读物《碎金》一书中记载有檀缬、蜀缬、锦缬等多种绞缬制品。

绞缬有一百多种变化技法，各有特色。如其中的"卷上绞"，晕色丰富，变化自然，趣味无穷。更使人惊奇的是扎结每种花，即使有成千上万朵，染出后却不会有相同的出现。这种独特的艺术效果，是机械印染工艺难以达到的。

在古代西北少数民族地区还有一种扎缬和织造相结合的扎经染色工艺。其法是先根据纹样色彩要求，将经丝上不着色部位以拒水材料扎结，放入染液中浸染。可以多次捆扎，多次套染，以获得多种色彩。染毕，经拆经对花后，再重新整理织造，便能得到色彩浓艳、轮廓朦胧的织品。这种工艺自唐代出现后一直沿用至今，近代深受维吾尔族和哈萨克族人民喜爱的码什鲁布、爱的丽斯绸就是采用这一工艺。

古代蓝靛扎结染床单

6. 芳菲笼裙绣地衣：夹缬

夹缬，是用两片薄木板镂（即雕刻）刻成同样的空心花纹，把布、帛对折起来，夹在两片木板中间，用绳捆好；然后把染料注入镂花的缝隙里，等干了以后去掉镂板，布、帛就显出左右对称的花纹来。有时也用多块镂板，着两三种颜色重染。古代"夹缬"的名称可能就是由这种夹持印制的方式而来。

夹缬始于秦汉之际，隋唐以来开始盛行。

据文献记载，隋大业年间，隋炀帝曾命令工匠印制五色夹缬花裙数百件，以赐给宫女及百官的妻妾。唐玄宗时，安禄山入京献俘，玄宗也曾以"夹缬罗顶额织成锦帷"为赐。这表明当时夹缬品尚属珍稀之物，仅在宫廷内流行，其技术也被宫廷垄断，还没有传到民间。

《唐语林》记载了这样一件事："玄宗时柳婕妤有才学，上甚重之。婕妤妹适赵氏，性巧慧，因使工镂板为杂花之像，而为夹缬。因婕妤生日，献王皇后匹，上见而赏之。因敕宫中依样制之。当时其样甚秘，后渐出，遍于天下，乃为至贱所服。"说明夹缬印花是在玄宗以后才逐渐流行于全国的。

唐中叶时制定的"开元礼"制度，规定夹缬印花制品为士兵的标志号衣。皇帝宫廷御前步骑从队，一律穿小袖齐膝染缬团花袄，戴花缬帽。连军服都用夹缬印花，可以想象夹缬制品的产量和它在社会盛行的程度。

唐代夹缬制品遗存较多，在我国西北地区曾经发现了不少唐朝时候用夹缬方法染成的布、帛；故宫博物院则有明朝七彩的夹缬印染遗物多种，用百花、百果等形象作为图案的素材，取"百花并茂""百果丰硕"的吉祥含义，也很精致。

日本正仓院也保存有唐代夹缬花树对鹿屏风、花树对鸟屏风、夹缬山水屏风、夹缬鹿草屏风、花纹夹缬屏风等。从这些五彩夹缬品，可以看出那时夹缬工艺是相当精巧的。

由于夹缬工艺最适合棉、麻纤维，其制品花纹清晰，经久耐用，所以自唐以后，它成为运用最广的一种印花方法，得以继续发展。从宋代起镂空印花版逐渐改用桐油涂竹纸代

唐花树对鹿纹锦（复制品）

替以前的木板，染液中加入胶粉，以防止染液渗化造成花纹模糊，并增添了印金、描金、贴金等工艺。福州南宋墓出土的纺织品中，就有许多衣袍镶有绚丽多彩、金光闪烁、花纹清晰的夹缬花边制品。

7. 竞将红缬染轻纱：蜡缬

蜡缬，又称蜡染，就是用蜡刀蘸熔蜡绘花于布，而后以蓝靛浸染，去蜡后，面料上留下色块和空白，呈现出蓝底白花或白底蓝花的斑斓图案。

传统的蜡染方法，是先把蜜蜡加温熔化，再用三至四寸的竹笔或铜片制

成的蜡刀，蘸上蜡液在平整光洁的织物上绘出各种图案。待蜡冷凝后，将织物放在染液中染色，然后用沸水煮去蜡质。这样，有蜡的地方，蜡防止了染液的浸入而未上色，在周围已染色彩的衬托下，呈现出白色花卉图案。由于蜡凝结后的收缩以及织物的皱褶，蜡膜上往往会产生许多裂痕，入染后，色料渗入裂缝，成品花纹就出现了一丝丝不规则的色纹，形成蜡染制品独特的装饰效果。

古代蜡染以靛蓝染色的制品最为普遍，但也有用色三种以上者。复色染时，因考虑不同颜色的相互浸润，花纹设计得比较大，所以其制品一般多用于帐子、帷幕等大型装饰布。

据考证，我国的蜡染工艺起源于西南地区的少数民族，秦汉时才逐渐在中原地区流行。1959年新疆民丰东汉墓发掘出两块汉代蓝白蜡染花布，其中一块图案是由圆圈、圆点几何纹样组成花边，大面积地铺满平行交叉线构成的三角格子纹；另一块则

新疆民丰东汉墓出土的汉代蓝白蜡染花布

系小方块纹，下端有一个半体佛像。这两件蜡染制品所示图案纹样的精巧细致程度，为当时其他印花技术所不及，反映出汉代蜡染技术已经十分成熟。

隋唐时蜡染技术发展很快，不仅可以染丝绸织物，也可以染布匹；颜色除单色散点小花外，还有不少五彩的大花。蜡染制品不仅在全国各地流行，有的还作为珍贵礼品送往国外。日本正仓院就藏有唐代蜡缬数件，其中"蜡缬象纹屏"和"蜡缬羊纹屏"均系经过精工设计和画蜡、点蜡工艺而得，是古代蜡缬中难得的精品。

宋代时，中原地区的纺织印染技术有了较大进步，蜡染因其只适于常温染色，

且色谱有一定的局限，逐渐被其他印花工艺取代。但是在边远地区，特别是少数民族聚居的贵州、广西一带，由于交通不便，技术交流受阻，加之蜡的资源丰富，蜡染工艺仍在继续发展流行。

当时广西瑶族人民生产一种称为"瑶斑布"的蜡染制品，以其图案精美而驰名全国。此布虽然只有蓝白两种颜色，却很巧妙地运用了点、线、疏、密的结合，使整个画面色调饱满，层次鲜明，独具瑶族古朴的民风和情趣，突出地表现了蜡染简洁明快的风格。

蜡染制品在我国西南苗、瑶、布依等少数民族聚居区，一直流行不衰，至今仍是当地女性所喜爱的衣着材料。各民族的传统蜡染技艺既有共性，又有个性。无论苗族还是瑶族，抑或是布依族的蜡染，都有蓝白两色交融，蓝有靛蓝、浅蓝、深蓝，色彩层次富于变化，给人以悠远、朴素、清新、高雅的感觉。

当然，各地也都有彩色蜡染，用杨梅汁染红色、黄栀子碾碎泡水染黄色，天然的红色和黄色与蓝靛相混，形成草绿和赭石等色调。

8. 织金衫重懒提笔：古代织物印金

丝织物上用金，原出于对豪华富贵的追求，故织金、绣金盛自唐代。

明代杨慎引《唐六典》提到唐代用金方法共14种，有销金、拍金、镀金、织金、砑金、披金、泥金、镂金、捻金、戗金、圈金、贴金、嵌金、裹金等。

到宋代大中祥符诏令中提及衣服用金之法，已达18种，即销金、镂金、间金、戗金、圈金、解金、剔金、捻金、陷金、明金、泥金、榜金、背金、影金、阑金、盘金、织金、金线。

在这些名目中，大多数用法已不可

元代织金锦

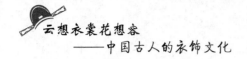

考，有部分属于织金，有部分属于绣金，还有如泥金、贴金等则属于印金类。

（1）泥金。

泥金，是将金粉与胶黏剂调和成泥后印或绘于丝绸表面的加工方法。这个"泥"字当与印泥之"泥"同解，可以想象，泥金（唐诗中亦称金泥）的状态与印泥相似。

泥金的方法与中国的绘画传统联系紧密，因此其历史可以追溯得较为久远。但是真正意义上的泥金纺织品出现时间并不算太早，汉晋时期只是一个开端，真正流行则是到了唐代才开始，因为泥金工艺师以金粉的制取为技术前提的。

宋代泥金花卉飞鸟罗表绢衬长袖对襟女衣

泥金的实物在辽代丝织品上有大量发现。如内蒙古阿鲁科尔沁旗耶律羽之墓出土的四入团花绫地泥金填彩团窠蔓草仕女等。

当时的泥金大多为画绘而成，可分为两种方法：一是依绫绮类的织物底纹而画，一是在素织物或小几何纹地上进行画绘。

（2）贴金。

贴金，就是将金箔粘贴在纺织品上面。贴金纺织品工艺最具技术性的环节在于金箔的打制和胶黏剂的利用。

传统制作金箔的工艺过程比较复杂，至今在民间工艺中仍细分有配比、化条、拍叶、做捻子、落开子、沾捻子、打开子、做开子、炕坑、打了细、出具、切箔等十二道工序。最后制成的金箔色泽金黄，光亮柔软，轻如鸿毛，薄如蝉翼，厚度低于 0.12 微米。

胶黏剂的选用，历代都可能有所不同，不同地区也会有所差别，因此难以确定。不过，通过查考文献记载和民间工艺调查，大致在古代被用作印金黏合剂以及掺合剂促黏的材料有大漆、桐油、楮树浆、桃树汁、骨胶、鱼胶、糯米糊、大蒜液、豆浆黏液、冰糖水等。

我们现在所知最早的印金织物是新疆营盘出土的贴金纺织品。此类贴金在当地应用甚广，当时男女服装的领口、裙摆、胸前、袜背等，均可以看到金箔被剪成三角形、圆点形、方形等，在丝织物上贴出各种图案。

新疆营盘出土贴金衣襟

合匹谁解断粗疏：织物整理技术

织物整理是织物加工的最后一道工序，也是必不可少的工序，其作用是改善织物的外观和手感，增进织物性能和稳定尺寸。我国古代常用的织物整理方法有熨烫整理、涂层整理、砑光整理。

1. 织物的熨烫整理

熨烫整理是用熨斗压熨织物使之外观平整、尺寸稳定。

据考古学家从挖掘出的古代文物和大量的史料证明，用以熨衣服的熨斗在中

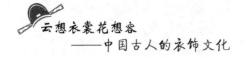

国的汉代时就已出现。

晋代的《杜预集》上就写道:"药杵臼、澡盘、熨斗……皆民间之急用也。"由此可见,熨斗已是那时民间的家庭用具。

据《青铜器小词典》介绍,汉魏时期的熨斗,是用青铜铸成,有的熨斗上还刻有"熨斗直衣"的铭文,可见那时候的我国古代劳动人民就已懂得了熨斗的用途。

关于"熨斗"这个名称的来历,古文中有两种解释。一是取象征北斗的意思,东汉的《说文解字》中解释:"斗,象形有柄";清朝的《说文解字注》中写:"上象斗形,下象其柄也,斗有柄者,盖北斗。"二是熨斗的外形如斗,因此也有把熨斗叫"火斗""金斗"的。

古代的熨斗是把烧红的木炭放在熨斗里,等熨斗底部热得烫手了以后再使用,所以又叫作"火斗"。

"金斗"则是指非常精致的熨斗,不是一般的民间用品,只有贵族才能享用。在现今一些地方的洗衣店,由于特殊需要或在没有电的情况下,还有使用木炭熨斗的。

中国古代的熨斗比外国发明的电熨斗早了1880年,是世界上第一个发明并使用熨斗的国家。

清代老黄铜熨斗

2. 织物的涂层整理

涂层整理是防护性的整理方法之一，是在织物表面涂覆一层高分子化合物，使其具有独特的功能。

早在2000多年以前，我国劳动人民就已经知道利用天然高分子化合物对织物进行涂层加工、制作各种防护用品了，如挺括的防水漆布、光亮的避雨油布和滑爽的香云纱就是优秀的代表性产品。

我国古代多以桐油、荏油（紫苏油）、麻油及漆树分泌的生漆等作为涂层材料。生漆的主要成分是漆酸，当它涂在织物上后，与空气中的氧化合，便干结固化成光滑明亮的薄膜。桐油、荏油、麻油属干性植物油，含碘值较高，涂在植物上，遇空气中的氧可被氧化干结成树脂状具有防水性能的膜。

根据《诗经》记载和陕西省长安县普度村西周墓出土文物可知，早在春秋时期，我国人民就已掌握了织物涂层整理技术。西汉以来，用此工艺加工出的漆沙、漆布、油布等制品，成为制冕和防雨用品的主要材料。

冕，即乌纱帽，在古代亦叫"漆缅冠"，便是用纱或罗织物表层涂以漆液制成的。作为朝廷官吏的帽子，它一直沿用到明代。长沙马王堆三号汉墓曾出土过一顶外观完好乌黑的漆纚冠，这顶漆纚冠采用的是髹漆涂层技术，具有硬挺、光亮、滑爽、耐水、耐腐蚀等特点，反映了我国古代以生漆涂层进行硬挺整理加工的技术水平。

在古代，漆布和油布皆为御雨蔽日的用品，但油的来源比生漆多，故用油比用漆更广泛一些。

马王堆三号汉墓出土的漆纚冠

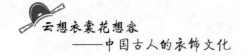

南北朝时，对涂层所用各种油的性能和用途已积累了不少经验，如《齐民要术》记载："荏油性淳，涂帛胜麻油。"

隋唐时期出现了在涂层用油中添加颜料，使涂层织物具有各种色彩的技术。如当时帝王后妃所乘车辆上的青油幢、绿油幢、赤油幢等各色避雨防尘的车帘，就是采用这一技术制成的。

元以后，干性植物油的炼制和涂层技术又有了进一步提高。《多能鄙事》里记载，熬煎桐油除添加黄丹外，还要添加二氧化锰、四氧化三铅等一些金属氧化物做干燥剂。熬制时"勤搅莫火紧"，油熬到无油色时，以树枝蘸一点，冷却后再用手"抹开"。如果所涂油膜像漆一样光亮并且很快就干燥，则停止熬制。这种熬制和测试的基本方法，在一些油布伞、油布衣等生产厂家一直沿用。

3. 织物的砑光整理

砑光整理为我国古代主要的整理方式之一，是利用大石块反复碾压织物，使其获得平整光洁的外观。

辽宁省朝阳魏营子西周早期燕国墓中发现的20多层丝绸残片，经分析，丝线都呈扁平状，便是经砑光碾压所致。山东临淄东周殉人墓中出土的丝绸刺绣残片，其绢地织物表面平整光滑，几乎看不出明显的结构空隙，很有可能也是经过砑光整理的。这两处发现说明砑光整理在周代即已出现。

秦汉以来，用砑光的方式整理丝绸和麻织物颇为普遍，当时称砑光为"碇"。长沙马王堆汉墓出土的一块经砑光处理过的麻布，表面平整富有光泽，表明汉代用这种方式整理织物使其获得最佳外观效果的水平是相当高的。

元以后，随着棉纺织业的发展，砑光被广泛用于棉织物的整理上。据《天工开物》介绍：碾压棉织品的石质，宜采用江北性冷质腻者，这样的石头碾布时不易发热，碾出的布布缕紧密。芜湖的大布店最注重用好碾石。广东南部是棉布聚集的地方，却要用很远地方出产的碾石，一定是由于试过才这样做的。

清代砑光工艺名称演变为"踹"，踹布业盛极一时。除练染作坊设有踹布工具外，更有专业的踹布房或踏布房。据史载，康熙五十九年（1720 年），仅苏州一带地区从事踹布业的人数就不下万余；雍正八年（1730 年）仅苏州阊门一带就有踹坊 450 余处，踹石 1.09 万余块，每坊容匠各数十人不等。

当时踹布采取的工艺方式是将织物卷在木轴上，以磨光石板为承，上压光滑凹形大石，重可千斤，一人双足踏于凹口两端，往来施力踏之，使布质紧薄而有光。这种踹布整理是近代机械轧光整理的前身。

 舍后煮茧门前香：古代纺织著述

在我国古代，有素称发达的农业。以天然纤维为原料的古代纺织，就是在农耕文明的沃土上发生发展起来的。我们的祖先，在男耕女织的农桑劳作实践中，积累了丰富的农业生产经验，娴熟的耕织劳作技能，创造了高超的耕织机具，成就了大量很有价值的农桑著述。

据不完全统计，我国古代农书约有 400 种，惜其中一部分早已佚失。

下面择其较为重要的几部作简要的介绍。

1.《齐民要术》

《齐民要术》是中国现存最早、最完整、最全面的综合性农学著作，书中记述了一些当时非常重要的纺织印染技术，在我国和世界农业发展史上都占有极为重要的地位。

著者贾思勰，益都（今属山东）人。其生平不见记载，只知他做过北魏高阳（今山东临淄）太守，并曾到山东、河北、河南、山西、陕西等地考察农业和收集民谚歌谣，辞官回乡后开始经营农牧业，并亲自参加农业生产劳动和放牧活动。《齐民要术》便是他总结书本知识和实际经验写成的。

《齐民要术》约成书于公元 533—544 年之间，全书共 10 卷，92 篇，卷首还有"自

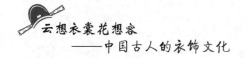

序"和"杂说"各一篇，计 11 万多字。该书集先秦至北魏农业生产知识之大成，引用有关书籍 156 种，采集农谚歌谣 30 余条，内容之丰富如贾思勰在"序"中所言，"起自耕农，终于醯醢，资生之业，靡不毕书"。

该书正文中有关纺织技术的有 6 篇，约占正文全部篇幅 1/15。虽然数量不多，但收录的内容无论是深度还是广度都是以前的农书无法比拟的；而且所记均很重要，既保留了许多重要历史文献，又真实地反映了当时纺织技术水平。

《齐民要术》不仅总结了各种生产技术，而且包含着因地制宜、多种经营、商品生产等许多宝贵的思想，反映了当时我国北方农业生产技术的水平。而书中所记纺织印染技术，则是研究我国古代纺织印染技术非常珍贵的资料。

2.《蚕书》

《蚕书》是一本反映北宋时期山东兖州地区蚕业技术的著作。著者秦观（1049—1100 年），字少游、太虚，号淮海居士，江苏高邮人，宋代著名文人。

《蚕书》大概成书于元丰七年（1084 年）左右。全书篇幅很少，共 1000 余字。内容分为种变、时食、制居、化治、钱眼、锁星、添梯、车、祷神、戎治等

古代浴蚕图

10个小节，将养蚕到治丝的各个阶段都作了简明切实的记载。

"种变"一节，讲浴卵和孵化，提到利用低温来选择优良蚕卵，淘汰劣种。

"制居"一节，讲蚕室及养蚕器具，提到采茧时应注意温度。

"化治"一节，讲煮茧时汤的温度不能高于100℃，应在水面出现像蟹眼那样的微小气泡时进行，而且要眼明手快不待茧煮老即将丝绪找到，并穿过钱眼引到缫车上。

钱眼、锁星、添梯和车几节，则是讲缫车上各部位的结构，文中对缫车的尺寸以及传动方法的描述非常详细，以至被后来的农书多次引用。如元代王祯《农书》和明代徐光启《农政全书》中有关缫车的文字，大都引自它。

"祷神"一节，讲祭祀几位传说中的先蚕。虽具迷信色彩，但长期以来祷神已成为蚕农生产中必不可少的活动，已成一种习俗。

"戎治"一节，讲蚕桑西传于阗（今于田）的故事，内容是秦观转引《大唐西域记》瞿萨旦那国蚕桑传入之始一段。

秦观《蚕书》虽然文字简短，所述机具也未配插图，但它是保留到现在最早的一部蚕业专书。清代《四库全书》《古今图书集成》和《知不足斋丛书》都将其全文收入，彰显出它在中国农学史和纺织技术史上的重要价值。

3.《耕织图》

《耕织图》是南宋期间刊印出版的一套描绘江南地区耕织劳作的图谱，也是我国古代有关耕织方面最早以诗配图供普及用的一本图册。绘制者楼璹，字寿玉，浙江鄞县人。楼璹是靠父亲楼异的门荫步入仕途的，初佐婺州。于绍兴三年（1133年）授官於潜令，绍兴五年（1135年）改任邵州通判，兼管审计司，后又在南方几地任官，而且"所至多著声绩"。官职最高至朝议大夫，最后从扬州谢任归里。楼璹偏好书法和绘画，除《耕织图》外还绘有《六逸图》《四贤图》等。

《耕织图》作于南宋高宗年间，其时楼璹任临安於潜令。他绘制《耕织图》的初衷，一是与社会大环境有关，因为在南宋王朝初期，政治经济都比较困难，朝廷特别重视发展农桑；再者他本人关注民事，非常体谅农民的辛苦，于是响应

楼璹《耕织图》(局部)

朝廷"务农之诏",有感"农夫、蚕妇之作苦,究访始末"而作。

图谱绘成后不久,朝廷遣使循行群邑,楼璹因课劝农桑成效显著而得到关注,又经近臣的推荐,宋高宗召见了他。楼璹趁此机会呈献上《耕织图》,得到皇帝嘉奖,并由此得到提拔重用。

《耕织图》进呈皇帝后并未立即刊印,仅是"宣示后宫,书姓名屏间",及至嘉定三年(1210年)才由楼璹之孙刻石传世。

现楼璹原本《耕织图》已不可见,其内容据其侄楼钥在《攻媿集》中所述:"耕织二图,耕自浸种以至入仓,凡二十一事;织自浴蚕以至剪帛凡二十四事,事为之图。系以五言诗一章,章八句。农桑之务,曲尽情状。虽四方习俗,间有不同,其大略不外于此。"

虽然楼璹《耕织图》佚失,然有幸的是楼璹在每幅图上所题之诗全部完整地保存了下来,可知耕图21幅,分别是浸种、耕、耙耨、耖、碌碡、布秧、淤荫、拔秧、插秧、一耘、二耘、三耘、灌溉、收刈、登场、持穗、簸扬、砻、舂碓、筛、入仓;织图24幅,分别是浴蚕、下蚕、喂蚕、一眠、二眠、三眠、分箔、采桑、大起、捉绩、上簇、灸箔、下簇、择茧、窖茧、缫丝、蚕娥、祀谢、络丝、经、纬、织、攀花、剪帛。

楼璹《耕织图》一经出现便产生巨大影响，宋代及以后的几个朝代，绘制《耕织图》几乎成了一种风气，接连出现了许多以"耕织图"命名，并且内容形式都与楼璹《耕织图》相同或相近的作品。

清代康熙年间焦秉贞绘本《耕织图》，每幅图的文字内容除保留楼璹五言诗外，还题有康熙御制七言诗，康熙写的序文也收录在图前。序文说："爰绘《耕织图》各二十三幅，朕于每幅制诗一章，以吟咏其勤劳，而书之于图，自始事迄终事，农人胼手胝足之劳，桑女茧采机杼之瘁，咸备之情状，后命镂版流传，用示子孙臣庶，俾知粒食维艰，授衣匪易。"因焦秉贞绘本系受康熙之命令所作，康熙又为之作序、题诗，故该本又称为《御制耕织图》。

由于《耕织图》系统而又具体地描绘了当时江南水田地区农耕和蚕桑生产的各个环节，成为后人研究宋代农桑生产技术的宝贵文献，仅就"织图"中出现的纺织机具而言，每一种都是我们无法从文字资料中得到的最直观的图像资料。

4.《农桑辑要》

《农桑辑要》是元代由司农司主持编纂的综合性农书，成书于至元十年（1273 年）。其时元已灭金，尚未亡宋，故内容以北方农业为对象，农耕与蚕桑并重。因系官书，不提撰者姓名。

司农司设立于至元二年（1265 年），是元代专管农桑、水利的中央机构。元代许多重农劝农政策都是出自这个机构。《农桑辑要》的编纂便是司农司为顺利地推行元政府的农桑政策而做的一项重要工作。据翰林院大学士王磐为《农桑辑要》写的"序"中说："农司诸公，又虑夫田里之人，虽能勤身从事，而播殖之宜，蚕缫之节，或未得其术，则力

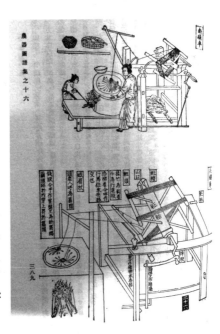

《农桑辑要》中的缫车

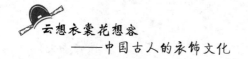

劳而功寡，获约而不丰矣。于是，遍求古今所有农家之书，披阅参考，删其繁重，撮其切要，纂成一书，目曰《农桑辑要》。"

《农桑辑要》全书共 7 卷，6 万多字。内容虽绝大部分引自前人之书，但取其精华，摒弃了繁缛的名称训诂和迷信无稽的说法，全书构架详而不芜，简而有要。书中有关纺织生产技术方面的内容亦是如此，但有些内容则是新增进去的，如"接废树""缲丝""麻""苎麻""木棉""论苎麻木棉"等篇中的一些内容。

《农桑辑要》修成之后，至元二十三年（1286）曾经颁发给各级劝农官员，作为指导农业生产之用。它的颁行不仅对恢复和发展当时农业生产起了积极作用，对北方地区推广木棉和苎麻的种植更是起了相当大的推动作用。

5.《王祯农书》

《王祯农书》是元代王祯著述的一部大型农书。王祯，字伯善，元朝初年山东东平人。有关王祯生平事迹的记载很少，现只大略知道他在元成宗元贞元年（1295 年）出任宣州旌德（今属安徽）县尹，后又调任信州永丰（今江西广丰）县尹。在两任县尹期间，为官清廉，关心百姓疾苦，特别重视发展农桑生产。王祯的诗赋造诣也相当高，他创作的铭、赞、诗、赋，风雅可诵，令人称道。元人对他的评价是"东鲁名儒，年高学博，南北游宦，涉历有年"。

该书综合了北方旱田和南方水田两方面的实际经验，全书分三个部分，22 卷，约计 11 万字。第一部分《农桑通诀》，阐述了农桑起源，泛论了农林牧副渔各项技术经验；第二部分《百谷谱》，专论谷物种植和作物栽培；第三部分《农器图谱》为全书的重点，占大部篇幅。其中收集绘制了 306 幅实物图形，是后世借鉴的重要依据。

在"农器图谱"中，有蚕缲门、织纴门、纩絮门（附木棉）、麻苎门等各篇，绘图叙述了当时我国南北各地缲丝、织绸、绢纺、棉纺、织布、捻麻等工具、机械，并作了评价。在"利用门"中绘图叙述了八锭摇纱机和三十二锭各种动力的麻、丝捻线机（大纺车）。该书还介绍了加工不脱胶苎麻时，用加乳剂来调节湿度和用灰水日晒法脱胶，这标志着宋代劳动人民对麻纤维性质了解的深入程度。

《王祯农书》还把星辰、季节、物候、农业生产程序综合联成一体，绘于一图之中，称"授时指掌活法之图"，具有独创性，以及方便、明确而实用的社会价值，是我国社会文化的珍贵遗产。

《王祯农书》插图

王祯写《农书》的目的如他在《农书》自序中所言："农，天下之大本也。一夫不耕，或授之饥；一女不织，或授之寒。古先圣哲敬民事也，首重农，其教民耕织、种植、畜养，至纤至悉。祯不揆愚陋，搜辑旧闻，为集三十有七，为目三百七十。鸣呼备矣！躬任民事者，傥有取于斯与？"也就是希望这本书能帮助人们懂得"农，天下之大本也"的道理，并学会实现这个道理的方法，自己并不想据此追求名利。

6.《梓人遗制》

《梓人遗制》是一本论述木工机械设计和制造工艺的专著。作者薛景石，字叔矩，河中万泉（今山西万荣）人，生卒年不详，约生活于13世纪中期。

薛景石在机械设计和制造生涯中，非常重视"典章"和器械的"形制"，曾用心钻研过历代官私手工业传习图谱中许多机械的结构和造型，并结合自己的想法，自行设计具有特殊用途的木质器具和专供手工生产需要的复杂木质机械。经他手制造出的机具非常精致，多有创新。对此段成己在《梓人遗制》序中作过恰当概括："有是石者，夙习是业，而有智思，其所制不失古法，而间出新意。睿断余暇，求器图之所起，参以时制，而为之图。"

《梓人遗志》这部书是在中统二年（1261年）定稿，元代是否刊印过现不得而知。迄今能够见到的是载于《永乐大典》卷18245"匠"字部的摘抄本，内容

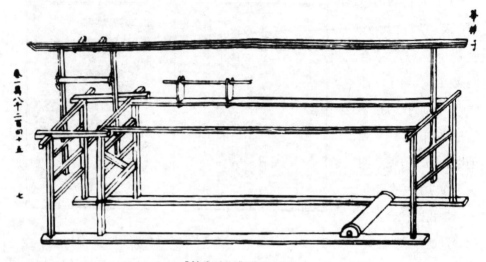

《梓人遗制》华机子图

有很大删节，已不完整。据段成己"序"载，原书内容丰富，共收有专用机械和器具110种，而现存抄本仅有其中"车制"和"织具"两部分的14种机械，其余的俱已亡佚。

《梓人遗制》主要叙述华机子（即提花机）、立机子（即立织机）、布卧机子（即织造一般丝、麻原料的木织机）以及罗机子（专织纱罗纹织物的木机）等四大类木织机的形制和具体尺寸。

对这四种木机，"每一器（即每一机）必离析其体而缕数之"，就像今天工厂里设计机器一样，既绘有零件图又有总体装配图。每个零件不仅都详细说明了尺寸大小和安装部位，而且也简明地讲述了各种机件的制作方法。正如薛景石的朋友在该书"序言"中所指出："分则各有名，合则共成一器。"现代曾有人按照《遗制》所述进行制作，也能装配成机。

薛景石对各种织机的结构，以及各个零、部件的功能了如指掌。他在书中不只是罗列一些呆板的数字，还配上生动活泼的文字说明，有的甚至不写具体数字，而能给人数量概念。

《梓人遗制》一书来源于实践，图文对照，条理清晰，是我国古代纺织技术史上唯一的木工自己写的著作。书中对各种织机结构的介绍，比之当时王祯著的

《农书》、孟祺等的《农桑辑要》以及后来明朝的徐光启所著的《农政全书》、宋应星的《天工开物》中的有关部分，要详尽、具体得多。木工看了以后，"所得可十九"，很快就能掌握各式织机的制造要领，因此，在以后的实践中，《遗制》能为群众所接受，起到它应有的作用。

《遗制》的问世，为当时山西地区制造新织机，发展纺织事业起到了一定的推动作用。

7.《农政全书》

《农政全书》是我国古代一部集大成的农业科学巨著。著者徐光启（1562—1633），字子先，号玄扈，上海人。他自幼勤奋好学，博览群书，曾深入钻研古代天文志和农书，并亲身参加农业生产实践，具有广博的知识，特别是农学知识。43 岁时考中进士，后在翰林院任职，跟随来华传教士利玛窦学习西方自然科学知识，成为明代少有的学贯古今、兼通中外的科学家。徐光启一生著作繁富，《农政全书》则是他最杰出的一部代表作。

《农政全书》共 60 卷，分为农本、田制、农事、水利、农器、树艺、蚕桑、蚕桑广类、种植、牧养、制造和荒政等 12 目，涉及农业生产的各个方面。全书70 多万字，征引古代文献 225 种，全面总结了我国历代的农业生产经验和技术，尤其反映了明代蚕桑养殖和棉田种植业的最新发展，总结了纺织生产积累起来的许多新经验。

《农政全书》中有关纺织技术方面的内

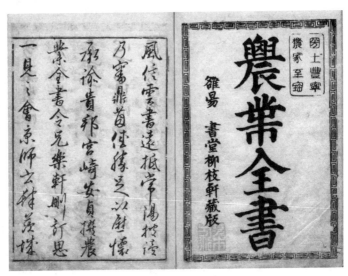

《农政全书》书影

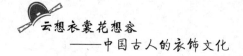
容占全书篇幅很少，且大多为辑录前人文献，但徐光启总结和分析历代农学文献结合自身实践心得所写部分，却甚为精辟，丰富了古农书中的纺织技术内容。

如对棉纺织技术的总结，徐光启前的一些农书，虽对棉纺织技术有所记载，却均很简略，字数少者仅有寥寥数百字，多者也不过二三千字，而《农政全书》则用近万字，全面系统地介绍了长江三角洲地区棉纺织技术，内容涉及棉花的种植制度，土壤耕作、丰产措施及纺纱织造。其中有不少较为精辟的论述，如对有关棉花是草本还是木本植物及棉花与攀枝花的区别的论述、对各地不同棉种的论述、对棉丰产的论述、对湿度影响纺纱质量的论述等。

8.《天工开物》

《天工开物》是一部记述明末以前我国农业和手工业生产技术的"百科全书"式的巨著。作者宋应星（1587—?），字长庚，江西奉新县瓦溪牌楼里（今奉新县宋埠公社牌楼生产队）人，明朝著名科学家。

《天工开物》全书共3卷18篇，对农业、手工业的生产技术作了全面的总结和介绍，如制作砖瓦、冶炼铜铁、烧瓷器、造车船、制造兵器、火药、制盐、造纸、纺织等，是反映明代社会生产情况、传播相关生产技术知识的宝贵材料。

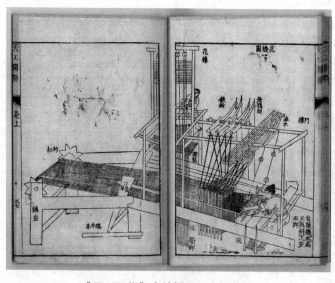

《天工开物》中的插图——提花机

《天工开物》中"乃服"和"彰施"两篇，全面论述了当时纺织和染整技术，有许多内容是以前及同时代著作中未见的，且更加接近于实际生产。

第一，蚕的杂交育种及防治某些疾病的技术。中国是世界上最早的植桑养蚕之国，《天工开物》总结了历史的成绩，特别在蚕的杂交育种及某些疾病的防治方面做了记述。这是中国，也是世界关于家蚕杂交和家蚕传染病的最早记载。对优化蚕种、防止蚕病蔓延、发展蚕业生产具有很大的指导意义。

第二，缫丝和丝的精练技术。记载了杭嘉湖蚕丝生产中的"出口干、出水干"的丝美六字诀，并记述了用猪胰脱胶的方法："凡帛织就，犹是生丝，煮练方熟。使用稻稿灰入水煮，以猪胰脂陈宿一晓，入汤浣之，宝色烨然。或用乌梅者，宝色略减。"

第三，棉织技术方面，记述了轧车、弹棉弹弓及棉布后整理。

第四，毛纺织技术方面，对山羊绒织作方法阐述得相当详细。中国用山羊绒织作的历史至少可以追溯至唐宋时期，但在明以前并没有山羊绒织作技术的记载。

第五，丝织技术方面，详细阐述了结花本的方法以及提花机的结构，所载"花机"，不仅文字说明极详尽，附图也非常细致，而且还注明了各部件的名称。书中对罗、秋罗、纱、绉纱、缎、罗地、绢地、绫地等组织的介绍，更是同时代的《农政全书》中所没有的。

第六，染色技术方面，对20余种颜色从配料到染法写得相当具体，并对蓝靛、红花、胭脂、槐花的制取和保存作了专门的介绍。

《天工开物》是中国古代一部非常有影响的科学著作，曾流传国外，先后被译成日文、法文和英文刊行。

9.《豳风广义》

《豳风广义》是一部论述我国西北陕西一带蚕桑丝绸技术以及家禽饲养方法的书。作者杨屾（1699—1794），字双，陕西兴平桑家镇人。一生居家讲学，未尝仕宦，矢志于经世致用之术，举凡天文、音律、医农、政治之书，多有研究。

《豳风广义》约成书于乾隆五年（1740年），是杨屾根据其对蚕桑技术、农副生产的长年研究试验而写成。因为《诗经·豳风·七月》是涉及蚕桑生产的诗，而"豳"实为陕西地区的一部分，遂用以名其书。

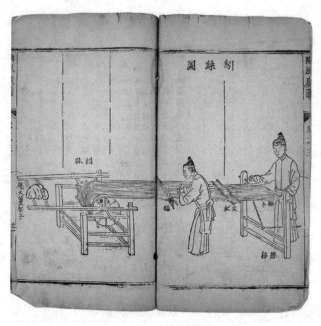

《豳风广义》插图

全书由三部分组成：

第一部分，即其上呈陕西当局之文，其中还缕述了北方可以种桑养蚕的道理四条。

第二部分，为书之主体，其间又分三卷，每卷之首均先胪陈有关史实，以为征信宣传之本，然后论述。卷上主要讲桑的种植栽培技术和对土壤的要求，末附有柘的种植法。卷中主要讲蚕的喂养及缫丝技术。卷下主要讲络丝、整经、织造方法以及同时开展多种农业生产的意义，末附饲养柞蚕和缫柞蚕丝的方法，以及饲养、治疗猪、羊、鸡、鸭疾病之法。

第三部分，为其建置"庄田"的动机、实际建设情况和经营之种类。

《豳风广义》几乎对中国古代栽桑养蚕、缫丝、络丝，整经、织造方法等方面的许多宝贵经验和创造发明，都作了比较全面的总结和介绍。

例如，关于桑树的栽培，把当时陕西地区的经验概括为"腊月埋条存栽"和"九、十月盘栽"两句话，订正了元代《士农必用》一书所讲"桑条截成尺长，火烤两头，春分时埋于地下"的错误叙述。

关于蚕种的选择，强调选种的作用，不仅能淘汰体弱有病的第二代，而且可使第二代生长发育的时间和速度趋于一致。

关于育蚕的时间，强调必须根据南北寒暖干湿等自然条件选取，"以谷雨前之三四天为宜"，同时指出不管何地在这个问题上均应考虑桑叶的长势，即桑叶长到茶匙大时，才能开始养蚕。

关于羊毛剪取，强调必须根据各地的气候条件开剪，并总结出一套能保证羊毛质量的剪毛方法和剪后处理方法。

所有这些都具有极高的科学价值，兼之全书文字简明，通俗易懂，附有大量插图，使人一目了然，易于仿效。作者说它"乃秦地蚕桑之程式也，行之无疑"，实不为过。

10.《蚕桑萃编》

《蚕桑萃编》是中国古代篇幅最大的一部蚕书，由清末卫杰综合多种蚕书中的材料于 1894 年编成。卫杰，生平不详，蜀郡（治今四川成都）人。

此书是一部关于栽桑养蚕的科普读物，也是一部关于桑蚕文化的汇编，其内容详尽，语言通俗，图文并茂，堪称我国近代北方桑蚕知识大全。

19 世纪末，直隶（今河北省）兴办蚕业，设立官办蚕桑局于保定，由卫杰负责技术工作。卫杰从四川引入蚕种并选工匠来保定创办蚕桑业和传授种桑养蚕、缫丝织绸之法，为此编成本书。

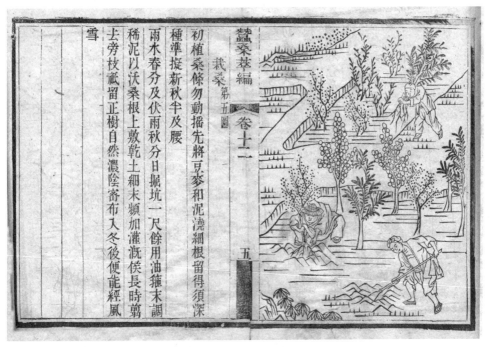

《蚕桑萃编》插图

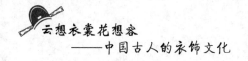

全书共 15 卷，其中叙述栽桑、养蚕、缫丝、拉丝绵、纺丝线、织绸、练染共 10 卷；蚕桑缫织图 3 卷；外记 2 卷。

书中除了对中国古蚕书的介绍和评价外，重点叙述了当时中国蚕桑和手工缫丝织染所达到的技术水平，尤其是在 3 卷图谱中绘有当时使用的生产器具，并附有文字说明。有些内容，如江浙水纺图和四川旱纺图中所绘的多锭大纺车，反映了当时中国手工缫丝织绸技术的最高成就。在"外记"第 14 卷中介绍了英国和法国的蚕桑技术和生产情况；在第 15 卷中介绍了日本的蚕务。

该书较全面地记载了从栽桑养蚕到织染成布全过程的各工序，并对不同地区的不同工艺，都分别予以描述、说明，对推广普及中国农桑技术的发展起了一定的推动作用，是研究中国近代蚕桑技术发展的珍贵参考资料。

不着人间俗衣服：古代衣饰趣话

　　中国是一个文明古国，历经几千年的沧桑变化，形成了博大精深、源远流长的文化体系。中国传统衣饰是中国传统文化的一个重要组成部分，是中华民族乃至人类社会创造的宝贵财富。

　　衣饰是人类特有的劳动成果，它既是物质文明的结晶，又具精神文明的含义。衣饰之美，不仅是满足生活的需要，带来视觉的享受，其发展过程还呈现出相应时期民俗和文化的特点。

　　本章就来聊一下关于古代衣饰的那些趣话，包括闲话、佳话，甚至于笑话。

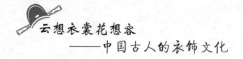

被服罗裳理清曲：**古代衣饰闲话**

1. 古代服饰的分类

能够以多种标准来给服饰分类，也是服饰具有丰富文化内涵的一个基本证明。

按照不同的标准，衣饰可划分出许多不同的类别。一般来说，把服饰分解为服装和装饰品两大类。也可以说，是以穿着作为基本的标准，能够穿着的基本是衣服鞋帽一类；不能穿着的基本是独立于前者之外的佩戴装饰物品。

服饰可以按地区来划分，这实际上是以地方气候等自然条件为标准的。气候环境造成了服饰的差异。

按照民族成分来进行划分，衣饰可以分为汉族衣饰和少数民族衣饰。我国是一个多民族的大家庭，各个民族在服饰上表现出多姿多彩的风貌，足以让人眼花缭乱。

明代岐阳王世家画像（局部）

按照年龄和性别来划分，可分为婴儿衣饰、儿童衣饰、青年衣饰、老年衣饰、男子衣饰、女子衣饰；此外，是否成年与婚嫁，在衣饰上都有相应的差别。

按衣饰的制作材料来划分，常见的有皮毛、毛织、棉布；还有一些是经过印染后做衣料，如麻、丝绸、皮革；首饰中有金、银、铜、玉、石、玛瑙、珍珠等。

按照不同的季节来划分，衣饰又可以分为春装、夏装、秋装和冬装。

按不同的社会职业来划分，最明显的是宗教职业者与世俗群众衣饰的不同；还有就是所谓的"士农工商，三教九流"等社会群体之间的服饰差别。

按不同的礼仪场所来划分，喜庆节日、男婚女嫁、宗教活动、丧葬生日、文娱表演、体育竞技等不同的场所与社会活动，都有不同的专门衣饰。

按照人身体不同部位穿着来划分，比如有帽子首饰类、上衣类、裙裤类、鞋袜类等。

2. 古代衣裳的种类

衣裳是古人衣服构成中最基本、最重要的部分，主要分为上衣下裳和衣裳连体两种基本形制。

古代衣裳的种类主要包括上身所穿的深衣、袍、裘、袄、襦、衫、半臂，以及下身所穿的裳、裤、裙等。

（1）深衣。深衣是"士"阶层以上的人的常服、庶民的礼服，产生于春秋战国时期。其特点为上衣和下裳相连，衣襟右掩，下摆不开衩，将衣襟接长，向后拥掩，垂及踝部。因其前后长，故称深衣。

（2）袍。直裾深衣进一步发展成为袍，袍也是上衣和下裳连成一体的长衣服。古代"袍"有两种，一种称"襺"，以新丝棉絮衣里；另一种称"缊"，以败棉絮衣里。从东汉起及至宋、明，上自帝王，下及百官，都以袍服为朝服。

（3）裘。皮衣，毛向外。国君和贵族穿狐皮的裘要罩上与狐毛颜色相适应的裼衣。犬羊之裘是庶人穿的，不加裼。

（4）袄。一种比襦长比袍短的上衣，由襦演变而来。有衬里，所以也称"夹袄"。若在其中纳入棉絮，则称"棉袄"。袄的出现，大约在魏晋南北朝时，宋代以后

唐代半臂襦裙

广为流行，到了清代，几乎成了士庶妇女的主要便装。

（5）襦。短上衣。东汉后主要用于妇女，既可用作衬衣，又可穿在外面。其形制有长短、单夹之分。唐代以后，历经宋元明清各代，一直用作妇女便服。

（6）衫。汉魏时，社会上出现了一种新的服装，这种服装的特点和袍恰好相反。袍以交领为主，它则以直襟为主；袍多采用双层，它则为单层；袍服袖子呈圆弧形，它则呈垂直形；袍的袖口窄小，它的袖口则非常宽敞。这种服装，被称为"衫"。

（7）半臂。无领（或翻领）、对襟（或套头），套在长袖衣衫外面。衣袖之长为长袖衣的一半，所以称"半袖（半臂）"。

（8）裤。为人们下体所穿的主要服饰，原写作"绔"或"袴"。古代的裤子只有两个裤管，没有前后裆。大约战国以后，才出现了连裆裤。

（9）裙。古代女子的主要着装。始于周文王时期。至秦朝，裙的穿着范围有所扩大；到汉代，女子着裙已较为普遍。裙开始成为古代妇女的主要着装。

3.古代衣饰的别称与含义

古代的服饰以颜色、材料或质地等鲜明的特征，显示了穿者的身份地位或性别职业，故不少服饰词语成为某类人物的代称，有的甚至沿用至今。

身章：指衣服。

衣：指上身穿的衣服。

裳：指下身穿的衣服。

襟：指衣服的前面。

元服：指帽子。

黄裳：黄色表示尊贵，穿黄裳意味着臣居尊位，因而黄裳成了将做君主的太子的别称。

缙绅：古代士大夫大带子下垂的部分叫绅，笏插在皮带与带子之间叫缙（也作搢），所以缙绅代称高官。

簪缨：簪和缨是古时达官贵人的冠饰，旧时便把它们作为做官者之称。

金貂：汉以后皇帝左右侍臣的冠饰，故代指侍从贵臣。

青衿：也作青襟，古代读书人常穿的衣服，故代指读书人。

白袍：旧指未得功名的士人。唐士子未仕者服白袍，故以为入试士子的代称。

珠履：指缀有明珠的鞋子，后成为豪门宾客的代称。

黔首：秦时平民用黑巾裹头，故代指平民。具体而言指本业为农业与小手工业、末业为小商贾等各种不事生产的人。

布衣：指麻布之类的衣服。因布衣是平民的衣着，故代指平民。

白丁：古代平民着白衣，故以白丁称呼平民百姓；或以白衣、白身称之。刘禹锡《陋室铭》"谈笑有鸿儒，往来无白丁"中的"白丁"可引申为没有学识的人。

古代女子裙装

褐夫：褐是麻毛织品，质地较次，是穷苦人穿的衣服，故代指贫民。

韦带：熟牛皮制的腰带。普通平民系韦带，故代指平民。

袍泽：指古代士兵穿的衣服，故代指将士、战友。

黄冠：黄色的束发之冠。因是道士的冠饰，故代指道士。

黄衣：道士穿的黄色衣服，故代指道士。

裙钗：古代妇女的服饰，因而用为妇女代称。

青衣：古代婢女多穿青色衣服，故代指婢女。

巾帼：本是古代妇头上的头巾或装饰物，故借以代表女性。自古以来把妇女中的英雄豪杰称为"巾帼英雄"。

纨绔：是古代一种用细绢做成的裤子。古代富贵人家的子弟都穿细绢做的裤子，这很能反映出他们奢侈的特点。因此，人们常用纨绔来形容富家子弟。

左衽：古代衣襟又称为衽，衽要向右掩。左衽指襟向左掩，后用"左衽"代指不服朝廷的远方敌人。

广裁衫袖长制裙：古代裁缝趣话

中国古代服饰文化源远流长，中国早期的服装业是以手工缝制方式生产的。随着时间的推移，产生了专门的成衣加工者——裁缝。他们逐渐从自然经济中分离出来，成为使用简单工具进行服装加工的个体手工业者。

古代的裁缝称呼各异，有叫"缝衣匠""成衣匠""成衣人"的，也有叫"缝人""缝子""缝工"的，等等。

清代顾张思《土风录》卷六云："成衣人曰裁缝……盖本为裁剪缝缀之事，后遂以名其人。"

在古汉语里，裁、缝这两个字是连在一起的，指裁剪、缝缀衣服。实际上，裁和缝不同，裁是裁剪，技术含量高；缝是缝缀，没什么技术含量。

《周礼·天官·缝人》"女工八十人"，汉代郑玄注说："女工，女奴晓裁缝者。"意思是说，裁缝多数是从女奴中挑选通晓裁缝的，或者加以培训而成的。可见，最初裁缝这个职业，就是由女子担任的。所以后世有一个词叫"女红"，这个词便念作"女工"。

裁缝的特点是手巧，加之多为女子所为，便生出许多不可描述的美妙来。如：

宋朝诗人梅窗的《菩萨蛮·浅红绡透春裁剪》："浅红绡透春裁剪。剪裁春透绡红浅。"

大文豪欧阳修《踏莎行》云："阑干敲遍不应人，分明帘下闻裁剪。"

宋代吕渭老写得更妙，他说裁剪衣服前，女子还要化个妆，找个好地方。《握金钗》云："向晚小妆匀，明窗倦裁剪。"

其实，裁缝最初是个官。

古代有"六部尚书"这么几个官职，级别很高，唐宋时为正三品，到清代已是从一品。

[清] 徐扬《姑苏繁华图》中的布庄

其实，宫中管衣服的人，也是官，叫"尚衣"，秦代便有了，汉初也有，级别也不低。后来名称越来越多，但实质内容都没变。不管是隋代的尚衣局，还是明代的尚衣监，清代的织造，督管裁缝之责必不可少。

南朝宋鲍照《代陈思王〈白马篇〉》中云："侨装多阙绝，旅服少裁缝。"可见，在古代裁制衣服这个工作，是由专人去做的。

但最初这不是一个完整的或者专门的职业，只是专人专事。因为并不流行，多数人家有母有妻有女，足可以满足家用。

孟郊诗云："慈母手中线，游子身上衣。临行密密缝，意恐迟迟归。"这是母亲为儿子出门裁缝或者缝补衣服。

戴复古词云："念着破春衫，当时送别，灯下裁缝。"这是丈夫出门前妻子连夜在灯下为其裁缝赶制。

朝堂之中，因为多种因素，比如冠服制度的要求，穿衣要求严格，所以要有专人负责。

再到后来，因为官绅富家的需求，逐渐出现了专门的裁缝职业。旧时裁缝基本上是"全能"，量体、裁剪、缝纫、熨烫、试样等各项工序，一人即可完成。

随着社会的发展，后来便有了开设店铺和上门做工两种。

开设的店铺叫成衣铺，即缝制衣服的店铺。后来又出现了"布庄"。布庄不仅仅是卖布料，还可对布料进行加工成衣服。此外，还有指专门用来制作绸缎的绸缎庄。

 碧水浣纱清波闲：古代衣饰民俗趣话

衣饰民俗，指人们穿戴衣服鞋帽、佩戴装饰等的礼仪风俗、行为习惯等。

衣饰源于御寒保温和防止野兽侵袭，之后才逐步产生了审美观念。衣饰的产生和服饰民俗的形成与人类居住的环境、人们的生产、生活方式及文化传统关系密切。

1. 古代衣饰民俗

从古人的穿衣上除了能看到当时的礼制形式，更能反映一些特有的习俗，如：

（1）追求吉祥。古代的织染和服饰，一般都讲究图案的吉祥，如"八宝纹""八吉祥"等服饰纹样，以象征吉祥如意。

（2）新年穿新衣。新年新气象，穿新衣一来表示喜庆，二是表示新的一年新的开始。而新年新衣则是以大红色为最好，红红火火显得更为喜庆。

（3）五毒衣。在孩子的围衫、肚兜等上面绣上蛇、蝎、蜈蚣、壁虎、蟾蜍五种小动物，称为"五毒衣"。三岁以下的小孩穿"五毒衣"，人们认为这样可以消灾避邪，主要是为祈求健康平安。

与习俗对应的，当然也有很多禁忌，如：

（1）忌同穿白衣白帽。

吉祥图案

因为白衣白帽的穿着，一般为居丧期间的丧服。所以在日常穿衣中不能同时穿白衣和白帽，否则会被认为很不吉利。

（2）忌穿衣不整、戴帽不规。因为从古至今，中国一直是一个礼仪之邦，十分注重交往礼仪。自身衣帽就像一张名片，关乎根本，所以衣服穿戴整齐是最基本的礼仪。

（3）丧服禁忌。在整个服饰习俗传承过程中，丧服可谓流传最久，且变化不大。在古代，丧服的禁忌是最多、最严格的，因为它是为封建家族、亲族制度服务的，体现了我国封建习俗的社会性质。

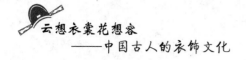

2. 登堂入室脱鞋袜

周代凡登堂入室，都必须把鞋子脱在户外。这不仅同古人席地而坐有关，而且与礼节有关。

史书载："侍于长者，履不上堂。"意思是说，侍奉长辈，不能穿鞋上堂。因古人席地而坐，登堂就是就席，穿履就席不但不干净，而且是不恭的表现。

妇女入室也要脱履。据《淮南子》载："古老家老异饭而食，殊器而享，女子跣足上堂，跪而酌羹。"

大臣见君主，不但要脱鞋，而且还要脱袜。古代称袜为"襪"。《左传·哀公二十五年》载：卫侯一次与大臣们饮酒，褚师穿袜进屋入席。卫侯见状大怒，认为褚师有意不敬，喝骂道："如此无礼者，将断其足！"褚师赶忙解释说："我的脚上生了疮，烂得厉害，恐怕您看见了会呕吐，所以不敢脱袜。"

《吕氏春秋》载：齐王生病，派使者去宋国请文挚。文挚到后，没有脱鞋就到床边询问齐王的病况，齐王大怒而起，扬言要将文挚生烹活煮。

可见，不脱鞋袜入堂拜见尊者，在古代是非常失礼的举止。

到了汉朝，大臣入朝上殿仍需脱下鞋袜赤脚，但汉高祖刘邦给予丞相萧何的一个特殊待遇就是"特命剑履上殿"。也就是说，辅佐刘邦打下天下的萧何被皇帝特许为可以佩剑穿鞋上殿朝见。这样看来，其他大臣上殿是必须解剑脱鞋以示敬意。

汉末魏国的曹操也曾下令，进祠上殿都必须脱鞋。

这在相当长的一段历史时期内成为人们的习惯礼节。尤其是在祭祀先祖、拜见尊长时必须遵循古礼。

一直到了唐代，这一习俗才逐渐改变。除祭祀活动外，大臣朝会上殿可以穿鞋了。

3. 冬至荐鞋袜

冬至，即仲冬之节，历史上曾是"年"。在黄帝时期，冬至作为岁首，称作

"朔旦"；周代也曾以冬至所在之月"建子"为岁首。所以冬至节祀先祭祖、礼拜尊长等，都是相沿的古俗。

此习俗起于汉，至魏晋时已明确有献袜履之仪。汉魏时流行的"履长之贺"，即妇女于冬至节向长辈敬献鞋袜的习俗，就是"履礼"相通的最好例证。

汉代起把冬至列为会节，有贺节之俗，时在阴历十二月二十二日前。据《中华古今注》载："汉有绣鸳鸯履，昭帝令冬至日上舅姑。"汉昭帝于公元前86年到前73年在位，这说明在距今2000年左右，我国已有冬至节"荐履于舅姑"之俗。

《玉烛宝卷》卷十一云："冬至律当黄钟，其管最长，为万物之始，故至节有履长之贺。"

三国时魏之陈思王曹植在冬至日向他的父王曹操进献鞋袜，并附《冬至献袜履表》，也反映了这一民俗。其文曰：

伏见旧仪，国家冬至，献履贡袜，所以迎福践长，先臣或为之颂。臣既玩其藻，愿述朝庆，千载昌期，一阳嘉节，四方交泰，万汇昭苏。亚岁迎祥，履长纳庆，不胜感节，情系帷幄。拜表奉贺，并献纹履七量，袜若干副。茅茨之陋，不足以入金门，登玉台也。

亚岁，即冬至；履长，是比喻冬至日长，亦指冬至。此文说明了冬至"献袜贡履"的用意是为贺"一阳嘉节""迎福践长"。

南北朝时，此俗更重于

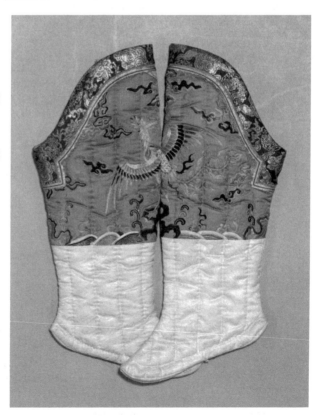

清康熙浅绿绸绣凤头绵袜

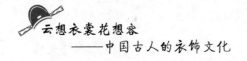

前，且有拜父拜母之仪。

宋代此日，还有更易新衣新履袜之俗。据孟元老《东京梦华录》载："京师最重冬至更易新履袜，美饮食，庆贺，往来一如年节。"《崔浩礼义》曰："近古至日，妇上履袜于舅姑，践'长至'之义。"浙江《临安岁时记》也载："冬至俗称'亚岁'……妇女献鞋袜于尊长，盖古人履长之意也。"

明代，每逢冬至，妇女仍有献鞋袜于尊长之俗。冬至献鞋袜，逐渐形成了我国儿媳侍奉老人、孝敬公婆的礼节。

在旧时浙江一带，妇女每至小年（冬至节的俗称）须献鞋献袜给公婆，以示敬意。因为冬至为仅次于春节的传统佳节，且意味着寒冬逼近，此时献鞋袜给老人，一为贺节，二为送温暖敬老。

明清时期，在我国山东曲阜等地的妇女，都要在冬至节前做好布鞋。于冬至日赠送舅姑（公婆），至今仍保留了这一敬老的良俗。

嫩黄初染绿初描：古代染坊的切口

染坊，指中国旧时经营丝绸、棉布、纱线和毛织物染色及漂白业务的作坊，是一种十分古老的行业。

"缸中染就千机锦，架上香飘五色云。"染坊在长期的发展过程中，为了维护本行的利益，逐渐形成了许多专业隐晦的名词——也就是所谓的"切口""行话""隐语"。

染坊，称为"悲丝朝阳"或"浸润朝阳"。来自春秋、战国之际的思想家墨子的典故。墨子见染丝者而叹曰："染于苍则苍，染于黄则黄。五入为五色，不可不慎也。非独染丝，治国亦然。"此作"墨翟悲丝"或"浸润朝阳"，通称"悲染"。

古代染坊有"大行邱"和"小行邱"之分，清朝末期还出现了"洋色邱"。

大行邱以染成匹土布、单色、印花等为主，形成流水线、规模化生产，各道工序分工非常明确。

小行邱以染零星杂色布料及旧衣为主，事无巨细样样都要拿得起。

洋色邱，是指专门使用外国进口染料的染坊。

［清］徐扬《姑苏繁华图》中的染坊店

染坊里染工的主管师傅称"管缸"，有技术的染匠称"场头"。

染匠，称为"查青邱"或"赚趾"。

衣服称"片子"，帽子称"瞒天"，长衫称"套子"，马夹称"脱臂"，女装称"阴套"，成批的布料称"匹头"。

染料称"膏子"，赭色称"衣黄"，浅蓝称"鱼肚"，靛青称"烂污"，藤黄称"蛇屎"，铅粉称"银屑"，绿色称"翠石"，白色称"月白"，墨色称"蓝元"。

色浅称"亮"，色深称"暗"。

盛放各色染料的瓦钵称"猪缸"，染缸称"墨悲"或"酸口"，染缸下的地灶称"地龙"，从染锅中提染件的绞棍称"棍头"。

待染的棉纱称"千绪"，棉布称"硬披"，绸布称"软披"。

印花用的横板称"花身"，开具的单据称"飞子"。

晾晒染布为"斗光"，晾布的高木架称"天平"，轧光的碾布石称"石元宝"，理布的橙子为"瘦马"。

石灰称"白盐"，楠竹竿称"长箫"，刷染坊的扫帚称"洒子"。

绣罗衣裳照暮春：古代衣饰典故

1. 勾践献葛复仇

春秋时期，位于今苏南地区的吴国和位于今浙江东半部的越国毗邻相接，互相争战。

吴王夫差在一次战争中俘获了越王勾践，几年以后才把勾践释放回越。勾践回国以后，不甘心忍受被俘的"耻辱"，暗地里和心腹大臣范蠡、文种密谋复仇。

一天，勾践向众臣说道："吴王放我回国，我一直感恩不尽。听说吴王体胖多汗，到了夏天喜欢穿凉爽离体的葛衣，我想多织些精细的葛布献给吴王，诸位看法如何？"群臣心领神会，齐声答道："甚妙！"

于是命令文种负责监督大批奴隶种葛、采葛和纺织葛布。这些葛布"弱于罗兮轻霏霏"，浸透着奴隶们的血汗。

越王勾践将大量的精细葛布献给吴王夫差，果然博得欢心。勾践又用其他种种办法麻痹吴王夫差，后来终于成功地灭掉了吴国。

2. 文治武功"晋国鞋"

山西晋南地区流传着一则"晋国鞋"的传说。

春秋战国时期，群雄争霸。地处山西晋国原先只是个小国，晋献公当上国君后，一举吞并了 10 个小诸侯国，晋国自此成为一方霸主。

为了让全国百姓永远记住他的文治武功，晋献公命令宫中女子在鞋面上绣上石榴花、桃花、佛手、葡萄等 10 种花果；还下令全国平民女子在出嫁时必须以这种绣了 10 种纹样的"十果鞋"作为大婚礼鞋，以便世世代代不忘晋献公的赫赫战绩。

这种绣花鞋便被称为"晋国鞋"。此后，晋国的刺绣工艺又从绣花鞋延伸到绣花衣以及其他用品上。

"晋国鞋"的刺绣修饰
手法沿袭了东方装饰唯美的
审美风尚，注重鞋面的章法
与鞋帮的铺陈，并配以鞋口、
鞋底的工艺饰条。彩色丝线
从鞋头到鞋跟、鞋垫甚至鞋
底都绣上繁缛华丽的纹样，

古代绣花鞋

莲生贵子、榴开百子、双蝶恋花、龙飞凤舞等，表达了人们对美好生活的祈愿。

3. 进士及第须释褐

在古代，"褐"是指粗布短衣。褐最
早用葛、兽毛编制，后来通常用大麻、兽
毛织就，是古时贫贱的人或地位卑贱的人
穿着的衣服。

"释褐"指脱去平民的粗布衣服，换
上官服。比喻始任官职。

古代进士及第后授官称为"释褐"，
所以"释褐"也是古代做官的代名词。意
思是说脱去布衣而穿官服，从此也就不是
普通老百姓而是官了。

《太平广记》中的《崔朴》一文，叹
尽仕途曲折、难以升迁之苦，其中有句话说：
"崔瑄及第后，五任不离释褐。"意思是说
崔瑄中了进士后，五次任命都没有超出刚
考中时所授的官，所以心情郁闷，长叹命
运多舛。

宋代官员形象

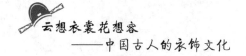

云想衣裳花想容
——中国古人的衣饰文化

唐朝科举考试制度规定，考中进士者"赐进士及第"，但并不等于得了官位，还必须经过礼部考试。当时录官取人的标准有四条：一是身，要生得体貌丰伟；二是言，说话要言辞辨正；三是书，写字要楷法遒美；四是判，要得文理优长。这一关必须通过，进士才有官做，故称"释褐试"，意思是及格后可以换穿官服。

其实，这类词汇古已有之。如晋代袁宏《三国名臣序赞》云："（孔明）释褐中林，郁为时栋。"北周大象元年《封孝琰墓志》："年十六，辟为主簿……释褐秘书郎中，转太子舍人，典文记。"北魏正光元年《刘滋墓志》："曾祖子遗，皇始之年，初宦圣魏，解褐入朝，带仗给事。"

在汉魏六朝碑刻文献里，"释褐""解褐""释巾""解巾""脱巾"等都是同义词，意思都差不多。"释褐"和"解褐"都有"脱去平民衣服，始任官职"（无职贵族）开始为官""从某一官职升任他职"之意；而"释巾""解巾""脱巾"三词则仅有"（无职贵族）开始为官"一义。

4. 缂丝能手朱克柔

朱克柔出身贫寒，原是云间人（今上海市松江区）。在松江地区缂丝和刺绣同为宋代丝织艺坛上的双璧，闻名全国。朱克柔从小就学习缂丝，积累了丰富的配色和运线经验。朱克柔织的缂丝，表面紧密丰满，丝缕匀称显耀；画面配色变化多端，层次分明协调，立体效果特佳，有的类似雕刻镶嵌。有一幅天蓝色地上缀着水红色茶花的织物，画面上蛱蝶翩翩起舞，茶花的叶面上有一块被虫蚀过，都细致入微地织出来。后世有人赞叹说：朱克柔织的缂丝，简直"有胜国诸名家"，并说："其运丝如运笔是绝技，非今人所得梦见也。"

朱克柔，云间（今上海市松江区）人，生卒不详。

朱克柔家境贫寒，从小学习缂丝，积累了丰富的配色和运线经验，作品题材丰富。她的缂丝表面紧密丰满，丝缕匀称显耀，画面配色变化多端，层次分明协调，立体效果极佳，其"茶花图""莲塘乳鸭图"堪称传世珍品。

现收藏于辽宁博物馆的朱克柔作品"牡丹"，约25厘米左右方幅，蓝地五色织成。用色除白色外，计有蓝色2种、黄色4种、绿色4种、朱色1种。经线用捻度稍强的绢丝，一寸间约120支；纬线用松线，一寸间约360支，就连牡丹花瓣部分的晕色也全部织出。这是缂丝织法中最复杂的一种，一寸间经纬线竟达480支而丝毫不加补笔。

现收藏于上海博物馆的"莲塘乳鸭图"

朱克柔《莲塘乳鸭图》

更是朱克柔的传世珍品。这幅缂丝艺术品，以在莲花和绿萍盛开的池塘中游戏争食的子母鸭为中心，岸边的白鹭和翠鸟与之相映成趣，蜻蜓在飞舞，草虫在唧啾，把游禽、花卉、草虫、飞鸟等自然生态和奇山异石、潺潺流水等自然景色，浑然结合在一起，真可谓巧夺天工，精湛绝伦！

朱克柔的缂丝织品闻名于世，成为当时文人、官僚们争相抢购的对象，甚至连宋朝皇帝也派宦官到江南搜刮，并亲手在一幅"碧桃蝶雀图"上题诗：

雀踏花枝出素纨，曾闻人说刻丝难。

要知应是宣和物，莫作寻常缃绣看。

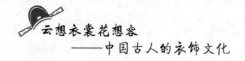

5."衣冠禽兽"难为人

"衣冠禽兽",较早见于明代陈汝元《金莲记》第七出:"人人骂我做衣冠禽兽,个个识我是文物穿窬。"意思是人人都骂我是当官的,个个都认为我是个窃贼。

后人从这句话提炼出"衣冠禽兽"这则成语,意思是穿戴着衣帽的禽兽,比喻品德败坏、行为卑劣的人。

这个成语原来并没有贬义色彩。"衣冠"作为权力的象征,历来受到统治阶级的重视。古代在官服上绣以飞"禽"走"兽",是用来显示文武官员的等级。

这种等级制度,是从明朝开始的。明太祖在洪武三年(1370年)正式规定:帝王服装上增加团龙纹,龙纹成了帝王的专用徽记;皇后礼服的冠饰有九龙四凤,皇妃、公主、太子妃的凤冠九翟四凤——翟就是有五彩的雉;一品至七品命妇的凤冠没有凤,绣有不同数量的翟。

因此,当时人们称文武官员为"衣冠禽兽",其实是一个令人羡慕的赞美词。

据明、清两史的《舆服志》记载,文官绣禽、武官绣兽,而且等级森严,不得逾越,"衣冠"上的"禽兽"与文武官员的品级一一对应。这种补缀制度,到清朝时发展得非常严格,任何人不得随意增添,否则将以刑法论处。

明朝中晚期,宦官专权,政治腐败,文官爱钱,武将怕死,当官的欺压百姓,无恶不作,声名狼藉,老百姓视其为匪盗瘟神。于是,老百姓只能暗地咒骂,称那些为非作歹、道德败坏的文武官员为"衣冠禽兽"。

 黄袿色映花翎飘:清朝的"顶戴花翎"

清朝是由满族贵族用武力征服汉族后建立的,在他们统治天下后,虽然废弃了延续几千年的汉族衣冠,但仍然将冠帽作为区别官阶的重要标志,其中,以"顶戴花翎"最有特点。

1. 顶戴花翎的等级分秩

顶戴花翎虽为一体，却是"顶戴"和"花翎"两个部分。顶戴，就是官员戴的帽顶。花翎，是皇帝特赐的插在帽上的装饰品，一般是赏给有功的人或对朝廷有特殊贡献的人。

清代"顶戴"分两种：一种是夏天戴的凉帽，圆锥形，呈斗笠状，俗称喇叭式，材料多为藤、篾制成；一种是冬天戴的暖帽，元宝形，蒸笼状，材料为缎布及动物皮毛。

"顶"指清朝官员冠帽上的顶子，共有三层：上为尖形宝石，中为球形宝珠，下为金属底座。吉服冠顶则少尖形宝石，底座或用金，或用铜，上面镂刻花纹。

在底座、帽子及顶珠的中心，都钻有一个直径5毫米的圆孔，从帽子的底部伸出一根铜管，然后将红缨、铜管及顶珠串联，再用螺纹小帽旋紧。

以顶珠的颜色和材料反映官阶品级，按照规定：一品官用红宝石；二品官用红珊瑚；三品官用蓝宝石；四品官用青金石；五品官用水晶；六品官用砗磲；七品官用素金；八品官用阴文镂花金；九品官用阳文镂花金。

比起顶珠，花翎更有特色。顶珠下的翎管，质为白玉或翡翠，用以安插翎枝。翎枝分蓝翎和花翎两种。

蓝翎为鹖鸟羽毛所做，无眼，赐予五品以下以及在皇宫和王府当差的侍卫官员享戴，也可以赏赐给建有军功的低级军官。

花翎是由孔雀尾的翎羽制成，所以也叫孔雀翎。花翎有单眼、双眼、三眼之分，三眼最尊贵。所谓"眼"指的是孔雀翎上的犹如人眼状的圆花纹，一个圆圈就是一眼。

清官冠帽上的花翎最富有"辨等威，昭品秩"的意味，它以翎眼的多少标志等级。据《清史稿·礼志》和《清会典事例·礼部·冠服》记载：皇室成员中爵位低于亲王、郡王、贝勒的贝子和固伦额驸（皇后所生公主的丈夫），有资格享戴三眼花翎；清宗室和藩部中被封为镇国公或辅国公的贵族，还有和硕额驸（妃嫔所生公主的丈夫），戴双眼孔雀翎；五品以上，在皇宫任职的内大臣、前锋、

顶戴花翎

护军各统领、参领（任职之人必须是满洲镶黄旗、正黄旗、正白旗出身），戴单眼孔雀翎。

按上面的规定，只有内臣可戴花翎，而在京城之外任职的文臣武官均无此待遇。即使是按出身可以戴花翎的王公贵族也不是生下来就可戴用，而是要在 10 岁时，经过必要的骑、射两项考试，合格者才具备资格。这是清朝尚武风气犹存的表现，只是后来渐渐废弃不用，也可见清初朝廷对花翎尤为重视。

2. 顶戴花翎的荣耀

清初，花翎极为贵重，唯有功勋及蒙特恩的人方得赏戴。

明朝降将施琅，康熙年间因平定台湾立功，受到康熙皇帝赏识，被赐封"世袭罔替"的靖海侯。古代武将的最高愿望就是到战场建立军功，以得封妻荫子，光宗耀祖。按理，施琅所得已可满足，但他却向朝廷上书，力辞侯任，请求"照前此在内大臣之列赐戴花翎"。这件事引起朝廷震动，特意提交礼部议论，礼部官员一致认为将军提督在外，从无赏戴花翎的先例。为此，驳回施琅的请求，后来，还是康熙帝力排众议，下旨破例赏赐戴花翎。

以世袭侯爵换取一翎，足见当时花翎之贵重，而"顶戴花翎"也就成为清代官员显赫的标志。

到清中叶以后，花翎逐渐贬值。道光、咸丰后，国家财政匮乏，为开辟财源，公开卖官鬻爵，只要捐者出得起钱，就可以捐到一定品级的官衔，穿着相当的官服，光耀门庭。

清初极为难得的翎枝，此时也明码标价出售。开始是广东洋商（专营对外贸易的商人）伍崇耀、潘仕成捐输十数万金，朝廷无可嘉奖，遂赏戴花翎。以后，海疆军兴，捐翎之风更盛，花翎实银 1 万两，蓝翎 5000 两。以后又按照捐官之项折扣，价格更低，捐者遂多。

咸丰九年（1859 年）时，条奏捐翎改为实银，不准折扣，花翎 7000 两，蓝翎 4000 两。此时的顶戴花翎其实已变了味道，但其象征荣誉的作用依然存在。直至晚清，李鸿章因办洋务有功，慈禧还赏他戴三眼花翎。

而到后来，每枝花翎仅用 200 元就可以捐到，由此戴花翎者大街小巷遍地皆是。花翎制宣告没落，大清王朝也就走到了尽头。

 挂冠裂冕已辞荣：**古代冠冕趣话**

古代有关冠冕的趣话也有很多，诸如诸葛亮"羽扇纶巾"指挥三军，明太祖朱元璋钦定"网巾"，等等。下面我们一起来了解这诸多趣事。

1. 诸葛亮"羽扇纶巾"

纶巾，古代用青色丝带做的头巾；一说配有青色丝带的头巾。相传三国蜀诸葛亮在军中服用，故又称"诸葛巾"。

诸葛亮戴纶巾指挥三军，被后世传为佳话。

据说诸葛亮当年在渭滨与司马懿交战，两军开战在即，司马懿派人前

头裹纶巾的诸葛亮

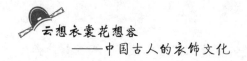

往蜀军阵前探视，只见诸葛亮乘着素舆，头裹纶巾，手摇羽扇，以悠闲的神态指挥着三军。司马懿闻报，不得不暗暗叹服："可谓名士矣。"

2. 朱元璋钦定"网巾"

相传"网巾"是经明太祖朱元璋"钦定"而颁式全国的。

一天，朱元璋微服出行，走到神乐观前，见一个道士正在灯下编织网巾。朱元璋问："此何物也？"道士答道："此为网巾，用以裹头，则万发俱齐。"

刚刚当上皇帝的朱元璋听了"万发俱齐"这句话非常满意，马上将这个道士封官，并颁式于天下，令满朝文武、全国百姓都用此巾来罩发。

3. "硬裹"幞头为应急

所谓硬裹，就是用木料做成一个头箍，然后将巾帕包裹在头箍上，使用时只要往头上一套，不需要再临时系裹。

关于硬裹的出现，有两种趣闻。

一说是在唐穆宗时。据说唐穆宗爱好打马球，心血来潮时，随时会呼唤诸司供奉人员上场相陪。这些宫廷侍者为了随时应召，而不因为系裹幞头慢了而受到皇帝的训斥，所以创制了这种幞头。

还有一种说法是在唐僖宗乾符年间。时已接近唐末，大小战争连续不断，农民起义此起彼伏。南诏军一度渡过大渡河，攻陷黎州，迫使唐朝廷不得不与之讲和；濮州（今山东鄄城北）王仙芝聚数千人起义，冤句（今山东曹县西北）黄巢聚众响应，大克唐朝官兵。

在这种烽火迭起的时刻，宫廷中的宦官、近侍以及宫女无心对着镜子慢慢悠悠地系裹幞头，所以用木料、纸绢或铜铁为骨，在其上包裹上巾帕，以应缓急之便。

后来这种幞头被唐僖宗看到了，也要求侍臣进御。由此，上自皇帝、下及百官，以至士庶，都以戴硬裹幞头为尚。

4. 龙山醉看"风落帽"

据说，南朝梁时，曾经自立为帝的侯景，平时纱帽不肯离首；南齐皇帝萧道成，更是戴着纱帽登基。因为纱帽的质地非常轻薄，所以戴在头上稍不留神，就会被风吹落。我们从史籍中常常看到"风落帽""落帽"的典故，就和这种"纱帽"有关。

据晋人陶潜《晋故征西大将军长史孟府君传》及《晋书·孟嘉传》等书记载，晋代名士孟嘉任桓温参军，一日出席桓温等在龙山举行的大宴，不料一阵风过，吹落了孟嘉所戴的帽子。周围人见他发髻外露，无不嬉笑，有的甚至还作诗加以挖苦。

在这种尴尬场合，孟嘉一点也不为所动，好像没事一样，依旧风度翩翩，谈笑自如，令四座叹服。后来，人们就用"风落帽""落帽""孟嘉帽"来形容人的风流倜傥、潇洒儒雅，并进一步引申为气度轩昂、心胸宽阔者的代称。

唐代李白的《九日龙山饮》诗云："醉看风落帽，舞爱月留人。"宋代辛弃疾的《玉楼春》词云："思量落帽人风度，休说当年功纪柱。"陆游的《九月九日李苏州东楼宴》诗云："风前孟嘉帽，月下庾公楼。"说的都是这个典故。

5. 林宗淋雨"折角巾"

有一天，东汉名士郭林宗裹着头巾外出，正好碰上下雨，雨水淋湿了他的衣裳，头巾也被散开，形成一角。

有人看到他的模样，觉得非常特别，于是学着他的样子，故意将头巾折出一角，由此流传开来，便成为一种风习。

魏晋时这种头巾多用于儒生、学士等读书人，俗称"折角巾"，或称"林宗巾"。南朝吴均《赠周散骑与嗣》诗中即有"唯安莱芜甑，兼慕林宗巾"的说法。

6."四角方巾"定天下

相传明初时，大文学家杨维祯被召入殿，进见明太祖。太祖见他所戴的方巾四角皆方，非常奇特，问他叫什么名称，杨维祯灵机一动，兴口答道："此四方

杨维桢石刻像

平定巾也。"

太祖听后十分高兴，于是颁制天下，并规定为儒士、生员及监生等文人的专用头巾。

"四方平定巾"之名在明代著作中屡见记载，《明史》中也有叙及。

在《明史》中，还明确记载了颁制此制的时间为洪武三年（1370年）。这年杨维桢确实被召至京城入见过太祖，但杨维桢一直对灭亡的元朝念念不忘，屡次拒绝在明朝为官。所以他在入见明太祖时，会不会说出这种略显谄谀的话，还真是不好说。

 此生可着几两屐：古代鞋履趣话

鞋履文化是我国宝贵的民族文化，承载着厚重的历史意义。鞋履文化中不乏幽默逗趣的史话和奇闻逸事，如历史名鞋"三寸金莲"、清代的"花盆底"以及用以培养女德的铃铛鞋、寿礼鞋，等等。了解我国古代鞋履故事，也是一件十分富有知识性和趣味性的事。

1. 步屣白杨郊野问：鞋垫

鞋垫是鞋的一种配件，是安放在鞋内底上与脚底接触的部件。它放在鞋中柔软又温暖，能使鞋内底部完美清洁，排除脚汗并吸湿，使鞋内底平整光滑，穿着舒适。

鞋垫，古称"磠""磠余""屧"。《广鞾》曰："磠余，屧也。屧，履中荐也。"

鞋垫的历史很悠久。新疆唐墓出土的彩织宝相花云头锦鞋，就放置一双由黄色纹绫做成的鞋垫，可见至迟在唐代已有了鞋垫。

鞋垫的样式很多，而绣花鞋垫则是其中最有特色的。相传唐宋时期，土家族地区的手工布鞋和绣花鞋垫，因其制作精美细腻，纹样宝贵吉祥，曾一直为朝廷纳贡之用。

绣花是中国民间古老技艺，在鞋垫上加进了刺绣，便成了一件美好的艺术品。

在古代缝制绣花鞋垫，是民间女子必学的一门女红，她们大都手艺精湛，能用五颜六色的丝线，在鞋垫上绣出荷花、鸳鸯、竹子、石榴、蝴蝶以及山石等象形表意的图案，做工考究、寓意深厚，饱含着女性情感，从中可以体味到一股浓烈而又婉约的中国民间风情。

妇女们为了表达对亲人的爱和祝福，不惜千针万线，纳制出许多漂亮的绣花鞋垫，伴随着亲人们走四方。

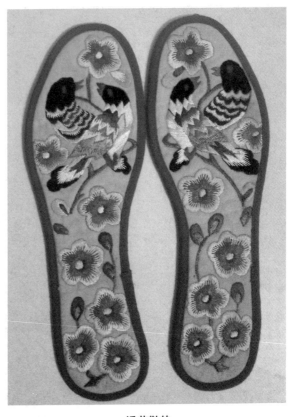

绣花鞋垫

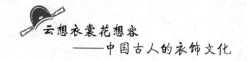
手工绣花鞋垫根据工艺可分为刺绣鞋垫、割绒鞋垫、十字绣鞋垫、圈绒绣鞋垫等。

在古代民间，手工刺绣鞋垫是用来表达爱情的一种方式。如果女子有心仪之人的话，便会亲手刺绣鞋垫送给对方，其实这就是一种含蓄表达爱情的方式。

女子到了待嫁年龄，也会刺绣各种精美的鞋垫，作为自己的嫁妆，不仅是为了证明自己心灵手巧，而且希望通过自己的鞋垫为夫君带去好运。

2. 文鸳绣履恐轻飞：鞋花

鞋花，指用作布鞋鞋面刺绣底样的剪纸，既是供人绣制鞋饰的底样；也是民间剪花的一种，指做鞋帮、鞋面绣样的剪纸。

鞋花是广大劳动妇女及走村串乡卖花样剪纸的艺人所创，是研究传统鞋饰和鞋俗的重要资料。

鞋花剪纸

鞋花剪纸，是我国一种特有的民间图案艺术。它不仅题材多样丰富，而且还有着强烈的民族风格，同时也广泛流行于各地；而在不同的地域中，还反映了当地人的性格和生活的特点。

鞋花一般有三种形式：

一是剪成小团花或小散花，绣于鞋头，称"鞋头花"。

二是按照鞋面的形状剪成月牙形，称"鞋面花"。

三是由鞋头花的两端延伸而至鞋帮，称"鞋帮花"。

其中以第二种形式居多，

也最有特色。

另外还有一种"鞋底花"，旧时多用于"寿鞋"，或绣于布袜底上。

鞋花布局一般多疏朗，题材主要是花鸟草虫等，形式比较疏朗、匀称，外廓较严整。有的鞋花在局部剪开而不镂空，此称"暗刀"，是绣花时套针换色的依据所在。

早在清末至民国初年，沔阳（湖北仙桃市）一带就有以卖花样谋生的剪纸艺人，他们收徒传艺，并自发成立了剪纸同业公会，交流传习剪纸技艺。当年所卖花样以鞋花居多，有上百种不重样，可见绣鞋民风之盛。

3. 但知峭紧便趋奔：鞋拔

鞋拔，是人们穿鞋的一种辅助工具。它因地而异，有许多名称，如山东叫"鞋抽子"，山西叫"鞋斗子"，徽州话叫"鞋溜"，中原官话叫"鞋溜子"，客家话叫"鞋绷子"，还有的地方方言叫"小耳朵"。

鞋拔是随着人们的穿鞋需要而诞生的。

最初的鞋拔是将一条布带或布头，缝在鞋的后帮跟口上，穿鞋时，用手拽住往上拉，再把脚往里一蹬就进去了。这种布带，民间称之为"提鞋巴"，东北方言叫"一提溜"。

根据现有的考古实物资料判断，至迟在宋代已经有这种提鞋带了。如湖北江陵宋墓出土的宋代小头缎鞋，鞋的后跟多出一块布，就是用来提鞋的。这种"鞋拽靶儿"就是我们今天看到的鞋拔子的雏形。

后来，人们觉得这鞋后帮拖上一条尾巴，影响鞋的完整和美观，于是有人就创造了一种代替品——鞋拔。

古代的鞋拔是用兽骨、牛角、铜、象牙等为材料，制成形状像一小牛舌的物具，一般长3寸左右，宽1寸余，中间微凹形（仿鞋跟形），向内稍有弯度；上端稍小，柄部有眼，平时可以串线悬挂；下端扁宽，并向内凹，其形正好贴于足跟。当脚伸入鞋中，足跟紧贴鞋拔，顺势蹬入，脚就进去了，然后将鞋拔抽出。

对这种鞋拔，清代李光庭在《乡言解颐》一书中写道："男子之鞋只求适足，

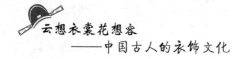

而若其峭紧者，则用鞋拔……拔之，提之使上也。"

他还写了吟咏鞋拔的诗：

但知峭紧便趋奔，不纳浑如决踵跟。

适履何人甘削趾，采葵有术莫伤根。

只凭一角扶摇力，已没双兔沓踏痕。

直上青云休忘却，当年梯步几蹲蹲。

这首诗反映了鞋拔的功能，是利用其"一角扶摇力"，帮助人们使脚轻松顺利入鞋。

当时宫廷和民间都大量使用铜鞋拔，对穿各式布鞋最为方便。在江南各地，这种鞋拔还是姑娘出嫁时不可缺少的陪嫁品。

随着社会的发展，人们在普通鞋拔的基础上，将其艺术化，产生了带有各种装饰的鞋拔，变成了一种既实用又可鉴赏的工艺品了。首先，加长了鞋拔的长度，使在拔鞋时不要弯腰。其次，在鞋拔顶和片身上雕刻了文字和图案，如鹿首、孔雀、鸳鸯、佛手等，形象生动逼真，成了令人喜欢的艺术品。

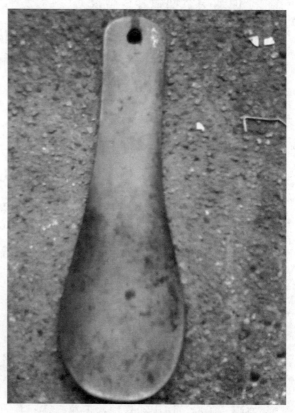

鞋拔

4."暗藏玄机"夹带鞋

在中国鞋履文化艺术中，除了竭尽鞋面的绣工与装饰外，鞋底亦是举"鞋"轻重的一块文化阵地。在这不盈方尺的鞋底上，功能扩展与艺术展现达到了极致的地步。

夹带鞋便是鞋底护足功能向外延伸的典型鞋类。"夹带"，顾名思义是利用鞋底夹带其他对象，比如科举考试夹带鞋和粉脂香料夹带鞋。

科举考试是中国古代通过考试选拔官吏的手段之一，平民百姓可以借此机会跻身上层社会。为了达到这样的目的，一些人想出了各式各样的作弊手段。夹带考试范文进入考场内是最常见的作弊方法，具备夹带考试内容的夹带鞋也应运而生。

所谓作弊用的夹带鞋，一般是在鞋垫下面、在鞋底当中特制几个小暗箱，里面藏着袖珍本考试范文。

比如有一双清代罕见的夹带鞋，移去鞋里的鞋垫，在两只鞋底当中特制的暗箱里，就分别夹带有两本考试范文袖珍本。其中包含有多种命题的30多个作者约40篇不同风格的文章，每本夹带书大小约4.5厘米见方，共42页，竖排线装，对折装订，纸质似宣纸。每个页面上的字数高达400个，可见字体之小、密度之大。

我国开科取士的科举制度是始自隋朝开皇七年（587年），到清朝光绪三十一年（1905年）废止，历经1300多年。

自开科以来，一些生员、举子们从来就没有断过用作弊来获取中举的念头。不过，古代科举考试对作弊查得也挺严。据悉，清朝乾隆皇帝亲自对考生的衣着装扮做过严格规定：

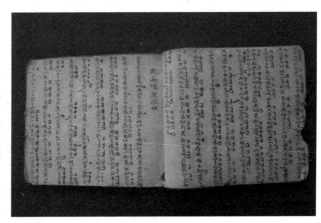

古代用于"夹带"的小抄

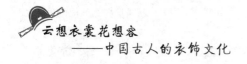
衣服、裤子乃至帽、袜都必须是单层的，鞋必须是薄底的……同时，入场前还要脱衣接受检查。

5. 堂上三千珠履客

据《史记》卷七十八"春申君列传"："春申君客三千人，其上客皆蹑珠履以见赵使，赵使大惭。"

此言春申君的客中上客所穿之鞋，皆缀有明珠，后因用作咏门客、幕宾的典故。

唐李白《寄韦南陵冰余江上乘兴访之遇寻颜尚书笑有此赠》诗云："堂上三千珠履客，瓮中百斛金陵春。"

6. 庄子履弊行偏冷

据《庄子·山木》载，庄子曾身穿补丁衣服，脚踏破鞋去拜访魏王。行走雪中，鞋底已破，"足尽践地"，人皆笑之，庄子不以为意。

魏王问他何以如此困顿，庄子答："贫也，非惫也。士有道德不能行，惫也；衣弊履穿，贫也，非惫也，此所谓非遭时也。"

后人用此典，以"履穿""履弊"形容生活困顿，衣鞋破旧。

杜甫有诗云："履穿四明雪，饥拾楢溪橡。"

唐韩愈《喜雪献裴尚书》诗云："履敝行偏冷，门扃卧更羸。"

7. 王乔双凫随鹤翎

东汉人王乔为叶县令，入朝次数很多，但从未见其车骑，传说他是乘坐鞋子所化之双凫（两只野鸭）来上朝的。

皇帝感到奇怪，叫人候望，只见有双凫飞来，遂用网去捉来，却只见到两只鞋子——正是以前皇帝赐给王乔的尚书官属履。后人便以"王乔仙履""双凫"等比喻县令的行踪。

唐孟浩然《同张明府碧溪赠答》诗云："仙凫能作伴，罗袜共凌波。"

唐杜甫《桥陵诗三十韵因呈县内诸官》云："太史候凫影，王乔随鹤翎。"

8. 玩之着屐三十载

虞玩之，字茂瑶，南朝齐会稽余姚（今属浙江省）人，南北朝时期南齐重臣。

相传，南齐高帝在镇东府时，虞玩之为少府，每次朝见都蹑屐造席。一次，高帝取其屐亲自审视，只见其屐颜色陈旧不堪，屐间也斜歪了，而且"綦断，以芒接之"。

这里的"綦"指鞋带，因为当时的木屐通常由楄、系、齿三个部分组成。楄，是指木屐的底板；系，指屐上的绳带。在履的底部，一般多装有硬木制成的齿，走起路来，随着脚步的移动会发出"咯咯"的响声。

虞玩之这双木屐绳带都断了，用芒（即草绳）接起来，仍穿在脚上，因而引起了高帝的怜悯。

高帝问："你这双木屐穿了多少年？"虞玩之答道："最早是在随军北行途中买来穿的，至今已着了30年，家贫买此亦不易。"

高帝闻此，慨叹不已，马上亲自赐给他一双新的木屐。

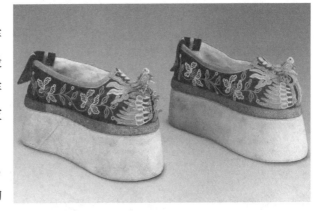

古代绣花木屐

9. 欲客齿颊生莲花

《金瓶梅》第六回中写了这么一件趣事：

"西门庆又脱下他（潘金莲）一只绣花鞋儿，擎在手内，放一小杯酒在内，吃鞋杯耍子。"

西门庆"吃鞋杯耍子"的这个嗜好，是人在饮酒作乐时把女人的绣花鞋当作盛酒的杯子，这绣花鞋也因此被叫作"鞋杯"，还有更为文雅的名字——"双凫杯""金莲杯"。

这一习俗起源自宋朝，盛行于明清，是当时士人中间颇为风靡的"妓鞋行酒"。

明隆庆年间，博学多才的何良俊遇到王世贞，就从袖子中拿出妓女王赛玉的一只鞋子以助酒兴。王世贞遂赋诗云："手持此物行客酒，欲客齿颊生莲花。"

《香莲品藻》的作者方绚曾作《贯月查》，专门记述了此种游戏：先取小脚女人的鞋，模仿投壶仪节，让客人往鞋中投掷果子，以是否投中论输赢，旋即以小鞋作酒杯豪饮。

在方绚看来，裹足之小鞋，弯弓纤妍宛如贯月；投以果子，又如星之贯；以鞋行酒，巡视于座中酒徒，又似"浮查"，所以文章取名为"贯月查"。更令人生厌恶心的是，游戏之中的小鞋是从陪宴妓女的脚上现场脱下的。

《贯月查》中还记载有一种妓鞋行酒的游戏，更是变化多端：妓鞋在客座中传递，传递时口数初一、初二以至三十的日子；而传递者手执妓鞋的姿势则随日子的不同而变化，或者鞋口向下，或者鞋口向上，或抓鞋底，或者平举，或者高举，或藏于桌下，错了就要罚酒。专有一歌概括这种随时变化的姿势：

瓷质三寸金莲绣花鞋

双日高声单日默，初三擎尖似新月。

底翻初八报上弦，望日举杯向外侧。

平举鞋杯二十三，三十覆杯照初一。

报差时日又重行，罚乃参差与横执。

这种风靡士人间的生活风气，有赞同声，自然也有反对声。元末明初画家倪瓒便"以妓鞋为秽"，他这种行为却被明代文学家沈德符视为怪癖。由此可见，"妓鞋行酒"已经被当时的社会所接受。

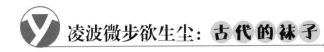

凌波微步欲生尘：古代的袜子

袜子是一种穿在脚上的服饰用品，起着保暖和防脚臭的作用。

袜子也和其他服饰一样，由简到繁，再由繁到简，发展成现在的五花八门、形形色色的"袜子王国"。

在中国古代，袜子亦称为袜或足衣、足袋，就是一个包裹足部的袋子，由皮革或布帛裁缝而成。

早在夏朝(前21世纪—前17世纪)时，我国就出现了最原始的袜子，被人们称为"足衣"或"足袋"。

"袜"字在三代时期通常作内衣的意思理解，穿在足上的，一般被写成"韤""韈"或"韈"。

《中华古今注》记载："三代及周着角袜，以带系于踝。""角袜"应该是用兽皮制作的原始袜子。

《帝王世纪》记载："武王伐纣，行至商山，袜系解。五人在前莫肯系，皆曰臣所以事君非为系袜。"

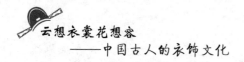

这两则记载显示当时的袜子应属于系带袜，只能套在脚上，然后再用系带系在踝关节上。

这种袜子一直使用了很长时间。

据史载，最初的袜子，多以皮革制作，穿着皮革之袜，可直接践地，无需着履。

兽皮做的袜子，穿起来毕竟又重且有异味，所以汉代逐步改进了袜子，产生了一种新式的用布帛、蚕丝制成的袜子。这种蚕丝袜要更加轻盈、凉爽，是汉代贵族的最爱。

湖北江陵凤凰山西汉墓出土的一双女袜，无彩无纹，底长 15 厘米，出土时尚穿在死者足部，袜身为苎麻织成。

湖南长沙马王堆西汉墓出土的女袜，情况也与此相似：平底高双夹袜，以双层素绢缝成，袜面用绢较细，袜里用绢较粗，制为齐头、短靿，开口处附有袜带，袜带也用素纱制成。

马王堆西汉墓出土的女袜

据文献记载，汉代公卿百官出席宗庙等祭祀仪式，按规定必须穿着红色领袖内衣、红裤及红袜，以示对列祖列宗的赤诚之心。这种以红袜为祭服的做法一直影响到后世，由唐及宋，以至元明，各个时期遵行不改。

汉魏时期士庶男子所穿之袜以苎麻制成者居多，取其坚固耐用。女子所穿之袜，则大多以绫罗制成，取其柔软舒适。

魏晋时期，出现了类似现代的袜型，据传是魏文帝的吴妃最早以绫而裁。当时魏文帝曹丕觉得身边的一个妃子穿的袜子显得粗笨，样子十分难看，便改造成绫袜。

同一时期还出现了用丝制成的袜子，叫作罗袜。曹植在《洛神赋》中就曾有"凌波微步，罗袜生尘"之句，借用袜子来描述洛神的飘逸和洒脱。

隋唐时期的妇女，也喜穿着绫罗之袜。宫廷妇女所穿之袜，则以精美的彩锦制成。

江浙一带的民间妇女，出于着屐的需要，还喜欢穿着分指之袜，制作时将大趾与另外四趾分开，形成 Y 形，俗称"丫头袜"，或作"鸦头袜"。

这个时期的男袜，仍以苎麻为之。到了冬季，则穿一种厚实的罗袜，以数层罗帛缝纳而成，俗谓"千重袜"。

唐代时袜子制作变得更加精美复杂，织工们更多使用锦缎来制作锦袜。相传杨贵妃被缢死时，曾遗下一只锦袜，被当地旅店的一个老板娘捡到。过路之客如欲观赏，必须付百钱，老板娘因此而致富。

宋代则在此基础上发展出兜罗袜，其质地柔软而厚实，可御寒冷。

宋代的士庶男子多着布袜，贵族男子也有穿锦袜者。不过在当时人们的心目中，将彩锦之袜践踏在足下，实为奢侈之举。

这个时期的妇女，因为缠足的关系，多将袜子做成尖头，头部朝上弯曲，形成弓形。

宋代时出现了一种裤袜，一般呈圆头形，并钉有两根丝带，袜脚下缘缝有一周环绕的丝线，中间用丝线织成袜底。整体来看袜子造型轻巧别致，耐穿美观。

除缀有袜底的女袜之外，宋代以后还时兴一种无底之袜，只有袜筒，没有袜底，也用于缠足妇女。因缠足妇女足部已有布条系裹，故不必再施袜底。着时可裹于胫，上不过膝，下达于踝，俗谓"半袜"，或称"膝袜"。

元、明、清三代女袜仍以绫罗制成者为多，这种绫罗之袜在考古发掘中也常有发现。

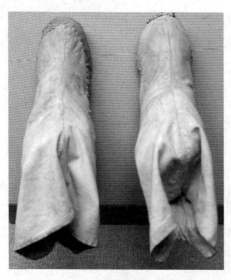

古代的袜子

与此相比，男袜质料更为丰富，视季节而别使用，春秋之季多用布袜，以棉布制成；深秋时节则穿绒袜，以羊绒为之，也有着毡袜者。到了寒冷的冬季，大多穿着棉袜，以双层布帛为之，内絮棉絮。

这种以彩帛为表、内絮棉絮的冬袜，在北京故宫博物院存有大量实物。

元代时，随着棉花种植的推广，这一时期人们穿的袜子更多是棉袜了。明清时期百姓们一般多穿的是棉袜和羊绒袜，贵族则穿的是绸缎袜。

在北地山村，也有以皮袜御寒者。至于夏季，则穿暑袜，以细棉或细麻织物为之，质地轻薄而疏朗，专用于夏天。此袜以南松江地区出产者最为上乘，远近驰名。

在古代可与罗袜媲美的高档袜子名目繁多，仅见于记载的就有锦袜、绫袜、绣袜、纻袜、绒袜、毡袜、千重袜、白袜、红袜、素袜等数十种。这些袜子均是以面料裁缝为之。

一直到19世纪后期，随着西方针织品输入中国，针织袜子、针织手套以及其他针织品通过上海、天津、广州等口岸传入内地，商人们在沿海主要进口商埠相继办起了针织企业，一次成形的针织袜子才逐渐取代了面料裁缝袜子，传统的绸袜、罗袜逐渐退出了历史舞台。

参考文献

[1] 罗旻 . 民族服饰上的精神家园——少数民族服饰文化解读 . 武汉：武汉大学出版社 .2022

[2] 戴钦祥，陆钦，李亚麟 . 中国服饰史话 (典藏版). 北京：中国国际广播出版社 .2021

[3] 王春法 . 中国古代服饰 . 北京：北京时代华文书局 .2021

[4] 刘文，金凤杰 . 中国少数民族服饰文化 . 北京：中国纺织出版社 .2020

[5] 沈从文 . 中国古代服饰研究 . 北京：商务印书馆 .2020

[6] 刘永华 . 中国服饰通史 . 南京：江苏凤凰少年儿童出版社 .2020

[7] 春梅狐狸 . 图解中国传统服饰 . 南京：江苏凤凰科学技术出版社 .2019

[8] 王衍军 . 中国民俗文化（第二版）. 广州：暨南大学出版社 .2019

[9] 顾凡颖 . 历史的衣橱：中国古代服饰撷英 . 北京：北京日报出版社 .2018

[10] 王俊 . 中国古代鞋帽 . 北京：中国商业出版社 .2017

[11] 呼志强，孙首义 . 中华民俗文化大观——衣食住行 . 桂林：广西人民出版社 .2016

[12] 孙机 . 华夏衣冠：中国古代服饰文化 . 上海：上海古籍出版社 .2016

[13] 李楠 . 中国古代服饰 . 北京：中国商业出版社 .2015

[14] 王烨 . 中国古代纺织与印染 . 北京：中国商业出版社 .2015

[15] 黄能馥，陈娟娟 . 中国服饰史 (新版). 上海：上海人民出版社 .2014

[16] 陈茂同 . 中国历代衣冠服饰制 . 天津：百花文艺出版社 .2005

[17] 华梅 . 服饰民俗学 . 北京：中国纺织出版社 .2004

[18] 宗凤英 . 清代宫廷服饰 . 北京：紫禁城出版社 .2004

[19] 韦荣慧 . 中国少数民族——服饰 . 北京：中国画报出版社 .2004

[20] 骆崇骐 . 中国鞋文化史 . 上海：上海科学技术出版社 .1990